U0156980

Data Resource Management

数据资源管理

杭州市数据资源管理局　等　编著

ZHEJIANG UNIVERSITY PRESS
浙江大学出版社

图书在版编目(CIP)数据

数据资源管理 / 杭州市数据资源管理局等编著. —
杭州：浙江大学出版社，2020.5
ISBN 978-7-308-19700-7

Ⅰ.①数… Ⅱ.①杭… Ⅲ.①数据管理—资源管理
(电子计算机) Ⅳ.①TP274

中国版本图书馆 CIP 数据核字(2019)第 250922 号

数据资源管理
杭州市数据资源管理局 等 编著

策划编辑 黄娟琴
责任编辑 王元新
责任校对 杨利军 陈 欣
封面设计 春天书装
出版发行 浙江大学出版社
(杭州市天目山路 148 号 邮政编码 310007)
(网址：http://www.zjupress.com)
排　　版 浙江时代出版服务有限公司
印　　刷 杭州高腾印务有限公司
开　　本 787mm×1092mm 1/16
印　　张 18
字　　数 378 千
版 印 次 2020 年 5 月第 1 版 2020 年 5 月第 1 次印刷
书　　号 ISBN 978-7-308-19700-7
定　　价 59.00 元

浙江大学出版社市场运营中心联系方式 (0571)88925591；http://zjdxcbs.tmall.com

编辑委员会

序

正如最早洞见大数据时代发展趋势的数据科学家之一维克托·迈尔-舍恩伯格所说，世界的本质就是数据。当今社会所独有的一种新型能力：以一种前所未有的方式，通过对海量数据进行分析，获得有巨大价值的产品和服务，或深刻的洞见。

创新运用大数据、云计算及智能技术等前沿科技构建平台型城市协同和智能中枢，整合汇集政府、企业和社会数据，在城市治理领域进行融合计算，促进城市空间结构优化，推动城市绿色发展，强化城市治理能力，提升市民生活品质。比如智能交通、舒心就医、欢快旅游、便捷泊车、街区治理、综合警务、智慧环保等重点领域和应用场景，从惠民利民着眼，从民生实事切入，让市民有真真切切的获得感和幸福感的同时，深感大数据的美好。

今天，互联网在中国已经成为核心基础设施，同时拥有了空前的计算能力和数据资源。但不可忽视的是，人们利用数据造福社会的前提是把握好数据资源的生命周期管理，包括数据产生阶段、加工阶段、应用阶段和销毁阶段，充分认知多源、多时空和多尺度数据资源的各个阶段的特征与周期模型，它们紧紧相扣，一环脱节就有可能成为“数据垃圾”或“数据爆炸”。人们对“管理”两个字十分熟悉，然而“数据资源管理”与通常数据档案管理有本质的差异，从广义而言，数据资源管理贯穿“数据—信息—知识—智慧”的全过程，内容覆盖数据采集、传输、存储、处理、共享、认知、安全和销毁。很高兴看到本书对数据资源的生命周期管理进行了科学的定义和详细的论述，更可贵的是，提供了实实在在为政府企事业单位进行大数据应用的极佳案例，喜见数据资源能够有效造福百姓的缩影，如同在大数据海洋中绽放的一朵鲜花，可喜可贺。

本书编者集众贤之能、承实践之上、言理论、话技术、提范例，是一本内容丰富，集系统性与实用性为一体的佳书。该书的出版不仅为从事信息专业科技工作者提供数据资源管理全过程的理论新意，更可为政府机构和企事业单位提供大数据应用的技术支撑和重要参考，拜读此书可使人受益匪浅。

“百尺竿头，更进一步”，期盼编者在大数据智能化应用时代为数字社会、数字经济、数字政府的建设与发展做出更大贡献，给中华子孙留下大数据资源管理浓笔厚墨，展开新的篇章。

潘绥炉

2020 年 4 月

前　言

我们正进入以数字为底色的时代。伴随着技术的进步和时代的变迁，数据产生速度更快、维度更多、来源更广、关联性更强，体量和价值已不可同日而语。2017年1月杭州市数据资源管理局成立，同年6月班子组建。这是全国第一个以“数据资源”冠名的正局级政府部门。2019年7月20日，反映我国电子政务发展进程和最新研究进展、分析电子政务领域重要理论和实践问题的第13部年度报告（电子政务蓝皮书——《中国电子政务发展报告（2018—2019）》）发表，同步发布杭州市数据资源管理局的经验做法《引领杭州数据资源管理六大跨越》。

迎着大数据时代风口，杭州市数据资源管理局认真学习贯彻习总书记关于国家大数据发展战略重要讲话的精神，站在加快杭州世界名城建设的高度，肩负打破信息孤岛、探索未来使命，科学制订数据资源管理相关规划，构建与完善政务数据共享体系，强势启动数据归集，共享“百日会战”，着力探索数据资源“无条件归集、有条件共享”“以需求为导向、应归尽归”的杭州样本，精准服务杭州“最多跑一次”改革，探索新型智慧城市建设新路径，稳步实施以交通治堵为突破口的智慧城市建设，拓展应用领域，争创全国领先优势。

这些探索是初步的。大数据以体量庞大、类型多样、领域广泛、渗透力强而引人注目外，更重要的是它展现出来的“价值”，令人神往。这是人人向往、实现人生价值的一种战略资源，正因为这一“有用”的标签，引起了学者、技术人员和行业内外人员的广泛关注：如何有效地把数据资源转化为生产力，加快提升治理水平，更好服务民生发展，更好实现自身发展？

杭州的探索是率先的，更是珍贵的。

以改革思路引领体制跨越。担负数据资源发展战略制订与实施、智慧城市等信息基础设施建设、政府数字化转型统领等重要职责，着眼长远，满足急需，先后制订出台《杭州市政务数据安全保障体系规划》《杭州市政务数据安全检查评分标准》。首次开展全市数据安全中期评估，编制《城市大脑建设管理规范》《政务数据共享交换安全管理规范》两个地方标准。着眼提升干部大数据素养，开设“大数据讲堂”，以新时代城市资源观聚焦改革攻坚、经济转型、动能转换，全面设立市区（县、市）两级管理机构，重塑城市数据资源管理体系。

以基础设施统筹引领建设跨越。构建“一个平台”，高标准建设以“13N3”为主要内容，市区（县、市）纵向全贯通、横向全覆盖，全市统一、多级互联的政务数据共享体系；高质量完成可信电子证照基础库、办事材料共享库、人口基础库、法人基础库、征信库、地理信息库等基础数据库建设。打通“一张网”，破除部门专网壁垒，致力于政务外网建设，为数据共享提供统一、互联互通、高效平稳的网络基础。做大“一朵云”，构建以政务云为主体，融合部门、区（县、市）计算资源，逻辑集中的“一朵云”，杜绝部门各自为政、单独建设机房、购置通用硬件的现象，建设完善跨部门、跨层级的开放共享的数据基础设施。

以需求导向引领应用跨越。支撑四大领域改革，聚焦投资项目、商事登记、不动产、公民个人办事四大领域改革，持续推动数据归集、共享应用，支撑一般投资项目审批百天办结、商事登记“一网通”事项联办、不动产登记 60 分钟立等可取、个人事项“一证通办”。支撑“一窗受理”平台，打通省、市、区（县、市）业务系统，有力支撑四级实体大厅“无差别受理”和“四端”协同联动。支撑移动办事之城建设，推进市本级浙江政务服务网网上办事项、“浙里办”移动办事项。提升应用体验，完善电子签章、可信电子证照系统应用，推进证照替代，解决老百姓最急、最忧、最怨的问题，以数据跑路减少市民卡、婚姻登记、车辆登记、社保证明等民生事项跑腿次数。

以信息化手段引领管理跨越。推行信息化项目全流程管理，探索项目管理与数据资源管理无缝对接入库的杭州样本。探索移动管理，依托“浙政钉”，积极推动机关管理方式变革，集成日常办公、信息传递、资源共享、远程培训和数据管理等服务，助推移动办公之城建设。坚持分层、分类考核，以数据归集率、共享使用率两个 100％推进数字化转型，保障“无条件归集、有条件共享”

“以需求为导向、应归尽归”杭州创新行动落细落实。

以工具创新引领技术跨越。编制杭州政务数据资源目录“菜单”，先后发布2018、2019版《杭州政务数据资源目录》，实现数据资源目录全市统一、动态更新、共享校核。搭建“杭州市公共数据工作平台”，坚持自主研发，凝练完善杭州数据共享“七步法”，实现数据在线提交请求、在线审核、在线确认、在线共享。开展集约化数据共享服务，细分业务需求，提供“数据推送”“接口调用”“页面查询”三种共享服务方式。开发表单生成器、事项梳理器、事项同步器和数据监控器，为纵深推进一体化政务服务探索工具创新，持续推动数据资源管理不断深入、久久为功。

杭州实践“圈粉”无数，归结于数据驱动变为现实。以数据驱动城市治理能力提升，为市民提供更加优质服务，让机器智能不断提升城市智能，催生新的城市文明。杭州的一个个鲜活的案例，一连串的奇思妙想，成为持续引领我们编撰此书的不竭动力。

本书以科普和启发为目的，旨在形成体系完备、具有实用价值的综合性成果，以期作为高等院校师生、相关从业人员的入门教材和参考工具书。本书内容主要分为三个部分，概述篇首先以大数据时代为背景，抓住数据最显著的特点，提出数据资源的定义，介绍数据资源的类型、特征和管理的生命周期。第二部分技术篇以数据资源为主体，依托数据资源管理生命周期，从数据采集、数据传输、数据存储、数据处理、数据共享与交换、数据分析、数据安全和数据销毁八个环节，全面梳理理论概念和技术方法。为便于读者理解基础内容，每章的末尾介绍了与相关技术对应的实践案例，加深对理论方法的理解。最后的应用篇落地政务、交通、企业、房产等领域，贯穿生命周期主线，用实际场景展现数据资源的生命流转和价值发挥，对理论方法进行补充。本书既适合大数据从业人员、政府信息化管理人员参考和阅读，也适合高校计算机专业学生、大数据开发培训学员及相关求职人员学习与培训。

本书由杭州市数据资源管理局策划统筹，在写作过程中，得到了很多高校与企业的悉心帮助，在此一并感谢（排名不分先后）：浙江大学、浙江工业大学、浙江大学城市学院、浙江省自然资源监测中心、中国移动通信集团设计院有限公司、浙江鸿程计算机系统有限公司、浙江中海达空间信息技术有限公司、杭州中房信息科技有限公司、杭州城市大数据运营有限公司、杭州�数科技有限公司、杭州安恒信息技术股份有限公司、杭州世平信息科技有限公司。

在编写时尽管我们不敢有丝毫懈怠，但由于时间和能力有限，内容和编排上难免有不足之处，敬请读者批评指正。

目 录

引 子

就餐系统——连接顾客、餐厅、供应商的变革

顾客:王先生提前告知朋友们聚会餐厅的信息,约定晚上聚餐,并通过网上渠道进行排号预约,在约定时间到达餐厅直接就座。通过扫描餐桌上的二维码,王先生和朋友们打开电子菜单准备点菜,餐厅菜品、折扣、推荐、原料、营养、供货情况等信息一目了然。不多时一行人便点好菜品并下单,在闲聊之际,菜品送齐,并额外得到了餐厅赠送的惊喜——蛋糕,原来今天恰巧是王先生的朋友的生日。就餐结束后,王先生在点餐终端自助核对账单并进行了结算,一行人大呼满意,餐厅服务快捷便利还贴心,下次还来。

餐厅:接收到王先生的预订信息后,餐厅进行订单登记并查询预订者会员资料,了解他的喜好、忌口等信息,根据时令节气、历史消费记录等因素智能排菜,生成推荐菜品目录。在预订者到店就座之后,将预订信息与菜单进行关联,同时获取就餐者的会员信息,记录顾客的订单。顾客下单后,就餐系统即时向后厨发送菜单,后厨开始烹制菜品,并将制作进度同步反馈给顾客。通过会员信息,餐厅识别到顾客的生日并送上一份会员生日礼,得到王先生等人的热烈好评。就餐系统不仅服务于顾客和后厨的菜品交接,同时记录了原料消耗情况,经过一天的经营,可统计库存信息和短缺记录,将其整理成进货订单发送到农贸市场。

供应商:农贸市场接收到餐厅进货订单后,进行拣货配送,确保商户次日的货源供应。有农场支持的供应商甚至可实现产销送一条龙服务,做到真正的 Farm to Table 的健康饮食模式。

智能就餐系统的革新将供应商、餐厅、顾客三个独立的个体通过数据交互实现联通,不仅能提供更加优质的服务,而且就餐智能化的背后也隐藏着对数据价值的挖掘潜力(如图 0.1 所示)。

- 自助服务,店客双赢

电子菜单清晰明了,打破了传统的依赖于口头交流和手写记录的点餐模式,避免漏记、多记等错误情况。顾客能够高效便捷地点餐与自助智能支付,提升就餐体验,同时也能降低餐厅人力成本。

图 0.1　顾客、餐厅、供应商的智慧连接

• 数字管理，即时高效

采购、库存实现数字量化，并与生产、售卖实现数据连通，能有效减少损耗浪费。数字化库存生成进货订单，改进商户进货流程，发挥供应商的能动性，让餐厅运转和管理更加高效。

• 餐饮大数据，引导未来行业发展

货品、菜品、订单、顾客信息等数据通过数字化采集和交互共享而形成的餐饮大数据是反映人民生活水平和社会文化变化的重要信息。顾客的选择、餐厅的运营、行业的方向都将从数据中体现，数据给餐厅运营者、投资人和科研工作者提供了探索“饮食”奥秘的沃土。

最多跑一次——群众和政府的双赢

“如今只需准备一份不动产登记材料，15 分钟便能完成相关手续。”2017 年 5 月 9 日，在浙江省衢州市衢江区购置新房的王女士，对房产交易与不动产登记实行的“最多跑一次”服务连连点赞。

市民：2017 年 5 月 9 日，购置衢江区新房的市民王女士在行政服务中心的不动产登记综合受理窗口办理不动产登记业务。谈及改革之前的不动产登记流程，王女士不禁吐槽：“过去进行房产交易与不动产登记，至少需带上房产、土地、税收等方面的材料，且要在国土、税务、住建等几个窗口来回跑。”过去办证短则数小时，长则需要数天才能完成。而如今只需准备一份不动产登记材料，15 分钟便能完成相关手续，流程简化、速度更快，获得群众连连点赞。

政府：政府工作人员在为市民办理不动产登记业务时原需将信息录入 3 套系统，3 次审核材料，业务量大，办事周期长，群众满意度低。终于在 2017 年年初，衢江区全面实施不动产登记综合受理运作模式后，这一窘境得以改变。“通过整合房屋交易、不动产登记、地税征收等事项，实行‘一窗综合受理、后台并联审批、统一窗口出件’，方便市民办证。”衢江区国土局相关负责人介绍，他们还增设了证书 EMS 快递送达选项，最终实现了不动产登记的“最多跑一次”。“最多跑一次”不仅是一句口号，更是一场创新性的便民利民行动，是真正惠及社会大众的好举措(如图 0.2 所示)。[①]

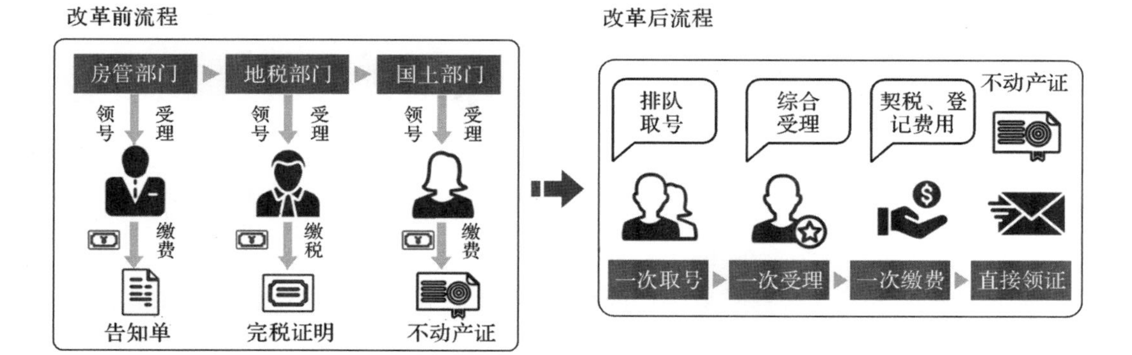

图 0.2　便民政务：三次变一次

浙江省借助政务大数据，深化“一窗受理”，推进“最多跑一次”改革，通过数据归集共享，将纸质证明材料电子化，形成统一管理、赋权调用的电子数据资源。在此基础上建立自助服务窗口和无差别服务窗口，使群众办事时更为直接畅通，无须先找部门再办事项，达到了政府高效、公众满意的双赢效果。

这两个例子是我们日常生活中切实发生的由数据利用所带来的变化，数据的使用渗透进政治、经济、文化、民生、科研等领域的各个角落，数据已然成为社会运行中不可缺少的助力品。

① 资料来自衢江新闻网：不动产登记实现“最多跑一次”，http://qjnews.zjol.com.cn。

1 概 述

随着科技的发展和数据获取手段的更新,数据源源不断地产生并快速积累,已至海量,逐渐成为科学技术运用和领域发展的基础资源,为各方面提供知识和能源。本章主要介绍数据资源的概念、特点以及理论基础,引出数据资源管理的全生命周期,并从全局视角阐述如何将数据进行资源化利用和管理,以期实现价值的最大化。

1.1 数据的产生

数据是客观世界被感知的产物,亦是现实的信息反映(见图 1.1),它代表着对某件事物的描述,数据可以记录、分析并重组事物。自然的演变、人类的活动、社会的运转驱动着数据的产生,并通过对现实世界的要素进行采集记录,以合适的载体进行表达,由此逐渐发展成人类可知可用的信息。随着信息科学和计算机技术的发展,数据产生方式从被动式逐渐转变为主动式,人们能够感知到的数据量越来越庞大,涉及领域越来越广泛。

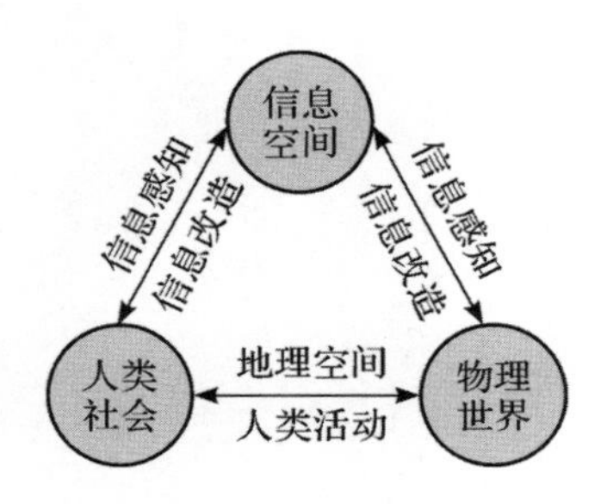

图 1.1 三元世界

从宏观角度来讲,数据是连接人类社会、信息空间和物理世界三元世界的纽带,三元世界分别以人、机、物为主体,数据的产生和联结依赖于此。

(1)物理世界:数据来自客观存在的自然界,可通过测量、统计、调查和传感网技术等人为采集手段进行获取。这类数据采集方法属于被动产生模式,从自然界中抓取,反映物理对象的客观存在,如动植物种群分布、自然资源数据、土壤数据等都是现实状况的数据投影。

(2)人类社会:社会在运作和发展中依赖人的能动性,由生产过程或事件关联产生信息记录,通过调查统计、收集、积累形成数据,如行业数据或事务数据、科学实验数据、文明成果数据等。行业或事务数据反映社会产业方方面面的信息,如工业产值、房产价格、人均储蓄、居民生活水平、旅游集散、国家经济发展等数据。科学实验一般由科研技术人员按照科学规律设计实验流程和处理方法,通过对基础数据的观察、分析获得有价值的数据结果或信息结论。如物质熔沸点的测算、孟德尔豌豆实验、希格斯粒子的寻找等都产生了一系列试验数据和结果数据。文明成果数据是从人类出现开始萌芽,经历了数万年思想的积累和沉淀、文化的厚积与薄发而形成特殊的人文财富,包括思想、语言、理论等数据内容。这三种数据共同记录着人类对自然界的改造和对文明的追求历程。

(3)信息空间:计算机技术和互联网技术的发展,使得数据的远距离传输和大规模存储不再受到载体和空间范围的限制,计算机和网络高度普及的时代催生了大量的数据内容,数据体量呈现爆炸式增长,形成了庞大的信息空间。信息平台的发展,为数据的存储、交换、应用提供了便利的环境支持。用户可以浏览、获取信息平台提供的数据,也可以制造、上传数据至信息平台。信息平台不仅是数据的来源,也是数据的出口。

信息空间包罗的数据主要为组织数据和再生数据。组织数据是指信息平台按规则组织的数据,如新闻网站、音乐网站、机构官网等网络页面中提供的公开数据以及面向特定人群的依托于计算机载体存储和使用的数据。再生数据是指基于信息平台或组织数据而主动形成的用户自产数据,包括以 Wiki(维基)、博客、微博、微信等自服务模式为主,通过互联网用户生产的数据,以及基于组织数据和科学方法与技术手段形成的用户再创造的数据。与物理世界来源和人类社会来源的数据相比较,以信息空间为来源的数据产生模式更加主动,产生频率更加密集,数据增长速度更快。

在计算机及信息技术革命时代,物理世界、人类社会、信息空间的界线逐渐模糊,三者不是完全对立互斥的。人类社会的运动改造物理世界,物理世界是人类社会发展的基础环境,信息空间不仅是对已知世界的感知,也是对物理世界和人类社会认知与推理的源泉。

1.2 数据资源的定义

在科研和应用领域,学者们对数据资源进行了广泛研究,但数据资源的定义不一。孙九林强调了数据资源对社会发展的作用,他认为,数据资源是通过人类的活动可以变成社会财富,推动社会进步的一组“数据”的集合。胡良霖认为,广义上的数据资源指的是数据、信息、数据库系统以及构建于其上实现的服务在内的所有内容。文峰将数据资源定义为信息资源的主要组成部分，在以计算机为主要信息处理工具的信息化时代，数据资源具有庞大的规模和数量，但缺乏有效的组织和服务。

数据资源首先是一种资源，资源最大的本质就是它的价值体现，这个价值既包含了当前拥有的价值，也隐含了未来发展中的增长价值。本书从价值附加角度重新定义，认为数据资源是在一定的技术经济条件下，已经被人类所利用和可预见的未来能被人类利用的数据，是人类社会的重要产物。

数据资源的主体是数据，数据在从产生、利用到消亡的过程中，被赋予价值、被价值评估、被价值利用。作为资源，它可以存储能量，加之有效管理和挖掘以发挥效用，服务于人类和社会的发展。数据资源与信息化的结合，推动了数据资源的共享和传播，使其在有限的时间和空间内，能够复制和扩散大量的有效信息。数据资源更是一种新理念、新思维、新能源，强调数据的价值体现和可持续发展，使数据充斥的世界不在茫茫的数字海洋中迷惘，使数据迸发的时代不被汹涌的数字浪潮所裹挟。

数据资源不是今日的产物，它伴随着数据产生而出现。随着数据的不断涌现，催生了人们对大数据和数据价值的探究欲望。数据资源的存在同数据一样广泛，涉及众多领域，包括科学研究、产业应用、民生建设、政务管理等社会发展的方方面面，其战略意义不在于掌握庞大的数据信息，而在于对这些含有信息、效用或潜在效用的数据进行专业化管理、处理、挖掘和应用。数据资源引发人们关注的关键之处在于通过“管理”和“应用”能力的提高，揭开数据表层的面纱，探寻真正有用的数据，实现数据的价值集聚和能量释放。

现代社会是一个科技高速发展的社会，信息流通迅速，事物交互频繁，人们交流密集，越来越多的数据资源在这个时代产生。从技术上看，数据资源不再只局限于手动采集、独立管理、纸质传播，云的出现为海量数据资源的全局管理提供了可行的解决方案，使其在科技的支持下拥有更好的生存保障和应用环境。同时，跨部门、跨行业、跨领域的数据共享开放、数据创新发展应用、个人信息安全保护也逐渐成为数据资源管理的聚焦内容。

数据资源以广泛且大量的数据为基础，与大数据的概念颇为相似，但两者不可混为一谈。大数据是指无法在一定时间范围内用常规软件工具进行捕捉、管理和处理的数据集合，具有更强的决策力、洞察发现力和流程优化能力的海量、高增长率和多样化的信息资产(Gartner)。大数据的特征重点在于数据量庞大、数据获取速度快、数据变动大且复杂，带着强烈的时代特征，更多地强调相较传统小体量数据的变化以及在面对大数据时的认识角度和处理技术。而数据资源是一个更加客观和普适的概念，不仅完全具备大数据的特征，而且含义更加丰富、来源更加可靠、价值更加明显，且具有更强的生命力。

1.3 数据资源的类型

数据资源存在的广泛性决定其类型必然复杂多样，这与数据的产生和组织形式有关。不同的数据资源类型包含的数据内容和应用场景各异，承载了各行各业的信息，可谓包罗万象，本书从不同的分类角度阐述数据资源的类型。

1.3.1 按领域分类

数据资源存在于发展中的社会的每个角落，在不同的领域产生而又协同服务于社会的发展，按领域来分，数据资源主要分为城市数据资源、行业数据资源、科技数据资源和其他数据资源。

1.3.1.1 城市数据资源

城市数据资源是指在城市建设和发展中形成的数据资源，与网上呈现的大量数据信息相比，城市数据资源对于深化智慧城市的发展更为重要，且应用价值更丰富，它涵盖了城市建设、环境、企业产业、教育、医疗卫生、食品、文化等多方面。这些数据资源内容包括政府决策数据、公共服务数据和城市运行数据等。随着基础设施的建设和电子政务的推进，城市数据资源的管理和应用趋向智能多元化。政府对城市数据资源的管理和开放具有主导作用，同时需要权威、技术和市场的合作，才能聚集全方位的信息，构建完整的城市数据资源库。

1.3.1.2 行业数据资源

数据资源以行业为落脚点，由行业中来，应用到行业中去。按行业对数据资源进行划分，主要包括但不限于教育数据资源、交通运输数据资源、金融数据资源、农业数据资源、能源数据资源、资源和环境数据资源、旅游数据资源、测绘数据资源、财政数据资源、就业及社会保障数据资源、对外经济贸易数据资源、卫生和社会服务数据资源、文化和体育数据资源等多种类型。不同数据类型中的数据内容有所交叉，共同维持由多行业联合支撑的“社会”机器的运转。

1. 教育数据资源

教育数据资源是随着教育事业的发展积累而成的行业数据资源，包含学校、教职工、学生、学科、教育水平、教务情况和教育经费等方面的数据和信息，反映教育行业的发展状态和不足之处，以更好地服务于人才培养和教育创新。

2. 交通运输数据资源

交通运输行业包括公路、水运、铁路、民航、邮政、港口和建设投资等子行业，被喻为国民经济动脉，其中所产生的交通流、客货运营量、通行量、路网、航线网、营收数据、投资规模等数据都属于交通运输数据资源的范畴。交通运输数据资源是推动城市建设和经济发展的重要软支撑和强助力。

3. 金融数据资源

金融行业的数据资源不仅包括银行、外汇管理、银行保险监督管理、证券监督管理等部门的数据，也包括互联网背景下的新型金融产业，如第三方支付、保险、众筹、消费、理财、网贷等金融窗口的数据。金融数据资源重在管理和安全控制，以保障金融行业的健康发展。

4. 农业数据资源

农业数据资源是农业水平与现状的综合反映，具有地域性、周期性、季节性和不稳定性。随着物联网(Internet of Things，IoT；也称 Web of Things)的接入，农业数据资源的获取和采集更加自动、可控，其包含农业资源和生产环境、农业投入产出、农业市场和农业管理等方面的内容，是科学与农业结合的实践产物，是推动现代化农业发展的基础燃料。

5. 能源数据资源

能源数据资源的形成依托于能源的开采、运输、使用、用户消费、安全管控等过程，其主体范畴包括煤炭、石油、天然气等传统能源，以及电力、水力、风力、太阳能、潮汐能等新型能源。近年来我国能源消耗持续增高，能源结构比例有所变化，对可再生能源的利用更为重视，依托互联网，能源行业数据的积累量及其所含信息量日趋庞大，成为一项重要的数据资源。

6. 资源和环境数据资源

资源和环境是生态的两个方面，资源包括森林、草原、山脉、矿产、动植物和水等自然界所提供的物质要素，环境包括气候、污染、回收、治理等与人类共处的周边现象。资源和环境数据资源包含各类资源的质量、储量和利用状况，污染物排放、回收、再利用、清运、处理情况，以及环境保护和治理投资情况等内容。

7. 旅游数据资源

文化和旅游行业的发展反映了国家的文明程度和休闲环境的建设水平。旅游数据资源主体分为旅游人群和旅游地区两部分，其内容主要包括旅游资讯、游客出入量、境内境外客流、休闲模式、交通网络、景区接待状况、游客组成结构、消费量以及餐饮住宿的情况等。旅游数据资源可从侧面反映出人民生活质量的提高和地方文化的宣传，亦可反向推动旅游产业的发展。

8. 测绘数据资源

测绘数据资源是测绘生产单位使用不同感知手段和采集技术获取并加工而成的地理数据，包括影像、地图等自然地理数据资源，以及与空间位置相关的时空数据流

等社会地理数据资源。

9. 财政数据资源

财政数据资源是国家或政府的收支活动中所产生的一种数据资源，包括国有及国有控股企业经济运行情况、债券发行和余额以及各项收支情况等方面的数据。财政是维系国家经济水平稳定的杠杆，财政数据资源则影响着杠杆的长度和重量。

10. 就业及社会保障数据资源

就业及社保数据资源与人力资源和社会保障行业息息相关，数据内容主要包括大众就业水平、就业结构、市场供求、人才队伍、工资分配、参保情况、社保收支、劳动关系等方面。

11. 对外经济贸易数据资源

对外经济贸易数据资源包括外商和对外投资、劳务、承包工程、服务贸易等商务数据以及货物进出口额等海关数据，反映了国家之间的商业往来和经济交流。对外经济贸易数据资源的可挖掘性促进了外贸行业的扩张和国际企业间的合作，价值密度相对较高。

12. 卫生和社会服务数据资源

社会服务机构及救助情况、社会福利企业和彩票销售情况、医院及设施情况、医疗水平、就诊情况、新型农村合作医疗情况等卫生和社会服务数据资源受到民政部门和卫生健康部门的共同关注，同时也是公众关心的信息。

13. 文化和体育数据资源

文化与体育时常交叉，互为促进，此类资源包括文化数据资源和体育数据资源两类，其中文化数据资源是指新闻及出版物、广播与影视节目、艺术团体、博物馆、公共图书馆、文化馆及其所含的文化内容等数据信息；体育数据资源是指体育项目、运动员、赛事情况等数据信息。

1.3.1.3 科技数据资源

科技数据资源，是指科技生产者、科技经营者、科技消费者在科技实践过程中所产生的，与科技产品或科技服务的创作生产、推广传播、市场运营、最终消费过程相关的，以原生数据及次生数据形式保存下来的图片、文本(包括文字、实验报告、数字和图表)、影像、声音等文件资料的总称；而从应用的角度来看，科技数据资源是针对科技行业海量数据的计算处理需求应运而生的一套新的数据架构的理论、方法和技术的统称。科技数据资源生成渠道广泛，具有显著的碎片化特性，价值延展性广且复合特性较强。

随着科技数据资源的积淀与海量数据思维模式的成熟，应用知识挖掘、中文信息处理等关键技术，科技产业在生产、传播、服务、消费等各产业链环节中将逐渐形成新的模式，数据资源在优化资源配置、凝练科技信息、推动科技传播、促进科技创新、形成生产导向与挖掘商业需求等方面的价值也将上升到一个新的高度。科技数据资源将被视作最重要的社会资产形式，并且在新的社会经济运行体系中占有非常重要的位置。

1.3.1.4 其他数据资源

数据资源不仅包含城市数据资源、行业数据资源和科技数据资源，还有娱乐数据资源、网络数据资源以及个人产生的行为数据资源等其他领域的各类数据资源，本书中统称为其他数据资源。

1.3.2 按产权分类

数据资源具有产权，产权决定了数据资源的所属方，不同的所属方可对其进行使用、处置和交易。按产权来分，数据资源可分为政府数据资源、企业数据资源和社会数据资源。

1.3.2.1 政府数据资源

政府具有产权的数据资源即为政府数据资源，根据政府级别的不同，又可分为国家政府数据资源、省政府数据资源、市政府数据资源、县政府数据资源等。政府数据资源主要包括政府部门采集、调查、测量、统计而来的数据资源，以及业务办理过程中形成的政务数据资源。这类数据资源涉及范围非常广泛，覆盖大部分行业，是政务数据管理的主体内容。

1.3.2.2 企业数据资源

企业在运转过程中伴随着大量数据的产生，包括企业自身发展、企业资源、业务数据、经营管理数据、市场交易、行业信息以及客户行为或特征等方面的数据内容，如支付宝中的转账记录和消费数据，滴滴打车中的行程信息和支付信息等，都属于企业数据资源的范畴。企业数据资源的产权方为企业自身。由于企业数据资源中包含客户个人信息，这对安全和隐私保护提出了法律和技术上的需求。企业数据资源的挖掘仍需政策的正确引导，以推动数据资源的开放和应用。

1.3.2.3 社会数据资源

家庭是社会的细胞，人是家庭的组分，个人和家庭是社会的基础单位。社会数据资源的产权主体包含家庭和个人。家庭数据资源以家庭为单位，为家庭所属，包含家庭成员资料、设备、资产、社交关系、家庭活动等数据资源；个人数据资源则为个人所属，如个人的户籍信息、收入、文化、健康、移动轨迹、消费和其他经济活动、行为习惯

等资料所组成的数据资源。

1.3.3 按格式分类

数据资源的表达载体多样，文本、数字、表格、图片、音频、视频、网页等都可以作为数据资源的外化表现形式，不同的表现形式具备对应的组织格式。根据数据资源不同的组织格式，将其分为结构化数据资源、非结构化数据资源和半结构化数据资源以便制定规范和规则，对数据资源进行有针对性的统一存储和后续的管理与计算。

1.3.3.1 结构化数据资源

结构化数据资源通常可用二维表的逻辑结构来表示，具有严格的组织规则，所以需预先对字段构成、数据格式与长度进行规范，一般存储于传统的关系型数据库中。这类数据资源以行为单位，一行信息描述一个实体。常见的结构化数据资源包括政府行政审批记录、公司财务报表、医疗管理信息系统（Hospital Information System，即 HIS）数据资源。

1.3.3.2 非结构化数据资源

非结构化数据资源是指不遵循统一或固定的数据结构或模型的数据资源，它没有预定义的数据模型，二维表无法对资源信息进行完整表达。这类数据资源由于组织形式和标准多样，不易被直接处理、查询或分析。许多问题无法通过结构化数据资源进行解答，研究者和专家遂将关注点转移至非结构化数据资源上，以寻求答案。非结构化数据资源的数量和增速日益见长，常见的非结构化数据资源包括政府企业年度报告、图像和音频/视频资料等。

1.3.3.3 半结构化数据资源

在组织形式上，半结构化数据资源具有一定的结构性，类似于结构化数据资源，但不完全遵循传统关系型数据库或数据表的存储模型结构，介于完全结构化和完全非结构化之间。半结构化数据资源的格式更为自由，它包含相关标记，用来分隔语义元素以及对记录和字段进行分层，可以选择性地表达有用的信息，也可以记录自身的元信息。记录与记录之间的标记不必完全一致。常见的半结构化数据资源包括邮件、日志文件、报表等。

1.4 数据资源的特征

从数据资源的定义和来源中可以看出，数据资源是一类复杂的跨地域、跨领域、跨层级的组合体，产生渠道广泛，不具备统一的结构规范，携带现实世界和主观活动的信息，具有隐含的内在应用价值。数据资源不仅广而多，且真而精，有不同于其他自然资源的独特之处，归结而言，主要分为以下九个特征。

1.4.1 价值传递

数据资源具有价值，但价值密度不高，如公共场所的监控视频通常具有较大的数据量，却只包含极小的价值量，在数据量和价值量不对等的情况下，挖掘并释放数据价值，离不开对分析技术的探索以及公众的深度参与。从技术角度来看，从海量的数据中挖掘内隐价值和兴趣点需要对数据资源的清洗、去冗来抽取有意义的内容，通过模型将数据映射至特征维度进行提炼，才能对数据资源进行压缩和增值，获取价值密度更高的有用信息。从不同视角进行探测，可以发掘数据资源不同维度的价值能量。但数据资源的价值不会随着使用而衰减。

数据资源作为一种可再生的无限资源，其价值具有可传递性，且不会损耗，在传递过程中有可能创造出更大的价值。借用 George Bernard Shaw（萧伯纳）的名言："你有一个苹果，我有一个苹果，彼此交换一下，我们仍然是各有一个苹果；但你有一种思想，我有一种思想，彼此交换，我们就都有了两种思想，甚至更多。"如将思想换成数据资源，同样适用，这是数据资源不同于山川河流、矿藏能源等自然资源的主要特征。无限复用和价值扩展反映了数据资源独特的包容性。

1.4.2 时空流通

严格来讲，数据资源不是可被感知到的具体事物，抛开数据资源的载体，在允许的前提下，它可以被无限复制、广为传播，突破时间和空间的限制而自由流通。月球采集的数据资源可以传送到地球并加以利用，诗词歌赋跨越千百年仍被人们传诵且影响着文学的发展。纵观整个文明的发展过程，也是数据资源流通、碰撞、激发的过程。流通特征为数据资源赋予了新的意义，数据资源不再局限于所有者的各自为政，而是开启了沟通传播的大门，方便了数据资源的交流和共享。

1.4.3 继以求新

数据资源自数据产生起便不断累积、扩展，通过载体得以保存记录并流传下来，我们可以通过竹简、纸、磁盘等介质继承数据资源，这使得我们在认知事物和世界时无须从零开始，而是在已有材料的基础上进行归纳和创新等研究和实践活动，生产新的数据资源或赋予新的时代意义，进而累积更多资源，达到持续传承的目的。

1.4.4 社会依赖

数据资源作为一种社会资源,拥有社会属性,服务于社会和群众。数据资源的产生是在一定区域经济基础上的,依赖于社会发展程度和感知对象,因此质量有所差异。反过来讲,在一定程度上,社会发展与数据资源也有着密切的关系,数据资源作为一种社会财富,数据资源的利用将直接或间接地影响着人类和社会的发展轨迹。

1.4.5 开放共享

开放共享不仅是数据资源的重要特征,更是新时代对数据资源管理提出的需求;不仅需温故而知新,更要博采众长,激发数据资源的生命力。数据资源的产生不是相互独立的,单一的数据资源无法支撑起依靠数据驱动的企业运行和政府运作。数据资源的价值不止局限于自身所包含的信息,更依赖于数据资源之间的互通互联,以达到 1+1>2 的效果。打破数据壁垒,拔掉数据烟囱,连通数据孤岛,安全整合数据资源,让数据资源得以流动和共同利用,才能推动经济和社会的发展,促进经济增长和社会治理由粗放型向精细型转变升级,加快智慧城市的建设进程。

1.4.6 动态精准

数据资源不是静态的,随着互联网和物联网的应用推广,数据感知和获取每时每刻都在发生,数据处于动态的生成和变化中,这赋予了数据资源的时效性特征。静止的数据资源已经无法满足对现实世界的真实反馈,依赖于采集、传输和处理技术的进步,数据资源的动态特性得以展现。数据资源在时间维度上并不是永久有效的,其具有一定的生命周期,动态的产生机制不仅使得数据资源能够及时反馈信息,同时支持对信息内容的更新,使数据资源始终维持新鲜的活力,保持精准的价值。在智慧城市的建设中,典型的动态数据资源得以利用,如道路、关口的视频监控数据,通过数据的实时获取、更新和联通,可对车辆进行全方位监控管理,保障道路交通的顺利运行和重点车辆的跟踪审查。

1.4.7 领域广泛

数据资源的产生与自然进程和社会发展息息相关,其应用亦可反过来推进科学的进步和生产力的提高。数据资源在流转过程中覆盖的领域与人类文明相交织,从现实到虚拟、从传统行业到新兴产业,都是数据资源的踏足之地。目前较典型的领域或行业包括金融、医疗、教育、民生、零售、交通、社交、传媒、生态、科研、军事等,可想而知，这些领域或行业在运维过程中时刻产生和使用着本领域和领域外的数据资源，也正由于数据资源所涉领域之广泛，才形成了一张数据资源的大网，联系着各行各业在数据生态中一同运转。

1.4.8 类型多样

广泛的来源决定了数据资源类型的多样性，主要包括传统的文本、表格、多媒体以及空间数据等类型，单一类型不足以呈现所有的数据信息，多类型结合的表达方式让数据资源更加立体，能够承载包罗万象的内容。数据资源类型的多样使得数据结构不一，既存在结构化数据，也存在半结构化和非结构化数据，这对数据资源的存储和管理提出了更高的要求。

1.4.9 体量庞大

数据资源是数据累积产生的，体量呈持续上升态势，计算机技术的发展和信息化时代的到来更是大大加快了数据产生的速度，大量的数据变得唾手可得。根据 Domo Data Never Sleeps 6.0 中描述，我们生活在一个充满数据的世界里，它以惊人的速度扩张，我们可能需要不时地拔掉电源线并休息一下，但数据永远不会休眠。在 2018 年，Google 平均每分钟的搜索量达 388 万次，Amazon 平均每分钟产生 1111 个订单包裹，Youtube 用户每分钟观看 433 万个视频，Twitter 用户每分钟发送 47 万条新内容，Instagram 用户每分钟上传 5 万张照片，Uber 用户每分钟产生 1389 段行程，以上统计涉及互联网搜索引擎、网上零售、社交媒体等领域，在线下领域数据同样以前所未有的速度在增长，形成了以 TB、PB 计量的海量资源。截至 2017 年年底，已产生 1.2 万亿张照片，照片存储数量为 4.7 万亿张，人机交互的流通设备数量已增至 3300 万台，每月有 800 万用户使用语音控制。根据实时数据显示，截至 2019 年 1 月，世界网络用户总人数达到 41 亿。

1.5 数据资源管理生命周期

数据资源管理，以价值最大化作为目标，以数据为主体，以价值体现为核心，利用软硬件技术对数据进行收集、加工、存储和应用等一系列活动，为数据提供科学的、有序的、可持续的、有章可循的生存和成长空间。数据资源管理与数据管理的区别在于，前者不仅包含数据管理的内容，而且更加注重数据的可利用性，强调数据资源的流通、共享、传递和安全，在后者的基础上围绕数据内含的“光”和“热”展开全方位、立体化的管理。因此，数据资源管理本质上是对数据的资源化管理，依托于数据生命周

期，将数据有效地提炼、转换为数据资源并加以利用的过程。

数据资源化首先离不开数据的温床，数据资源管理的生命周期贯穿了数据从产生至应用，最终灭失的整个过程，它是一种针对数据进行主动管理的过程策略。数据流转过程中的每个环节都是对价值的再赋予，策略化的管理可以充分调动数据在整个生命周期的活力，在不同的流程阶段中实施有所侧重的管理方案，以安全、高效、经济的手段使得数据的价值得以展现、发挥，并确保数据的一致性、准确性和可用性，这是数据资源管理的基本要求。

数据资源管理的生命周期包含以下 8 个环节(见图 1.2)：数据采集、数据传输、数据存储、数据处理、数据共享与交换、数据分析、数据安全、数据销毁，如果将数据比作人，那这 8 个环节囊括了数据从呱呱坠地到牙牙学语，从意气风发到年老退休的完整人生。

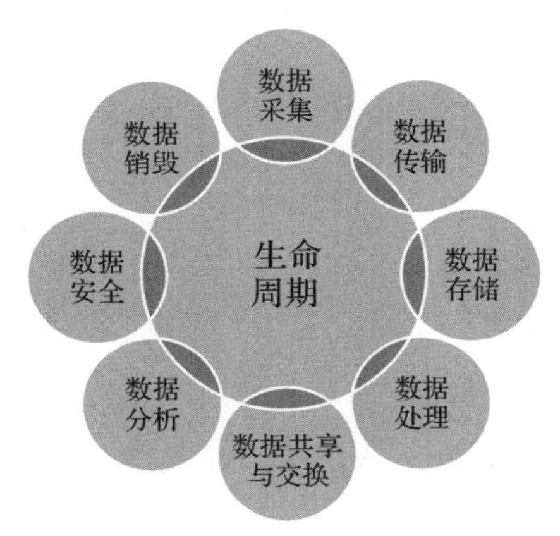

图 1.2 数据资源管理生命周期

1.5.1 数据采集

作为数据生命周期的第一个环节，数据采集是伴随着数据的产生而进行感知、记录的过程。在这个过程中，人类通过技术手段从外部数据源获取信息并形成具有一定结构的数据。采集的技术手段不限于是否使用设备、是否接触，且数据源多样，数据格式复杂，产生方式不一，因此数据采集没有统一的标准，不可一概而论。数据采集要求采集技术、手段能够适应数据的类型、精度和产生速度；随着科技的发展，数据采集的技术和手段也在发展，物联网、遥感等先进技术越来越多地出现在各类数据采集设备中，提升了数据采集的便利性，同时扩大了数据采集的覆盖面。

没有高效、先进的数据采集手段，就没有丰富、准确的数据资源，后续数据资源分析应用所能产生的巨大价值就无从谈起。不断创新并活用各类数据采集技术，对提升数据资源管理工作价值具有开疆拓土的意义。

1.5.2 数据传输

随着移动互联网的高速发展,全球范围内的智能终端越来越多,数据产生持续爆发增长。为了发挥出数据的全部价值,数据传输需要紧跟步伐。因此,如何将大量复杂的数据在有限的时间快速准确地传输到正确位置显得尤为重要。

数据传输的本质是通过传输介质将数据从一处传送到另一处的过程。数据采集后,通过传输将其送往各地进行处理和使用,如果没有传输,数据只能停留在原地,使用程度和效果都会被限制,作为资源的意义将大打折扣。传输技术的发展使数据的扩散和传播更加方便快捷,也为数据共享奠定了基础。传输技术的更新发展体现在传输介质和传输速率变化中,从电路传输到光路传输,从低速传输到高速传输,这使得数据的获取更加快速,可获取量也更大。数据传输阶段,通常对传输信道的安全性和可靠性有严格的要求,针对不同的业务种类,可选择不同的传输网技术,因数据而制宜,以达到量和质的双重保障。

1.5.3 数据存储

数据存储是管理过程中十分重要的环节。在数据资源管理的生命周期中,如果将数据比作人,那存储环节更像是它的栖身之所。在存储中,数据占有空间,遵循特定组织规则,支持数据稳定地保存。近年来,数据存储的机制、介质和架构随着软硬件技术的提高一直在发展。多源异构海量数据对存储容量、存储性能和可靠性都提出了更高的要求,数据存储的方式随着数据量和数据结构的变化逐渐丰富,数据量从MB、GB级别发展到PB、ZB级别甚至更大,数据结构从关系型至非关系型,存储资源组织方式从直接连接存储(DAS)到网络连接存储(NAS)再到虚拟化云存储,存储机制和数据库都有了重大的调整和发展。新的存储理念层出不穷,但本质上都是利用存储器可靠、稳定、高性能、低成本地保存数据记录。

数据存储是数据资源管理的基石,数据获取后先要能存下来,才能进行后续的分析挖掘和共享利用。因此,数据存储系统设计是否合理,将直接影响数据资源能否发挥其最大价值。

1.5.4 数据处理

通常采集得到的数据无法直接满足应用要求,数据的多源和异构特征决定了数据携带信息的复杂性和质量的不稳定性,因此数据从获取到应用,必然需要经历一个加工处理的过程。通过数据清洗、抽取、转换,对庞杂的信息进行精简,对垃圾的内容进行清除,可以保证数据的准确性、完整性、一致性和唯一性。然而仅仅筛除掉冗余

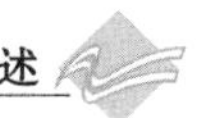

的、垃圾的内容还是不够的，变换、分类、规约也是极为重要的数据处理方法。数据处理的基本目的是从大量的、复杂的、难以理解的数据中抽取、分类、计算并推导出对于特定人群有价值、有意义、能满足特定使用需求的数据资源。经过处理的数据通常具有更高的可用性和价值密度，质量优于原始数据。

数据处理是使数据成为数据资源的核心环节。只有对经过正确处理，质量有所保证的数据资源进行挖掘和分析，得到的结果和规律才能用于指导人们决策参考，否则就会造成误导。

1.5.5 数据共享与交换

如何提高数据使用价值？用于共享与交换可以创造更多价值。数据资源的开放共享特征决定了数据资源的价值不仅在于它本身，也在于共享与交换而产生的附加价值。数据共享与交换，是通过统一的共享平台和交换规范，可以将数据目录集中管理，按需申请，按规审批，改进交换过程，提高交换效率。数据共享与交换模式分为集中、分布和混合型交换模式，根据数据共享与交换场景选择模式。随着数据模型、网络技术、编程语言等的发展，数据共享与交换技术得到了长足发展，包括数据共享与交换协议、接口和方法等。随着网络快速发展和数据级数增长，基于消息中间件或Web服务的数据共享与交换平台通过管理数据目录和用于数据共享与交换的接口，使得不同部门或行业的数据经过标准化处理、归集成库、权限控制等进行交换，其在数据价值产生过程中起到了越来越重要的作用。数据共享与交换平台通常遵从约定的交换协议，做到按需合规地流动和共享数据，便利了数据的自动交互和集成，也为统一的信息服务提供了规范支撑。

数据共享与交换是最大化数据价值的基础。数据价值增长得益于数据共享与交换，其使数据在更多的应用和分析中产生更多价值，因此数据共享与交换技术的性能成为研究和平台开发的关键关注点。

1.5.6 数据分析

数据不会开口说话，但不表明数据没有发言权，数据中所包含的信息不仅能反映世界的样貌，还能影响人们的思维，延伸人类的感官，揭示事物发展的规律。数据表层的信息已经无法满足人们对事物的探索欲望，其背后蕴含的特征和数据间的联系吸引了更多的关注。有人将数据比作矿石，只有经过冶炼才能提取出高纯度的金属，很多分析手段和挖掘方法应运而生，并衍生出更多的资源，集聚为价值密度更高的产物。操作分析、统计分析、挖掘分析、可视化分析等技术为图、数、表等数据特征的开发提供了可实施、可操作的方法支撑。由此形成的算法、模型包装等服务，可以为更多自定义数据和需求提供专业便利的服务。了解分析技术，犹如学习与数据沟通的方式,代替数据表达出隐含的信息。

数据分析是发挥数据资源价值的关键所在,政府、企业、社会掌握的数据只有经过良好的数据分析,才能预先了解领域的发展前景,掌握市场的主动权,从而让数据创造更大的价值。数据分析让我们可以从收集到的数据中了解事物的真实信息,并使数据能够真正在管理、决策、监测、评价以及人们的生活中创造价值。数据分析大到可以影响国家政治,小到影响老百姓的日常生活,同时也能为企业带来巨大的商业价值,实现各种高附加值的增值服务,从而提升经济效益和社会效益。因此,数据分析是否合理高效是数据资源能否实现价值最大化的关键。

1.5.7 数据安全

数据安全是数据资源生命周期管理的核心环节,从数据采集到数据分析,其中的每个环节都需要考虑数据的安全。数据安全问题层出不穷,技术的不足和蓄意的破坏是不能忽视的隐患。数据安全保障着眼于“六防”,即防盗、防错、防泄露、防破坏、防丢失、防恢复。随着安全意识的提高和科技的发展,数据加密解密、隐私保护、安全访问限制等方法和手段正逐渐为数据提供全方位的立体保护,确保数据在传输、存储的过程中保持完整性、保密性、真实性、容错能力和多备份能力。安全之路从来不是一蹴而就、一劳永逸的,未雨绸缪、防微杜渐才是应对数据安全问题的正确之道。

数据安全是数据资源价值保障与兑现的基本前提条件,数据一般被赋予数据资源的属性后,数据安全就成为数据资源存储、传输、交换、交易等流通环节的核心问题。没有数据安全,就没有数字资源的公平性、权威性、合法性等必要属性。数据安全也是数据资源表征并履行其社会属性的基本价值保障。

1.5.8 数据销毁

在数据资源管理的生命周期中,销毁是不可忽视的一环,它意味着数据的消亡,生命历程的终结。从安全角度考虑,为杜绝重要数据被非法窃取,避免数据泄露带来的潜在风险,防止无用数据对整个数据生态产生污染,需对数据进行彻底的删除,以致其不可恢复,此过程称为数据销毁。数据销毁包括内容销毁、介质销毁、传播可能性销毁等,是一项计算机科学和物理、化学等结合的技术产物。

数据销毁是数据资源价值生命周期的终结手段,也是保障数据资源拥有者对数据价值具备完全使用权的基本途径,即数据拥有者可通过数据销毁实现对数据价值社会属性的彻底终止,可以有效避免数据资源耗费存储资源、被非法滥用等影响或危害社会的负面问题。

技术篇将从各环节的管理内容、研究现状、现有技术以及实例等方面对生命周期的数据资源管理的实现方式进行介绍。

1.6 数据资源管理理论基础

数据资源管理的对象为数据,数据和信息是相互联系的,数据中包含信息,同时数据也是信息的一种具体表现形式。互联网时代下的数据资源管理面临着大数据和科学处理方法这两重亟须攻克的难题,如何对数据进行从头至尾的全面管理以及实现数据价值的最大化,必然需要理论和技术的支撑。本书以信息资源管理理论、数据科学、大数据理论和生命周期理论为基础,结合数据生命历程、数据资源的特征、科技的发展现状和行业的监管标准,科学合理地开展对数据资源化管理的生命周期的阐述。

1.6.1 信息资源管理理论

1.6.1.1 定义

信息资源管理(Information Resource Management,IRM)理论起源于20世纪70年代,随着计算机技术和通信技术的发展应运而生,是信息管理学的应用理论之一。在不同的社会阶段,信息所包含的内容也有所不同,从最初的文献、资料到数字化信息,再到与信息相关的设备、技术、人员等。在信息的概念变迁中,信息资源管理经历了从传统的图书馆式管理到电子化管理的阶段。当前阶段的信息资源管理着眼于信息活动的全过程和信息资源的优化配置。马费成和赖茂生在《信息资源管理》一书中将其定义为管理者为达到预定的目标,运用现代化的管理手段和管理方法来研究信息资源在经济活动和其他活动中的利用规律,并依据这些规律对信息资源进行组织、规划、协调、配置和控制的活动。

1.6.1.2 管理手段

技术是信息资源管理的基础手段,从技术角度看,人们除了利用信息科学的原理研究解决大系统的稳定性、网络结构的有序性和高速率传输中的各种问题外,主要是用情报学的理论方法研究信息组织方法和信息服务模式,探索各种适合网络特点的信息系统、信息媒介和利用方式。但纯粹的技术手段已经无法满足对信息资源的管控和利用需求,人们开始从经济和人文角度寻找结合点。在经济方面,主要研究以网络化为基础的信息市场、信息产业、信息经济的形成、发展、特征和运行模式,研究网络技术的评价选择以及网络信息经济效益评价方法等方面的问题。在人文方面,人们试图通过政策、法规、伦理道德实现信息网络的规范化和有序化管理,使信息网络能健康成长,为信息资源管理的支撑环境。

1.6.1.3 管理原则

科学标准的信息资源管理需遵从系统原则、整序原则、激活原则、共享原则和搜索原则，强调信息过程的整体性和协调性，信息组织的有效性和有序性，信息内容的可用性和管理的开放性。在有领导、有组织的统一规划和管理下，寻求最优方案，最大限度地挖掘、搜索信息内容，激发信息资源内在的价值，为己所用，降低信息资源的生产成本，提高利用效率，以此推动社会和经济的发展。

1.6.2 大数据理论

1.6.2.1 何为大数据

全球知名咨询公司 McKinsey 在报告 *Big Data：The Next Frontier for Innovation，Competition，and Productivity* 中将大数据定义为，大小超出常规的数据库工具获取、存储、管理和分析能力的数据集。研究机构 Gartner 将大数据定义为：需要新处理模式才能具有更强的决策力、洞察发现力和流程优化能力以及海量、高增长率和多样化的信息资产。在“大数据之父”维克托·迈尔·舍恩伯格和肯尼思·库克耶看来，大数据是人们获得新的认知、创造新的价值的源泉；大数据还是改变市场、组织机构，以及政府与公民关系的方法。

大数据从字面意思来看，本质上指的是数据，而形容词“大”则表示这个“数据”所具有的特点：海量、多样、快速、真实、价值以及随之而来的带给科学家和业界的处理难题。纵观近年来科技的发展和数据的应用，我们不得不承认大数据的出现促进了数据技术的发展和人们对数据认知的思维变革，即更加重视数据的全体性、混杂性和相关关系。

1.6.2.2 新型战略资源

大数据开启了一次重大的时代转型，给我们提供了一种新的认识世界、理解世界的方法，因此我们开始关注数据本身以及如何运用数据。在数字时代，大数据作为重要的新型战略资源，其开发利用水平取决于大数据与政府公共管理、企业生产经营与社会自我培育的深度融合，因此大数据的科学价值和推动经济建设、产业发展的社会价值不容小觑。各行各业数据量的爆炸式增长，使传统方法获取的局部样本数据逐渐扩展至全局整体数据，数据背后的价值开始显现，数据之间的关系也得以挖掘，这对理解和认识数据带来了新的机遇和挑战。

大数据的发展促进了技术、业务和数据的融合，拓宽了数据获取的空间和时间。在政务方面，借助信息化手段推进了电子政务、新型智慧城市的建设，促进了行政服务的高效性，政府决策的科学性，社会治理的精准性；在经济方面，可刻画产业发展态

势、定位新的增长点、推动产业转型；在科技方面，大数据的产生对数据管理技术提出了更高的要求，针对数据存储、处理、分析的技术和工具应运而生，又将反过来促进大数据的应用。

1.6.3 数据科学

1.6.3.1 定义

数据科学(Data Science)是数据，尤其是大数据背后的科学，它是一门将“现实世界”映射到“数据世界”之后，在“数据层次”上研究“现实世界”的问题，并根据“数据世界”的分析结果，对“现实世界”进行预测、洞见、解释或决策的新兴科学，也是基于数据统计、数据分析、数据可视化等理论基础，混合了数学、计算机科学等的交叉性学科。数据科学的主要研究对象是“数据”，包含从数据感知到数据处理，从数据挖掘到数据应用等研究任务，从“数据主动”的视角出发，探究数据的应用和潜力。数据科学为应对大数据带来的处理和使用难题提供了理论基础和技术支撑，大数据可以看作是数据科学的一个分支。

赵国栋等认为在科研体系中，数据科学将能够与包括物理、化学、生命科学等学科在内的自然科学分庭抗礼。在产业体系中，数据科学研究和市场、产业的联系十分密切，产业界形成的数据体量巨大、类型丰富但缺乏有效的组织和处理，而科学界的模型和算法则需要数据的实践和检验，两者的融合将有助于彼此的发展和世界认知方式的改进。

1.6.3.2 研究内容

数据科学的主要内容分为两个方面，即用数据的方法研究科学和用科学的方法研究数据。用数据的方法研究科学是指基于数据内容，通过剖析数据来揭示科学规律，进而促进学科发展，如研究生命的生物信息学，研究人类行为的行为信息学，研究地理现象及其联系的地理信息学等；而用科学的方法研究数据是将数学、统计学、信息学、计算机科学等手段用于广泛的数据研究中，如数据的获取、处理、存储、挖掘、安全等方面。数据资源管理重点在于用科学的方法，因需制宜地管理好数据的每个生命阶段，挖掘数据的价值，促进数据的应用，因此更趋向于数据科学研究内容的后者，偏重于数据的计算、处理与分析。

1.6.4 数据生命周期理论

数据生命周期理论认为数据具有生命周期，生命周期指的是对象从产生到消亡的全过程，如动物的出生至死亡、变量的声明至销毁、课程的开始至结束、一天的凌晨至午夜，数据生命周期本质上是数据变化的整个过程。

常见的数据生命周期模型有DCC(Digital Curation Centre)管理生命周期模型、DDI(Data Docutnentation Initiative)3.0生命周期模型、ANDS(Australian National Data Service)数据共享动词、Data(Data Observation Network for Earth)ONE数据生命周期模型、I2S2(An Idealised Scientific Research Activity Lifecycle Model)理想化科研活动生命周期模型和UKDA(UK Data Archive)数据生命周期模型等。不同模型实现的管理流程和策略有所差异，但本质上都更为关注数据的生产和利用。综合来看，数据的生命周期可分为以下四个阶段：产生阶段、加工阶段、应用阶段和销毁阶段。在产生阶段，由数据采集设备从外界事物中采集或收集信息成为数据。经过清洗和加工后形成可使用或进一步处理、分析的数据，将其进行保存和管理，这一过程属于数据的加工阶段。在应用阶段，数据及其挖掘产物将于实际场景中发挥作用，数据的价值得以体现。当数据超过有效期时便进入了销毁阶段，需对其进行彻底灭失。在整个生命过程中，安全保障始终贯穿。数据生命周期不仅是认识数据、科学管理数据的切入点，也是对最大化利用数据、提升数据管理效率、减少经济损失和安全事故的保障。只有了解数据的全生命周期，才能做到从头至尾对数据的负责，尊重数据的使用。数据资源管理将沿着生命周期这一主线，遵循理论框架，讲述数据一生的经历与故事。

参考文献

[1]维克托·迈尔·舍恩伯格，肯尼思·库克耶. 大数据时代：生活、工作与思维的大变革[M]. 杭州：浙江人民出版社，2013.

[2]龚健雅. 人工智能时代测绘遥感技术的发展机遇与挑战[J]. 武汉大学学报(信息科学版)，2018，43(12)：1788-1796.

[3]孙九林. 科学数据资源与共享[J]. 中国基础科学，2003，(1)：32-35.

[4]胡良霖. 科学数据资源的质量控制和评估[J]. 科研信息化技术与应用，2009，2(1)：50-55.

[5]文峰. 一种面向应用的多层次数据资源描述框架[J]. 计算机应用与软件，2013，30(7)：221-223.

[6]安小米，宋刚，路海娟，等. 实现新型智慧城市可持续发展的数据资源协同创新路径研究[J]. 电子政务，2018，(12)：90-100.

[7]国家统计局. 国家数据[EB/OL]. [2019-11-01]. http://data stats. gov. cn/staticreq. htm.

[8]DOMO. Data Never Sleeps 6.0[EB/OL]. [2019-10-01]. https://www. domo. com/learn/data-never-sleeps-6.

[9]信息化观察网. 我们每天会产生多少数据？[EB/OL]. [2019-10-01]. http://www. e-

bridge.com.cn/homePage/information/informationInfo? informationCode=0300001953.
[10] Anon. Worldometers [EB/OL]. [2019-10-01]. http://www.worldometers.info/cn/ .
[11]刘晓. 大数据环境下数据中心的数据生命周期管理研究[J]. 中国金融电脑，2014,(10):71-75.
[12]马费成,赖茂生. 信息资源管理[M]. 北京:高等教育出版社,2006.
[13]马费成,陈锐. 面向高速信息网络的信息资源管理(一)——从技术角度的分析[J]. 中国图书馆学报,1998,24(1):12-17.
[14]李兴国. 信息资源管理[M]. 北京:清华大学出版社,2015.
[15]李纲. 实施国家大数据战略,建设数字中国[J]. 大数据时代,2018,(13):6-17.
[16]朝乐门. 数据科学理论与实践[M]. 北京:清华大学出版社,2017.
[17]赵国栋,易欢欢,糜万军,等. 大数据时代的历史机遇——产业变革与数据科学[M]. 北京:清华大学出版社,2013.
[18]朱扬勇,熊贇. 数据学[M]. 上海:复旦大学出版社,2009.

思考题

1. 什么是数据资源？数据资源的特征有哪些？
2. 请列举几个数据资源的例子,并说明它的价值所在。
3. 数据资源管理的核心是什么？

2 数据采集

2.1 数据采集概念

物理世界、人类社会、信息空间中的各种信息被人类用技术手段记录下来，形成了数据，而这个记录数据的过程就叫数据采集。

数据采集的概念非常宽泛，人类在进行各种社会活动的过程中，基本上都需要以数据为依托才能掌控情况，做出下一步的判断。可以说，人类社会活动始终伴随着数据采集并同时产生新的数据。从本书立意出发，本章在介绍数据采集技术的分类后，会在介绍具体技术实现以及实例的部分重点讲述某几项较有代表性的数据采集技术。

2.1.1 按是否使用设备分

按是否使用设备，数据采集技术可分为不借助仪器设备的"直接调查"和"用设备采集"两大类。

"直接调查"是指人工通过口头问询、肉眼观察、上网查询、通过书籍报纸收集等五感直接获得想要获得的信息、数据。各类走访调查活动，甚至美食品鉴活动都可以归为直接调查类的数据采集。"用设备采集"是指用各类不可或缺的设备进行数据采集。涉及的类别繁多，以下分类都是根据设备的不同特点而进行的划分。

2.1.2 按数据传输分

当物理世界的某类数据采集设备可以将其采集的信息转换为数字信息并通过有线或无线网络自动传输到服务器等数据接收、存储装置时，这类数据采集设备就成为物联网设备。所以在设备数据传输层面，按设备是否自动采集并通过网络提交数据来划分，数据采集可分为物联网设备数据采集与非物联网设备数据采集。

如现在的智能手环将其记录的走路步数、睡眠时间等自动传到手机端，用户可以

在手机端随时查询自己今天和以往每天的走路、睡眠数据，就属于典型的物联网设备数据采集。其他需要人工操作的比如使用光学设备精确地测绘地图就是非物联网设备数据采集。

2.1.3 按信息类别分

使用设备进行数据采集时，按信息类别分类，数据采集设备主要分为光学设备、声学设备、温度感应设备、压力感应设备、化学反应设备、电学感应设备等。

这些类别设备比较容易理解，在此不一一举例了。

2.1.4 按是否接触实体分

进行数据采集时，很多时候设备不需要与被采集数据的物体发生实体接触。按是否接触实体进行分类，数据采集设备可分为遥感设备和接触式设备。

遥感是指无接触的远距离的探测或观测数据的技术。从技术层面看，遥感是应用电子、光学、声波等探测仪器，定时、定位、定性、定量探测和识别远距离研究对象的技术。

接触式设备与遥感设备相反，通过接触被观测的对象来获取信息，比如接触水流的流速仪、接触式温度计等。

2.1.5 按信息来源分

按信息来源分，数据采集技术中的遥感技术可分为主动式和被动式。

主动式数据采集是指设备本身向外发射信号，根据被物体反射回来的信号获取信息。典型的主动式遥感设备有全站仪、激光雷达、声呐探测仪等。

被动式数据采集是指设备本身不发射信号，单纯接收物体发射的信号从而采集数据，比如各类遥感卫星对地观测获取不同波段电磁波信息从而采集丰富的地面甚至地下数据。航空摄影测量、近景摄影测量等利用被观测的物体发出的可见光或红外光可以获得精确的空间信息。

2.1.6 各分类的关系

以上 5 种分类方式之间既有层级关系，也有交叉关系。为了方便理解，表 2.1 中对各种需使用设备的分类方式进行了梳理，并例举了典型的数据采集的设备或数据采集内容。

表 2.1 数据采集技术设备分类列举

信息类别	遥感设备		接触式设备
	被动式	主动式	
光学设备	照相机、摄像头、GNSS接收机、红外测温仪等	雷达、激光测距仪等	PM 2.5 检测仪等
声学设备	录音机等	声波测深仪等	/
温度感应设备	/	/	温度计等
压力感应设备	/	/	气压传感器、硬度检测仪等
化学反应设备	/	/	湿度计、甲醛检测仪等
电学感应设备	/	/	过载保护器、万用表等

表 2.1 中所有的数据采集设备如果能自动将采集到的数据进行二进制数字化，挂接了互联网终端来自动发送、交换数据，就成了物联网数据采集设备。

部分数据采集设备的分类可能与人们的日常直觉不符，或者日常生活中了解较少。下一节将对有代表性的部分数据采集设备的技术原理做简要说明。

2.2 数据采集技术实现

本节概要介绍上一节中容易让人困惑的或者普通人不太了解原理的 PM 2.5 检测仪、声波测深仪、红外测温仪、气压传感器、湿度计、甲醛检测仪的原理；并重点介绍三类应用广泛的数据采集技术：

(1)GNSS(Global Navigation Satellite System)空间定位技术的实现。

(2)物联网数据采集技术的实现。

(3)遥感数据采集技术的实现。

2.2.1 部分设备的基本原理

PM 2.5 检测仪的基本原理是用特定波长(该波长对应 PM 2.5 的颗粒物尺度)的激光照射空气样本，采集空气中悬浮颗粒物散射激光的情况，根据激光散射分析结果得到空气中悬浮颗粒物的数据。由于其被观测的物体本身就是空气，所以此设备归类为接触式光学数据采集设备。

声波测深仪的基本原理是声波测深仪在水中主动发出声波脉冲，接收水下物体反射的声波来判断物体与仪器设备的距离。其原理与蝙蝠飞行中感知周围物体的原理相同。

红外测温仪和温度计的区别在于，温度计是通过接触被测的物体，接收被测物体

传导过来的热量来采集温度数据;而红外测温仪是通过接收物体发射的红外线辐射来采集物体的温度数据。所以,红外测温仪也属于光学设备。

气压传感器的基本原理是气压传感器接触的气体压力会引起仪器的电压或外形变化,进而获取气压数据。

硬度检测仪的原理是硬度检测仪主动对被检测的物体施加压力,根据被检测物体在仪器上留下的压痕大小来获取硬度数据。

常用的湿度计原理是湿度计采用亲水高分子材料与气体接触、其接触的水分子会引起材料分子的结构变化,进而形成形变;基于其形变的大小来获取湿度数据。

常用的甲醛检测仪原理是甲醛检测仪使用酚试剂溶液吸收空气样品,反应生成嗪,嗪在酸性溶液中被显色剂高铁离子氧化形成蓝绿色化合物,根据颜色获取甲醛数据。

2.2.2 GNSS 空间定位技术

GNSS 是全球卫星导航系统,主要包括:中国的北斗系统、美国的 GPS、俄罗斯的 GLONASS、欧盟正在建设的 Galileo 系统。这些导航卫星系统在系统组成和定位原理方面大同小异。目前 GPS 应用最广,全球用户最多,并已广泛应用于诸多领域,因此 GPS 就成了 GNSS 的典型代表。以前此定位技术主要应用在航空导航、勘测测绘、地图制图等领域,如今每个智能手机上的定位功能主要依靠 GNSS 技术,正在到来的无人驾驶技术也对 GNSS 技术具有很高的依赖性。

2.2.2.1 无线电定位的基本方法

无线电定位技术主要有侧边交汇定位、双曲线定位和多普勒定位三种方法,这三种基本方法实际上构成了卫星导航定位的基本原理。

2.2.2.2 坐标与时间系统

卫星导航定位的基本任务是利用卫星信号来确定运动载体的位置、速度、姿态以及运动轨迹等特征参数。而对这些特征参数的描述都是建立在某一特定的时间和可能关键框架基础之上的。

卫星导航定位中主要涉及两类坐标系统,分别为天球坐标系与地球坐标系。天球坐标系是一种空间惯性系,其坐标原点与各坐标轴的指向在空间保持不变,故采用该坐标系可较方便地描述卫星的运行状态;而地球坐标系则是与地球相关联的一种坐标系统。此外利用卫星导航定位技术进行精密定位与导航,还需要有高精度的时间信息,这就需要一个精确的时间系统。

2.2.2.3 卫星信号

GNSS 卫星信号包括导航电文、测距码和载波三类信号。其中导航电文用于提供卫星导航定位所需的卫星星历、时钟改正数、卫星工作状态、大气折射改正等信息；测距码信号用于测量卫星至地面GNSS接收机之间的距离；而载波信号的主要功能则是通过信号的调制将测距码信号和导航电文传送到地面，同时也可用于高精度测量和定位。

2.2.2.4 卫星轨道运动

在利用GNSS进行导航和定位时，GNSS卫星作为高空动态已知点，需要计算它在协议地球坐标系中的瞬时坐标。GNSS卫星轨道用星历表示，具体形式可以是卫星位置和速度的事件列表（如BLONASS广播星历），也可以是一组以时间为引数的轨道参数（如GPS广播星历）。GNSS卫星星历按照精度和发播形式不同可分为广播星历和精密星历，广播星历是实时星历，精度一般在2m左右；精密星历是后处理星历，其精度可以达到厘米级。

2.2.2.5 基本观测值与误差分析

卫星导航定位中，一般将导航卫星的位置作为已知值，接收机位置作为待求参数，采用单程被动式测距的方法进行导航定位，其中主要的观测值类型包括测码伪距观测值、载波相位观测值和多普勒观测值。

2.2.2.6 单点(绝对)定位

在理想状况下，地面上的观测者可利用测量其到三个以上（不重合）坐标位置已知的空间点的距离来确定观测者的位置，也就是测边交会定位，如图2.1所示。利用

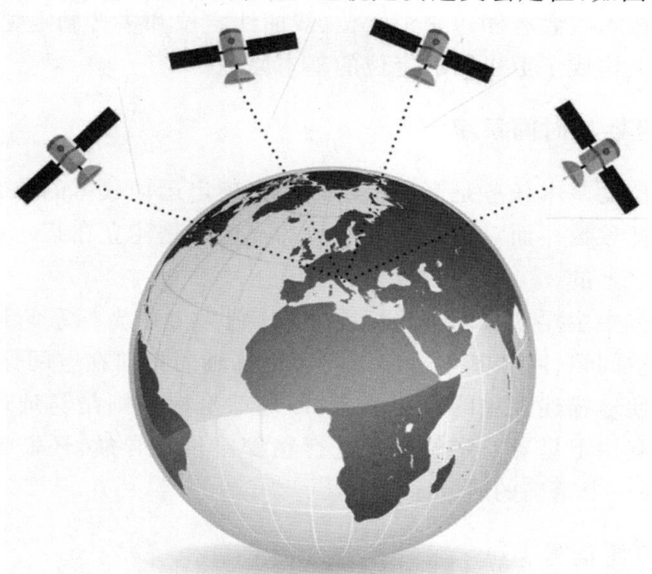

图2.1　GNSS无线电定位原理

该定位方法，使用一台 GNSS 接收机，接收来自多颗 GNSS 卫星在同一时刻或不同时刻的卫星信号，测量卫星至接收机之间的几何距离，利用距离交会的方法独立确定接收机在地球坐标系中的绝对坐标的定位方法称为单点定位。车辆导航是单点定位的典型应用。

2.2.2.7 差分（相对）定位

GNSS 定位的精度，受到诸多因素的影响，尽管可以通过模型改正加以消除或减弱，但其残差误差的影响仍很严重。为了提供定位精度，通过在观测值间求差的办法，可有效消除参考站与流动站间的公共相关误差，实现了高精度的相对定位，因此称为差分定位。

差分定位使用两台以上的 GNSS 接收机做同步观测，其最基本情况是使用两台 GNSS 接收机，分别安装在两个基站上，并同步观测相同的 GNSS 卫星，如图 2.2 所示，以确定测站 T1 和 T2 在地图地心坐标系中的相对位置或坐标差（dx，dy，dz），T1 到 T2 的距离称为基线，坐标差称为基线向量。如果使用多台 GNSS 接收机安置在若干条基线上时，同步观测 GNSS 卫星，可以同步确定多条基线的基线向量。

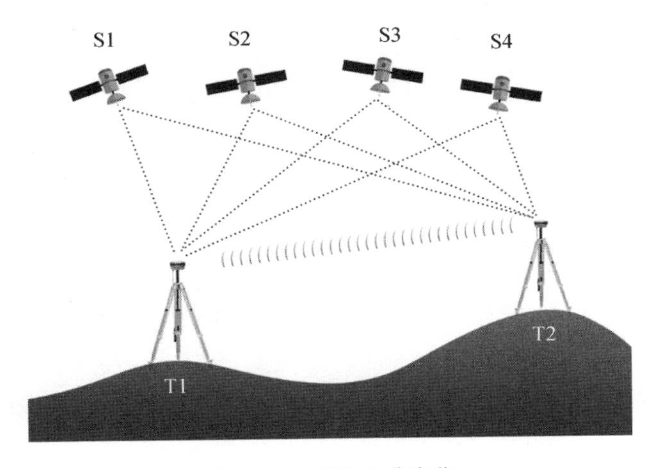

图 2.2 GNSS 差分定位

差分定位中，至少选一个测站为参考站，参考站的坐标通常设定为已知值。图 2.2 中，如果将 T1 设为基准站或参考站，则所获得的基线向量即为流动站 T2 相对于 T1 的坐标差，又称相对定位。根据求差对象不同，差分定位可分为位置域和观测值域差分两种。前者算法简单但精度低，应用较少；后者理论模型复杂、精度高、应用广泛。

2.2.2.8 GNSS 数据格式

GNSS 数据格式有统一的标准。以 GPS 数据为例，采用 NMEA 0183 标准格式（见表 2.2）。NMEA 0183 是美国国家海洋电子协会（National Marine Electronics

Association)为海用电子设备制定的标准格式。目前是 GPS 接收机设备的统一标准,几乎所有 GPS 接收机均采用这一格式。

表 2.2　GPS 数据格式

序号	命令	说明	最大帧长
1	$GPGGA	全球定位数据	72
2	$GPGSA	卫星 PRN 数据	65
3	$GPGSV	卫星状态数据	210
4	$GPRMC	运输定位数据	70
5	$GPVTG	地面速度信息	34
6	$GPGLL	大地坐标信息	
7	$GPZDA	UTC 时间和日期	

注:发送次序 $GPZDA、$GPGGA、$GPGLL、$GPVTG、$GPGSA、$GPGSV * 3、$GPRMC。

协议帧总说明:

该协议采用 ASCII 码,其串行通信默认参数为:波特率=4800bps,数据位=8bit,开始位=1bit,停止位=1bit,无奇偶校验。

帧格式形如:$aaccc,ddd,ddd,…,ddd * hh〈CR〉〈LF〉

1.“$”——帧命令起始位

2.“aaccc”——地址域,前两位为识别符,后三位为语句名

3.“ddd…ddd”——数据

4.“ * ”——校验和前缀

5.“hh”——校验和(Check Sum),“$”与“ * ”之间所有字符 ASCII 码的校验和(各字节做异或运算,得到校验和后,再转换为 16 进制格式的 ASCII 字符)

6.〈CR〉〈LF〉——CR(Carriage Return)+LF(Line Feed)帧结束,回车和换行

原始数据样本:

```
$GPRMC,092927.000,A,2235.9058,N,11400.0518,E,0.000,74.11,151216,,D*49
$GPVTG,74.11,T,,M,0.000,N,0.000,K,D*0B
$GPGGA,092927.000,2235.9058,N,11400.0518,E,2,9,1.03,53.1,M,-2.4,M,0.0,0*6B
$GPGSA,A,3,29,18,12,25,10,193,32,14,31,,,,1.34,1.03,0.85*31
$GPGSV,3,1,12,10,77,192,17,25,59,077,42,32,51,359,39,193,49,157,36*48
$GPGSV,3,2,12,31,47,274,25,50,46,122,37,18,45,158,37,14,36,326,18*70
$GPGSV,3,3,12,12,24,045,45,26,17,200,18,29,07,128,38,21,02,174,*79
```

2.2.3　物联网技术

物联网只是通过各种信息传感设备如传感器、射频识别(RFID)技术设备、全球定位系统、红外感应器等,实时对需要观测、监控的物体或过程,采集其声、光、电、热、

位置等信息，并在网络上发送、交换其采集的数据的技术。

该技术已经或正在对几乎所有的数据采集设备在数据传输、交换层面进行革新，但其本质还是互联网技术，只是终端不局限于传统 PC 和服务器，还包含了嵌入式计算机系统及传感器。它是互联网技术的扩展与延伸，使得人类的各种物品都自带可通信的计算机系统，如穿戴设备、环境监控设备、虚拟现实设备等。

在中国，物联网数据采集通常指包括各类传感器、移动终端、工业系统、楼控系统、智能家居设备、视频监控系统等自主发送信息的各类终端设备和设施，以及贴上 RFID 的各种资产。

受限于通信技术、芯片技术、电池技术等技术上的瓶颈，物联网的发展并未像当初互联网那样爆发，而是渐进式发展。目前最常见的物联网设备应该是智能手机及其周边产品。

2.2.3.1 物联网体系框架

从技术架构上看，物联网可分为 3 层：感知层、网络层和应用层，如图 2.3 所示。

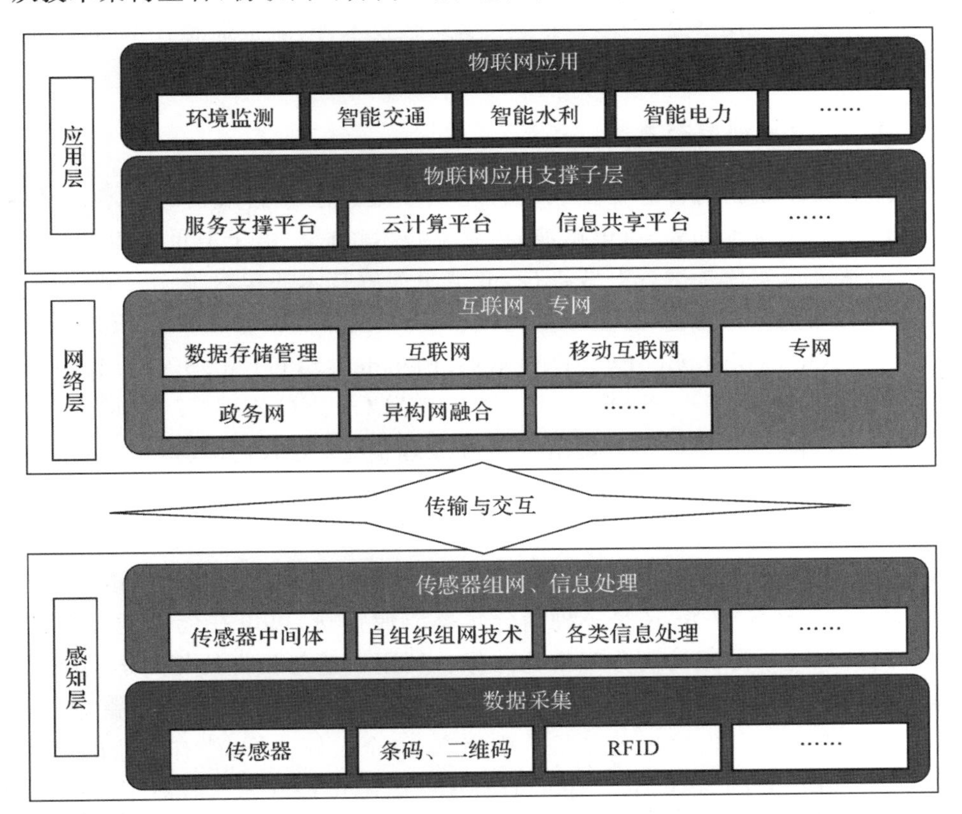

图 2.3 物联网技术框架

2.2.3.2 物联网数据采集的技术范围

因本章节仅讨论物联网技术应用在数据采集层面的内容，故不涵盖物联网技术框架中应用层面和网络层的数据存储管理。

物联网数据采集技术主要涵盖以下细分技术：

数电模电、单片机编程技术。

网络技术，主要包括网络协议、“客户端—服务器”通信技术等。

无线通信技术，主要包括 Wi-Fi、蓝牙、4G、5G 等。

传感器技术，虽然传感器比较杂(见表 2-1)；但各设备厂商一般会提供相应接口。

终端技术(App)：主要指 App 研发的软件技术，包括 iOS 和 Android 等。

2.2.4 遥感技术

遥感技术并不仅仅是和航天、卫星等关联在一起的“高高在上”的技术，事实上遥感的数据采集技术应用非常广泛。除了卫星遥感技术外，航空遥感技术(包括无人机遥感技术)、激光测距技术、声呐技术等都属于遥感技术。

2.2.4.1 卫星遥感技术

卫星遥感技术是指将传感器搭载在卫星上实施遥感数据采集的技术，所以其技术主要由航天卫星技术和光学(电磁波)传感器技术组成。由于卫星开始工作后不能与卫星地面站进行实体接触或有线连接，故卫星遥感技术还包含了无线通信技术。

目前主要的光学遥感卫星有：WorldView 1、WorldView 2、WorldView 3、WorldView 4、QuickBird、GeoEye、INONOS、Pleiades、SPOT 1、SPOT 2、SPOT 3、SPOT 4、SPOT 5、SPOT 6、SPOT 7、RapiDeye、ALOS、KOMPSAT、北京二号、资源三号、高分一号、高分二号等。主要用于基础地理信息、土地利用、植被覆盖、矿产开发、精细农业、城镇建设、交通运输、水利等方向。光学遥感卫星影像一般会采集多个波段的光谱数据。

另外，卫星遥感也有主动式遥感技术，其代表是合成孔径雷达(Synthetic Aperture Radar，SAR)。SAR 是一种高分辨率成像雷达，可以在能见度极低的气象条件下得到类似光学照相的高分辨雷达图像。利用雷达与目标的相对运动把尺寸较小的真实天线孔径用数据处理的方法合成一个较大的等效天线孔径的雷达，也称综合孔径雷达。合成孔径雷达的特点是分辨率高，能全天候工作，能有效地识别伪装和穿透掩盖物。其主要的 SAR 卫星有 TerraSAR-X、RadarSat-2、ALOS、高分三号等。

2.2.4.2 航空遥感技术

航空遥感技术是指在航空器(各类载人飞机、无人机)上搭载各类传感器，包括光

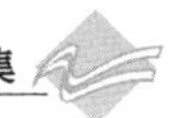

学相机、红外相机、多光谱相机、激光雷达等。其可搭载的设备类型比卫星遥感技术可搭载的遥感设备丰富。

近年来,无人机技术发展迅速。无人机结构简单、使用成本低,不但能完成有人驾驶飞机执行的任务,更适用于有人飞机不宜执行的任务,如危险区域的地质灾害调查、空中救援指挥和环境遥感监测。无人机技术已经成为主要航空遥感技术之一。

按照系统组成和飞行特点,无人机可分为固定翼型无人机、多旋翼无人机两大类。

固定翼型无人机通过动力系统和机翼的滑行实现起降和飞行,遥控飞行和程控飞行均容易实现,抗风能力也比较强,能同时搭载多种遥感传感器。起飞方式有滑行、弹射、车载、火箭助推和飞机投放等;降落方式有滑行、伞降和撞网等。固定翼型无人机的起降需要比较空旷的场地,比较适合矿山资源监测、林业和草场监测、海洋环境监测、污染源及扩散态势监测、土地利用监测以及水利、电力等领域的监测。

多旋翼无人机的技术优势是能够定点起飞、降落,对起降场地的条件要求不高,其飞行也是通过无线电遥控或通过机载计算机实现程控。其主要应用于突发事件的调查,如山体滑坡勘查、火山环境的监测等领域。

2.2.4.3 激光测距技术

激光测距技术是指向指定方向发射激光束,并根据反射的激光信息获取反射点到激光发射源的距离,再结合发射激光时的角度,获得反射点相对于发射源的三维空间坐标。目前最先进的激光测距设备代表是三维激光扫描仪。

三维激光扫描技术是20世纪90年代中期开始出现的一项高新技术。由于其具有快速性,不接触性,实时、动态、主动性,高密度、高精度,数字化、自动化等特性,它可以通过高速激光扫描测量的方法,大面积、快速、密集、无差别地进行单点激光测距,可以快速、大量地采集空间点位信息,为快速建立物体的三维影像模型提供了一种全新的技术手段。

三维激光扫描获得的数据是点云。点云中每一个点代表了一个观测到的空间坐标。

2.2.4.4 声呐技术

声呐技术主要用于水下数据采集。因为在水下电磁波信号衰减很快,难以作为采集信息的媒介,唯有声波的传播、反射比较高效。

作为主动式遥感技术,与激光测距技术相近,声呐技术的工作原理是由设备本身发出的固定波长的声波,同时监听声波的反射时长、强弱、方向等,进而获得反射源相对于设备的空间位置。

声呐技术的典型应用是水下测深仪,包括单波束测深仪和多波束测深仪。广泛应用于水下地形测量、海底管道检测、水下电缆铺设、海洋工程测量、海底资源勘测、海底沉物探测、水下环境调查、水库库容测量、电站大坝监测、堤防监测以及指导港口与航道疏浚、水上安全航行等领域。

2.3 数据采集实例

2.3.1 光照、温度、湿度等综合数据采集实例

此实例是北方地区某省的智能农业系统。

2.3.1.1 概述

某省智能农业系统通过安装空气温湿度、光照度、土壤温度、土壤湿度等传感器实时监测农业现场内的环境参数，之后由程序后台进行分析，与事先设置的系统规则进行对比，从而智能地启动通风设施和滴灌设施，实现农业的精细化管理。

系统部署的主要设备有：光照传感器、空气温湿度传感器、土壤温度传感器、土壤湿度传感器、前置机、边缘网关、控制执行设备、3G/4G 无线网络传输设备等。

采集到的数据成果为：农业大棚数据，主要包括农业生产所需的光照、空气温度、空气湿度、土壤温度、土壤含水量等。

2.3.1.2 系统功能

该智能农业系统包含三套功能子系统，以网页形式提供给用户使用，下面分别进行介绍。

1.用户操作子系统

用户操作子系统实现的功能有以下六点。

(1)用户登录时的身份验证功能。只有输入正确的用户名和密码才可以登录并使用该系统。

(2)视频功能。系统能够显示现场布置的各摄像头中的内容，并可以远程控制摄像头。

(3)报警功能。能够判断各类数据是否在正常范围内，如果超出正常范围，则报警提示，并填写数据库中的错误日志。

(4)报警处理功能。用户如果已经注意到某报警，可以标记报警提示，系统会在数据库中记录为已处理。

(5)智能展示功能。可以直观地展示传感器采集的数据，包括实时显示现场温湿度等数据的分布和每种数据的历史数据。

(6)阈值设置功能。可以设置各种传感器的阈值,即上下限,系统判断数据的合法性即根据此阈值。

2. 用户管理子系统

用户管理子系统实现的功能有以下三点。

(1)用户登录时的身份验证功能。只有输入正确的用户名和密码才可以登录并使用该网站。

(2)用户密码管理。提供用户修改当前设置的密码的功能。

(3)查看授权设备。提供用户查看自己被授权设备清单的功能。

3. 系统管理子系统

系统管理子系统实现的功能有以下四点。

(1)客户管理。主要包括以下几方面。

添加客户:必须通过业务管理平台添加后,客户才有权利进入视频监控系统。客户注册信息是通过邮件获取的,密码皆为 MD5 加密,管理员无法获得客户密码。对于违约和未缴费客户,管理员可以通过设置客户黑名单,禁止该客户登录平台。若取消黑名单,该客户可以再次进入系统。

删除客户:客户被删除后,则不能再登录到视频监控系统。

在线客户:管理员可以查询哪些客户在线,统计客户的在线信息,以方便运营和管理。

(2)设备管理。主要包括以下几方面。

添加设备:必须通过业务管理平台添加后,设备才有权进入视频监控系统。

删除设备:设备被删除后,则不能再注册到视频监控系统。

在线设备:管理员可以查询哪些设备在线,统计设备的在线信息,以方便运营和管理。

(3)设备权限。主要包括以下几方面。

客户和设备建立权限:客户和设备原本没有权限关系,若客户要远程查看某一设备的信息,必须先获取授权才行。

客户和设备权限改变:客户和设备之间有多种权限,系统默认对视频设备只有视频连接和查看远程录像的权限。系统支持默认的权限定义,企业可以根据实际情况选择默认权限。管理员和私有设备所属客户可以对已经授权设备进行不同权限设备设置,以更好和更安全地控制远程设备。

删除设备权限:对于违约或者未缴费客户,管理员可以删除他们对某设备的权限。删除后,若客户正在观看该设备,会立即被停止连接。

(4)会话管理。可强制断开会话,管理员可以通过这一功能实现异常连接或者错误客户的连接。

2.3.1.3 系统架构

本系统主要分为农业大棚现场、数据传感器、控制系统和业务平台四层架构。

农业大棚现场主要负责现场环境参数的采集和设备智能控制。

数据传感器的数据上传采用无线 ZigBee(紫蜂)模式,具有部署灵活、扩展方便等优点,用户访问采用 3G/4G 无线访问方式。

控制系统由边缘网关、执行设备和相关线路组成,通过边缘网关可以自由控制各种农业生产执行设备,包括喷水系统和空气调节系统等。

业务平台负责功能展示,主要包括视频监测、空间/时间分布、历史数据、错误报警和远程控制五个方面。

2.3.2 GNSS 技术与低空遥感技术数据结合

本实例是某县关闭矿山监测项目。该项目主要使用了低空遥感技术和 GNSS 技术,其中 GNSS 技术中涵盖了部分物联网技术。

2.3.2.1 概述

本实例使用遥感为主的采集技术对该县正在实施的"关闭矿山地质环境恢复综合治理工作"进行准实时的数据采集和分析,以便监测项目的实施,避免不可逆的环境破坏。具体内容有:对 17 座矿山的范围,实施平均每个月两次的监测;监测内容包括开采范围变化、开采深度变化、矿区土方量变化等。实施的要求是:具体根据管理部门下达的通知,收到检测任务后,5 个工作日内完成数据采集、分析,形成检测报告。

采集的主要数据类型包括:航空数码照片、空中 GNSS 定位信息、地面控制点的 GNSS 定位信息等。

2.3.2.2 采集设备要求

本项目中主要使用的是带有 GNSS 接收设备的多旋翼无人机、中海达 GPS RTK 设备。此 RTK 设备为网络 RTK,使用了名为 CORS(Continuously Operating Reference Stations)的无线物联网技术。

2.3.2.3 采集步骤

收集测区范围内和周边的平面控制点和高程控制点,求取本项目所需的 WGS84 坐标、大地高转换到西安 80 坐标、85 高程所需的坐标改正量。由于一个矿山范围内或相邻的数个矿山范围内的坐标改正量差异很小,对单个矿山或相邻的数个矿山使用相同的坐标改正参数。

实地踏勘，使用 GPS RTK 设备布设像控点，建立本项目的坐标系统。

采用低空无人机快速获取高清影像。

内业使用 PhotoScan 软件快速生成正射影像图 DOM(数字正射影像图)和 DEM(数字高程模型)。

根据初期 DLG(数字线划图)，制作 DEM。

使用 ArcGIS 软件比较实测的 DEM 和初期的 DEM 的差异。

根据 DOM 和 DEM 和初期 DLG，编制现状 DLG。

根据对比分析数据，制作图表，编写监测报告。

技术流程如图 2.4 所示。

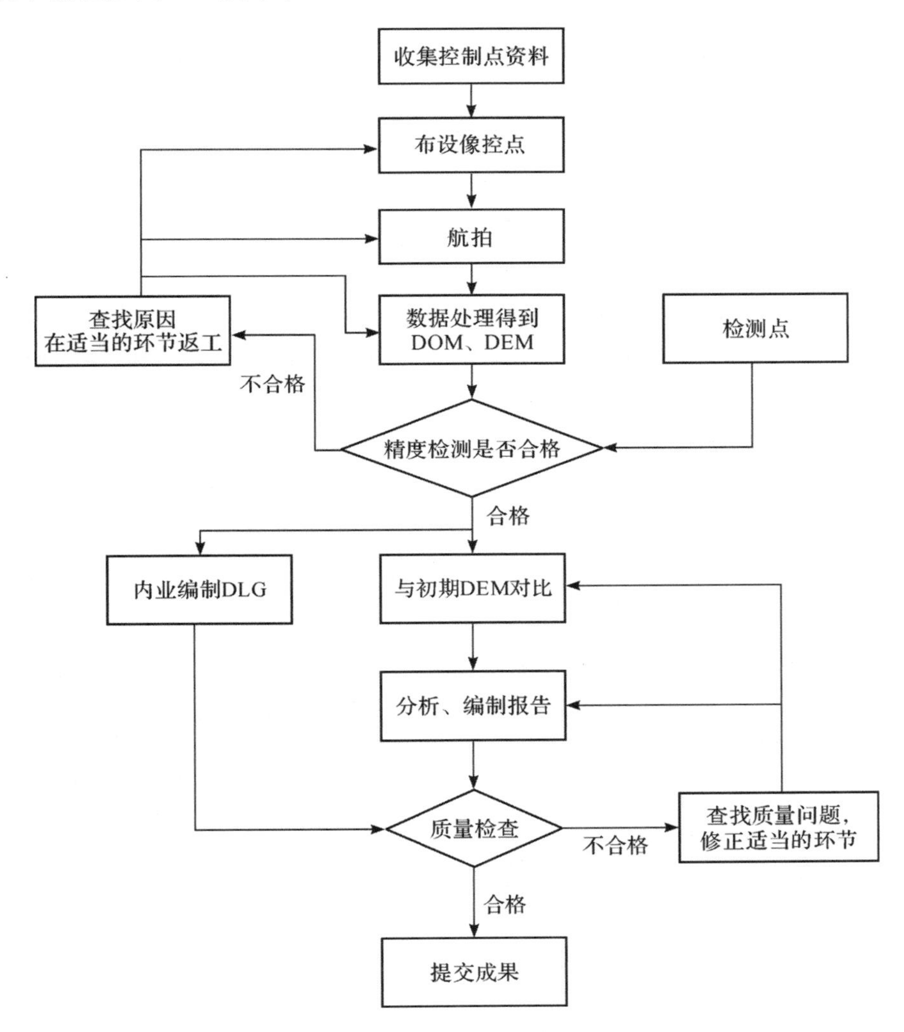

图 2.4 矿山监测项目技术流程

2.3.2.4 采集技术要求

1. 像控点测量技术要求

根据测区周围是否有平高控制点资料的具体条件，本项目采用 GPS 加连续运行参考站系统（CORS）的方式或者采用 RTK 电台基站的方式，采集 WGS84 坐标和大地高。成图后可根据本地控制点信息纠正到本地常用的坐标系。

2. 无人机飞行控制

使用飞行控制软件（AscTec Navigator）设计航拍区块，自动生成航线。拍摄范围应完全覆盖矿山开采区域。相对起飞点的高程，航高控制在 150～200m。单条航线长度一般控制在 500m 以内。航拍影像的地面分辨率小于 10cm/像素。

3. 航摄数据处理

（1）飞行记录信息

使用 Navigator 软件从无人机的飞行记录存储卡中导出需要的飞行架次信息，鉴别有效的数据，剔除无效的开机记录。

将有效的飞行记录信息导入数据库中，为下一工序做准备。

（2）拍摄姿态与相片的匹配

根据上一环节导入的飞行信息，选择相应的相片进行匹配，并剔除不同架次之间的无效相片。

（3）导出区块数据

考虑到本项目每个矿区不超过 1km² 的情况，将一个或者多个完整矿区各航摄区块合并为一个数据区。

将合并后的区块数据导出为 *.psz 工程文件。

4. 数据分析处理

根据以上采集的数据，建立立体模型，制作数字高程模型，自动比对两次测量的 DEM 数据的差异性，发现变化区域。在计算机中叠加变化区域和 DOM、DLG 底图，人工标绘治理红线、越界位置等信息，并将分析数据和地图输入为 doc 格式或者 pdf 格式的图件。根据分析结果编写监测报告文档，融入上述图件，形成最终监测报告。

2.3.3 智能安全小区数据采集实例

本实例为一个智能安全小区数据采集的案例。

2.3.3.1 概述

为了解决小区里的人口信息采集困难、流动人口管理困难、社区管理警力不足等亟待解决的问题，需要对出入小区的人员、车辆进行监控管理，系统有效排查出入小

区人员，结合已有数据识别异常人员、事件、群体、房屋，有效保障社区的安全，为社区居民提供安全、舒适、高效、便捷的服务，力争实现身份信息登记由被动变主动、建立社区治安综合防控体系、完成实战“最后一公里”、小区态势感知、加强民生服务、创新消防管理机制等目标。

智安小区采集系统产生的数据主要分为登记类和感知轨迹类两部分数据，分别是：①登记类：住户登记、房屋登记、车辆登记、访客登记、设备登记、巡更防护等；②感知轨迹类：门禁、道闸、烟感、视频监控、人脸验证、车辆检查、RFID 等。

2.3.3.2 数据采集

小区涉及多个业务系统协同工作，其核心脉络还是数据，具体包括：数据采集和数据类型、数据处理、数据管理、数据交换、数据应用、数据安全等方面。本章仅介绍数据采集部分。

小区数据采集系统（即感知系统）包括电子周界系统、人员出入管理系统、车辆出入管理系统、智慧门禁系统、电动车智能充电桩、视频监控系统、电子巡更系统、消防管理系统等。

1. 电子周界系统

在小区周界安装电子防护系统，该系统宜采用电子围栏系统，并接入智能安全小区平台，通过电子地图或模拟地形图准确显示周界报警点位的具体位置，并应具备声、光指示和防拆、断路报警功能。系统遭受外界入侵时，能够产生报警信号，通知系统管理人员及时前往处理，有效保证设备外围安全。

2. 人员出入管理系统

为解决陌生人员、外来人员进入小区的情况，有效管理公共出入口区域，通过设立人员通行设备，小区内部进出人员通过刷卡、身份证，可以与人脸识别、指纹、密码、蓝牙、二维码相结合，允许业主出入。外部来访人员则需通过门卫室管理人员进行身份证等访客登记确认或由住户授权，方可通过，同时结合人脸识别系统进行记录。

3. 车辆出入管理系统

在小区改建停车管理系统，通过车牌识别摄像头一体机对进出车辆进行控制，实时记录出入口通行车辆信息，通过车牌识别系统分析出进入小区的内部车辆、外来车辆、违法车辆等信息，并进行记录。

4. 智慧门禁系统

小区门禁系统安装于小区楼道单元门，对人员通行权限进行管理，通过刷 IC 卡、钥匙、手机 APP、人脸识别等多种方案来通行，只有经过授权的人才能进入受控的区域，如权限合法，门禁控制器中的继电器将操作电子锁开门，同时门口摄像机可抓拍图片。

5. 电动车智能充电桩

在小区内选择公共场所建设安全充电桩，老百姓使用手机扫码即可安全充电，政府、消防主管部门可通过平台查看建设运营好的小区电动车充电状况，通过数据判断私拉乱扯是否严重，以便督导，以此来大幅度降低安全隐患，切实提高公共安全能力水平。同时，结合物联网定位技术，加上保险服务，在社区范围内提供给老百姓极高的电动自行车安全使用、存放、充电环境，共建安全社区、平安社区。

6. 视频监控系统

视频监控系统主要覆盖公共区域（含正门）、主要干道（含周界）、机动车出入口、停车场（库）出入口、电梯及小区内主要通道及每幢住宅楼单元出入口等部位。

7. 电子巡更系统

电子巡更系统是监督巡逻人员是否在规定的时间、按规定的路线进行巡逻的一种有效、科学的管理手段，其主要特点是能提高巡逻工作人员的责任心、积极性，及时消除隐患，防患于未然，一般由手持巡更棒、布置在巡逻路线上的若干个巡更按钮及中心机房管理软件等组成。

8. 消防管理系统

消防管理系统针对消防管理中常见的管理痛点，结合物联网、云计算等新技术，解决传统管理方式的弊端，向科技要效率，并结合“智能安防”，实现消防管理工作智能化、可视化、痕迹化。系统实时采集联网单位火灾报警控制器的报警信息和设备运行状态信息，实现对联网单位自动报警系统的全方位感知、全过程监控。能够提前发现各种故障隐患，保障自动报警系统各项设施正常运行。重点部位实时检测工作电流状态，当工作电流发生异常时，立即发出报警，及早发现火灾隐患，从根本上避免因为电气短路或过载而引发的火灾危险。

参考文献

[1]黄丁发，张勤，张小红，等. 卫星导航定位原理[M]. 武汉：武汉大学出版社，2015.
[2]李佳，周志强. 物联网技术与实践：基于 ARM Cortex-M0 技术[M]. 北京：电子工业出版社，2012.

思考题

1. 数据采集有哪几种分类方式？请分别举例。
2. GNSS 在世界范围内有哪几个系统？
3. 物联网技术架构分为哪几层？
4. 请枚举 4 类主要遥感技术。

3 数据传输

从宏观角度来看，数据是物理世界、信息空间和人类社会三元世界之间的纽带。而数据又是如何在这个三元世界传输的呢？

从广义上来说，数据传输是指数据依据网络传输协议通过传输介质经过光电变化来传输的通信过程。要完成这一过程，我们首先要建立一个完整的数据传输系统。数据传输系统通常包括在信道两端的传输信道和数据终端设备，信道两端有可能包括多路复用设备。传输信道可以是专用通信信道，或者可以由数据交换网络、电话交换网络或其他类型的交换网络提供。而这些网络又是根据什么来工作的呢？这就离不开网络协议。计算机之间的相互通信需要共同遵守某些规则，这些规则称为网络协议。网络协议是用于在网络中传递和管理信息的规范，通常分为多个级别，并且双方只能在共同级别上相互通信。

3.1 数据传输网络与技术简介

我们将整个数据传输网络划分为接入网和传输网。接入网根据不同的传输介质分为有线接入网和无线接入网。传输网络根据不同的级别划分为接入层和传输层。接下来我们就围绕图 3.1 展开介绍各个传输网络。

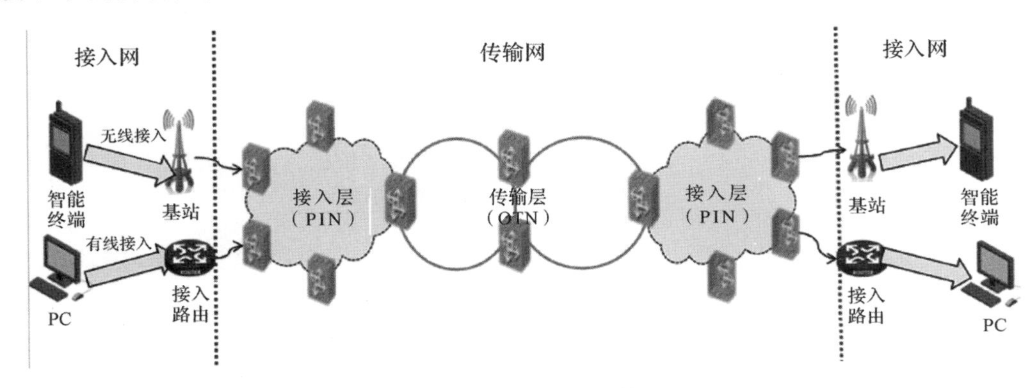

图 3.1 数据传输网络

3.2 接入网

接入网是指骨干网络和用户终端之间的网络,也可以理解为传输网络的最后一公里。传统接入网主要为用户提供通用语音业务和少量数据业务。随着社会经济的发展,人们对各种新的业务,特别是宽带综合业务的需求不断增加,因此出现了一系列接入网新技术。有线接入包括基本的铜缆技术、混合光纤/同轴(Hybrid Fiber Coaxia,HFC)技术和光纤接入技术。如图 3.2 所示。

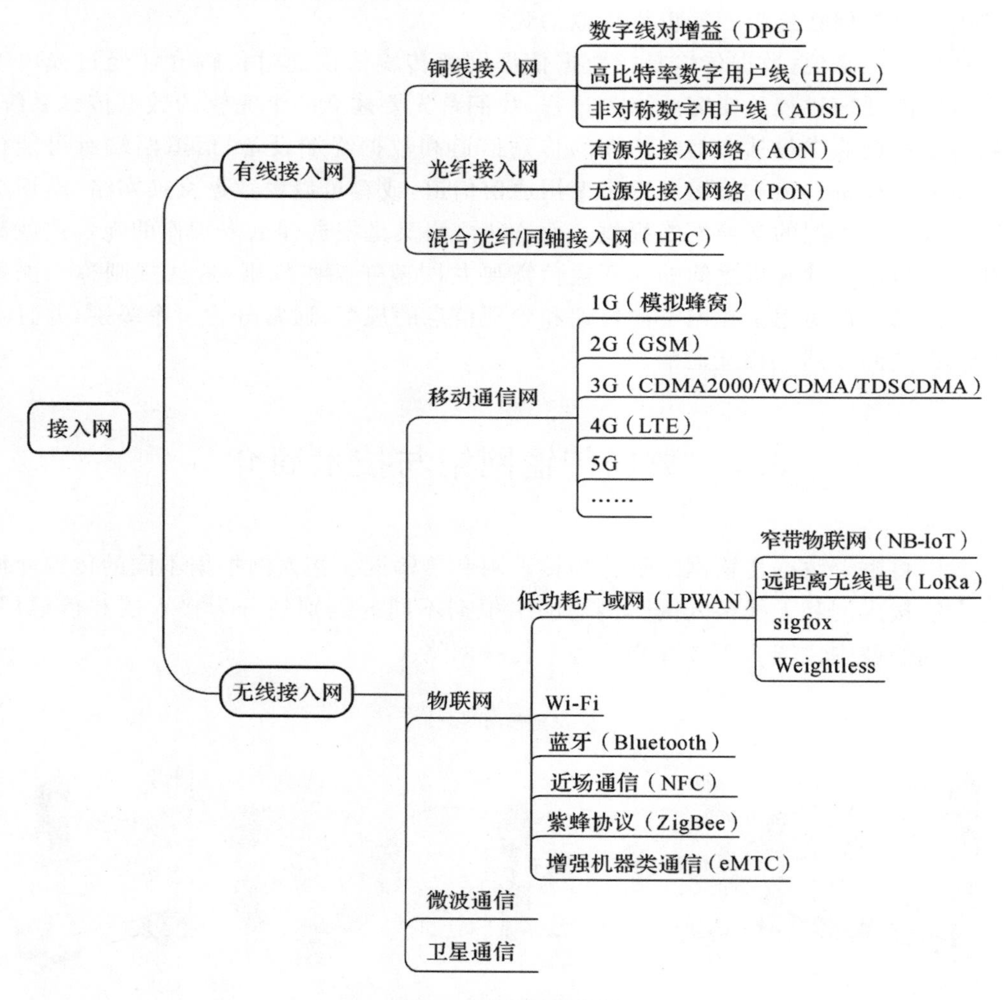

图 3.2 接入网的分类

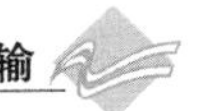

3.2.1 有线接入网

根据介质的不同,有线接入网可分为铜线接入网、光纤接入网和混合光纤/同轴接入网。

(1)铜线接入网是指由双绞铜线组成的接入网。铜线接入技术是一种利用数字处理技术来增加双绞线传输容量并为用户提供各种服务的技术。其主要有数字线对增益(Digital Pair Gain,DPG)、高比特率数字用户线(High-speed Digital Subscriber Line,HDSL)、非对称数字用户线(Asymmetric Digital Subscriber Line,ADSL)和非常高数据速率用户线(Very High Speed Digital Subscriber Line,VDSL)的技术。目前,它主要用于普通电话业务的接入。

(2)光纤接入网是指以光纤作为主要传输介质传输用户信息的接入网。光纤接入网可分为有源光接入网络(Active Optical Network,AON)和无源光接入网络(Passive Optical Network,PON)。

有源光接入网络是指通过使用光纤转换装置,有源光电装置和诸如光纤的有源光纤传输装置来传输信号的网络。有源光接入网络是点对多点光通信系统,由光网络单元(Optical Network Unit,ONU)、光线路终端(Optical Line Terminal,OLT)和光纤传输线组成。

无源光接入网络是一种纯媒体网络,不包含任何电源设备,包括基于异步传输网络(Asynchronous Transfer Mode,ATM)的无源光接入网络和基于 IP 的无源光接入网络。因为不含任何有源电子器件,所以具有易维护、造价低等特点。

(3)混合光纤/同轴网络(HFC)是一种基于频分复用技术的宽带接入网络。通过频率带宽、多用户接入、快速传输速率和灵活性,可实现多媒体通信和交互式视频业务。其主要应用于有线电视接入。

3.2.2 无线接入网

无线接入网(Radio Access Network,RAN)是指从用户终端到业务节点接口全部或部分采用无线方式连接的网络,即利用卫星、微波和蜂窝移动通信网络和其他传输手段为用户提供各种电信服务的网络。

3.2.2.1 移动通信网络

中国的移动通信网络经历了四代移动通信系统的发展。同时,正在建造第五代移动通信系统。从最初的 1G(模拟蜂窝)到 2G 然后 3G(CDMA2000/WCDMA/TD-SCDMA)到现在应用最广的 4G(FDD/TDD),信息时代变革离不开移动通信的发展。如图 3.3 所示。

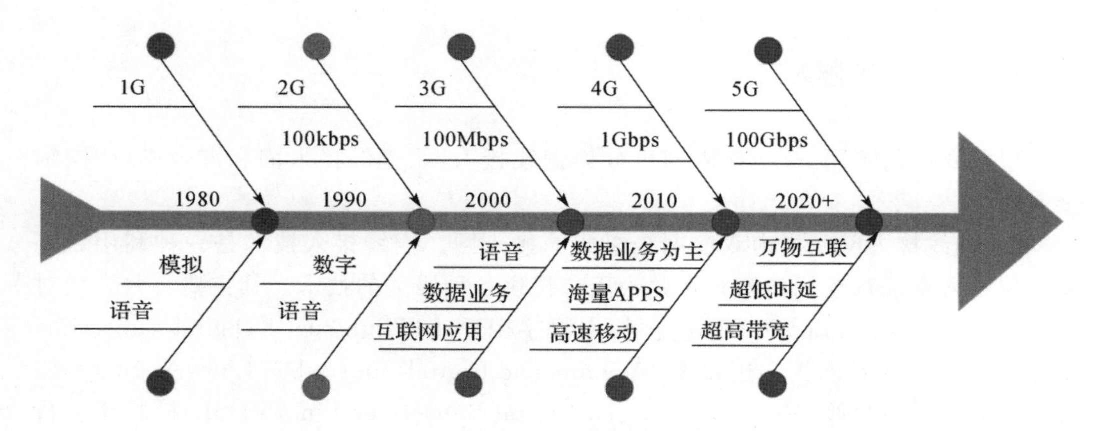

图 3.3　移动通信发展

接下来，根据移动通信的发展和趋势，简要介绍 LTE 和 5G 的核心技术。

1. LTE

在 3GPP 的长期演进技术（Long Term Evolution，LTE）中，对 LTE 系统提出了严格的时延需求，要求 LTE 系统显著减小近代平面延迟。具体来说，就是 LTE 空闲状态转换到 LTE 激活的延迟要求是 100ms 以内。休眠状态转换到激活状态的时延为 50ms 以内；用户平面延迟显著减少，并且用户设备（User Equipment，UE）或无线接入网边缘节点 IP 层分组数据到 RAN 边缘节点或 UE 的 IP 层分组数据的单向传输时间要求是 5ms。

为了满足上述要求，除了空中接口无线电帧长度、TTI（发送时间间隔）等以缩短空中接口的延迟，还必须优化和发展网络结构以最小化通信路径上的节点跳数，从而减少网络中的传输延迟。

（1）LTE 的核心技术

①正交频分复用（Orthogonal Frequency Division Multiplexing，OFDM）：属于无线环境中的一种高速传输技术。由于每个子信道中的符号周期相对增加，因此可以减轻由无线信道的多径延迟扩展引起的时间扩散对系统的影响，并且可以在 OFDM 符号之间插入保护间隔，使得保护间隔大于无线信道的最大延迟扩展。以这种方式，由多径引起的符号间干扰被最小化，并且循环前缀通常被用作保护间隔。因此，可以避免由于多径引起的信道间干扰。

②自组织网络（Self-Organizing Network，SON）的关键技术包括物理层小区识别（Physical Cell Identity，PCI）自动配置，覆盖和容量优化，自动邻居关系功能，负载均衡优化，随机接入信道优化技术。在现阶段，SON 实现了自动邻区关系（Automatic Neighbour Relation，ANR）功能、PCI 自动配置功能；在未来的高级阶段，将实现覆盖和容量优化、负荷均衡优化、随机接入信道（Random Access Channel，RACH）优化等功能。

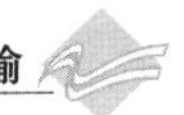

③多入多出技术(Multiple-Input Multiple-Output,MIMO)大致可以分为两类:发射/接收分集和空间复用。常规的多个天线用于增加分集程度以克服信道衰落。通过不同的路径发送具有相同信息的信号,并且可以在接收器端获得数据符号的多个独立的衰落复制品,从而实现更高的接收可靠性。例如,在慢瑞利衰落信道中,使用一个发射天线 n 个接收天线,并且发射信号通过 n 个不同路径到达接收机。如果各个天线之间的衰落是独立的,则可以获得最大分集增益为 n。对于发射分集技术,多路径的增益也用于提高系统可靠性。在一个具有 m 根发射天线、n 根接收天线的系统中,如果天线对其间的路径增益是独立均匀分布的瑞利衰落,则可以获得的最大分集增益是 mn。智能天线技术还通过不同的发射天线发送相同的数据,以形成指向某些用户的成形波束,从而有效地提高天线增益并减少用户之间的干扰。从广义上讲,智能天线技术也可以被视为天线分集技术。它可以充分利用空间资源,通过多个天线实现多个传输和接收,可以在不增加频谱资源和天线传输功率的情况下使系统信道容量加倍。

(2)LTE 的性能

第四代移动通信系统可称为宽带接入和分配网络,具有超过 2Mb/s 的非对称数据传输容量。数据速率超过通用移动通信系统(UMTS),这是支持高速数据速率连接的理想模式。它具有不同速率之间自动切换的功能。

第四代移动通信系统不同于第三代系统,是一种多功能集成宽带移动通信系统。它可以在不同的固定和无线平台跨越不同频带的网络上运行。与第三代移动通信相比,更接近个人通信。第四代移动通信技术可以将上网速度提高到三代的 50 倍以上,实现内容的高质量传输。

4G 移动通信技术的信息传输级数要比 3G 移动通信技术的信息传输级数高一个等级。对无线频率的使用效率比第二代和第三代系统都高得多,且抗信号衰弱性能更好,其最大的传输速度会是"i-mode"服务的 10000 倍。除了高速信息传输技术外,它还包括高速移动无线信息存取系统、移动平台的安全密码技术以及终端间通信技术等,具有极高的安全性,4G 终端还可用作诸如定位、告警等。

2. 5G 网络

与 3G 和 4G 不同,5G 网络不是单一的无线接入技术,而是真正的网络融合。与 2G、3G 和 4G 相比,除了更高的带宽(eMBB)之外,还引入了超大连接(mMTC)和超低延迟(uRCCC)。另外,5G 网络是基于云的,推动了移动互联网和移动物联网的发展。5G 无线的关键技术如下。

(1)非正交多址接入技术(Non-Orthogonal Multiple Access,NOMA)

在 3G 时代接入采用的是直接序列码分多址(Direct Sequence CDMA,DS-CDMA)技术,移动终端采用 Rake 接收器。移动终端和小区之间的距离问题基于其非正交特性,须使用快速功率控制来解决。而 4G 网络采用 OFDM 技术,OFDM 不但可以克服多径干扰问题,而且和 MIMO 技术配合,极大地提高了数据速率。由于多用户正交性，移动终端和小区之间就没有距离问题，无须使用快速功率控制，而采用自适应编码(Adaptive Modulation and Coding，AMC)用于实现链路自适应。NOMA希望实现的目标是重新获得3G时代的非正交多用户复用原理，并将其集成到当前的4G OFDM技术中。

从2G、3G到4G，多用户复用技术在时域、频域和码域中得到了更多改进。而NOMA在OFDM的基础上增加了一个维度——功率域。

增加该功率域的目的是根据每个用户不同路径的损耗来实现多用户复用。为了实现功率域中多用户复用，需要在接收端添加干扰消除器。通过这种干扰消除，加上信道编码(如Turbo码或低密度奇偶校验码等)，实现在接收端区分不同用户的信号。

(2)滤波组多载波技术(Filter Bank Multi-Carrier，FBMC)

在OFDM系统中，各个子载波在时域相互正交，它们的频谱相互重叠，因而具有较高的频谱利用率。OFDM技术一般应用在无线系统的数据传输中。在OFDM系统中，由于无线信道的多径效应，使符号间产生了干扰。为了消除符号间干扰，需在符号间插入保护间隔。插入保护间隔的一般方法是符号间置零，即发送第一个符号后停留一段时间(不发送任何信息)，接下来再发送第二个符号。在OFDM系统中，这样虽然减弱或消除了符号间干扰，但由于破坏了子载波间的正交性，因而导致了子载波之间的干扰，因此，这种方法在OFDM系统中不能采用。在OFDM系统中，为了既可以消除符号间干扰，又可以消除子载波之间的干扰，通常保护间隔是由循环前缀(Cycle Prefix，CP)来充当的。CP是系统开销，不传输有效数据，从而降低了频谱效率。

FBMC利用一组不交叠的带限子载波实现多载波传输，对于频偏引起的载波间干扰非常小，不需要CP，较大地提高了频谱效率。

(3)毫米波技术(Millimeter Waves，mmWaves)

毫米波是频率为30G～300GHz，波长为1～10mm的波。

毫米波技术凭借足够的可用带宽和天线增益，可以支持超高速的传输速率，并且光束窄，灵活、可控，因此可以连接大量设备。

(4)大规模MIMO技术(3D/Massive MIMO)

MIMO技术已经广泛应用于Wi-Fi、LTE等网络中。理论上，天线越多，频谱效率和传输可靠性越高。

大规模MIMO技术可以通过一些低功率天线组件来实现，这为高频带中的移动通信提供了广阔的前景。它可以将无线频谱的效率成倍提高，增强网络覆盖和系统容量，并帮助运营商最大限度地利用现有站点和频谱资源。

我们以一个20cm^{2}的天线为例，如果工作频段为3.5GHz，可部署16个天线阵子，如果工作频段为10GHz，可部署169个天线阵子。

认知无线电技术：认知无线电技术的最大特点是能够动态选择无线信道。在不

产生干扰的情况下，手机通过不断感知频率来选择和使用可用的无线频谱。

超宽带频谱：信道容量与带宽和信噪比（Signal to Noise Ratio，SNR）成正比例。频率越高，带宽就越大，信道容量也越大。因此，高频带连续带宽成为5G的必然选择。受益于一些有效提高频谱效率的技术（例如：大规模MIMO），即使采用相对简单的调制技术（如正交相移键控），也可以在1GHz的带宽范围内实现10Gpbs的传输速率。

超密度异构网络（Ultra-dense Hetnets）：异构网络（HetNet）是指宏蜂窝网络层中的诸如微小区，微微小区或毫微微小区的接入点。来满足数据容量增长要求。

在5G万物互联的时代，将会有更大量、更多样的物品连接到网络中，HetNet的密度也将大大增加。

3.2.2.2 物联网

物联网是指通过通信技术连接人和物、物和物。智能家居和工业数据采集等领域的通信场景通常使用NFC（近距离无线通信技术）、蓝牙、射频识别（RFID）、Wi-Fi等短距离通信技术。然而，对于宽范围的长距离连接，需要诸如低功率广域网（LPWAN）、增强机器类通信（eMTC）等长距离通信技术。接下来就介绍一下主流的几种物联网技术。

1. NB-IoT

NarrowBand物联网（NB-IoT）是基于物联网和蜂窝的窄带物联网的新兴技术，支持WAN（广域网）上低功率设备的蜂窝数据连接。NB-IoT仅消耗约180kHz频段，可直接部署在GSM网络、UMTS网络或LTE网络上，支持短待机时间和高网络连接要求的有效连接。其主要特点是覆盖范围广，连接多，速率低，成本低，功耗低，架构优良。NB-IoT可以采用三种部署模式：带内部署、保护频段部署或独立载波部署。

NB-IoT具有以下优势。

(1)海量连接：每小区可达10万连接；NB-IoT的上行链路容量比2G/3G/4G高50～100倍，这意味着在相同基站的情况下，NB-IoT可以提供比现有无线技术多50～100倍的接入。

(2)超低功耗：NB-IoT支持三种模式：省电模式（Power Saving Mode，PSM）、不连续接收模式（Discontinuous Reception，DRX）、扩展不连续接收模式（Extended DRX，eDRX）。

(3)深度覆盖：能实现比GSM高20dB的覆盖增益。

(4)安全性：继承4G网络安全功能，支持双向认证和严格的空口加密，确保用户数据的安全性。

(5)稳定可靠：提供运营商级可靠的物联网应用和智能城市解决方案。

(6)低成本：低速率、低功耗和低带宽带来低成本优势。低速率意味着不需要大缓存,因此对数字信号处理能力(DSP)和缓存的要求极低;低功耗意味着对无线射频模块(RF)的设计要求低,并且可以实现小型功率放大器(PA)功能;由于低带宽,所以没有复杂的均衡算法。这些因素使得NB-IoT芯片可以做得很小。芯片的成本通常与芯片尺寸有关。

2. Wi-Fi

Wi-Fi是当今使用最广的一种无线网络传输技术,其本质是将有线信号转换为无线信号在近距离传输的技术。Wi-Fi的发展与802.11协议的发展密不可分。与许多不需要频率许可的无线设备共享相同的频段,如无线电话和蓝牙。随着Wi-Fi协议的新版本(如802.11a和802.11g)的推出,Wi-Fi应用将变得更加普及。802.11g使用与802.11b相同的正交频分复用调制技术,速率为54Mbps。2012年提出的802.11ac标准,工作频段转移到了5GHz,最高速率也大大提高了,达到了866.7Mbps。而随着5G的到来,移动通信系统所能提供的传输速率将更高。可以预见,为了保持Wi-Fi在传输速率上的优势,新标准将再次提高传输速率。

3. 蓝牙

蓝牙技术是一种无线数据与语音通信的开放性全球规范。它采用跳频扩频,时分多址和码分多址等先进技术,在小范围内建立多种通信和信息系统之间的传输方法。它适用于2.4GHz频段的早期Wi-Fi,主要应用场景是外部电子设备。

4. NFC

近距离无线通信技术(Near Field Communication,NFC),是一种非接触式识别和互联技术,典型工作频率为13.56MHz。它是RFID和互操作技术的集成,使电子设备更易于访问,更安全,更清晰。

5. eMTC

基于LTE演进的扩展不连续接收模式(enhanced MTC,eMTC),即基于现有的蜂窝网络部署,通过支持1.4MHz的射频和基带带宽,可以直接接入现有的LTE网络。eMTC还具有覆盖范围广、连接量大、功耗低、LPWAN成本低的特点。除此之外,对比NB-IoT,它还支持高速率和语音业务,同时移动性更强。它是未来汽车网络发展的主要技术。

3.2.2.3 微波通信

微波通信是使用波长在0.1mm和1m之间的电磁波的通信。与该波长范围内的电磁波相对应的频率范围是300MHz(0.3GHz)至3THz。

与同轴电缆通信、光纤通信和卫星通信等现代通信网络传输方法不同,微波通信是直接使用微波作为媒介的通信。它不需要固体介质。当两点之间的距离不受阻挡时可以使用微波传输。微波通信具有大容量、高质量,可以传输到远距离等特点。部分条件较恶劣的偏远山区无法通过光缆直达的地方,就会考虑采用微波通信的方式

解决。

微波通信具有良好的抗灾能力。然而,微波通过空气传播时易受干扰。另外,由于微波线性传播的特点,在波束方向不应有高层阻塞,因此城市规划部门应考虑城市空间微波信道的规划,使之不受高楼的阻隔而影响通信。

3.2.2.4 卫星通信

卫星移动通信是指利用人造地球卫星作为中继站在移动用户之间或移动用户与固定用户之间转发无线电波,从而实现多点之间移动通信的一种方式。典型的卫星移动通信系统包括空间段、地面段和用户段。

空间段由一个或多个卫星星座组成,作为通信中继站,提供网络用户和网关站之间的连接;地面段通常包括网关、网络控制中心和卫星控制中心,用于控制整个通信网络的正常运行;用户段由各种用户终端组成,主要有移动终端和手持终端两种类型。

3.3 传输网

3.3.1 传输网的演进

目前,国内传输网络层次主要分为省际/省内骨干传输网络和城域传输网络,其中城域网络又分为核心层、汇聚层和接入层。分层的目的是便于网络组网和业务收敛,同时各层网络使用的技术和结构也不尽相同。

根据业务种类不同,传输网的技术不断演进,具体如图 3.4 所示。

从宏观角度看,传输网络发展方向的性质离不开以下变化:

电路传输→光路传输;

低速传输→高速传输。

模拟通信时代:传输网络技术主要基于模拟传输技术。

数字通信时代:通信网络承载的业务主要包括固定电话业务、无线电话业务和数据业务。渐进式聚合交换的层次结构网络模型已成为主导,准同步数字系列(Plesiochronous Digitul Hierarchy,PDH)和同步数字系列(Synchnnous Digital Hierarchy,SDH)技术已经出现。

IP 化时代:以 ALL IP 和移动业务为核心,网络架构已经完成,网络类型逐渐向融合和扁平化方向发展。骨干网选择密集波分复用(Dense Wavelength Division Multiplexing,DWDM)技术和光传送网(Optical Transport Network,OTN)技术作为发展方向;城域接入网从多业务传送平台(Multi-Service Transfer Platform,MSTP)

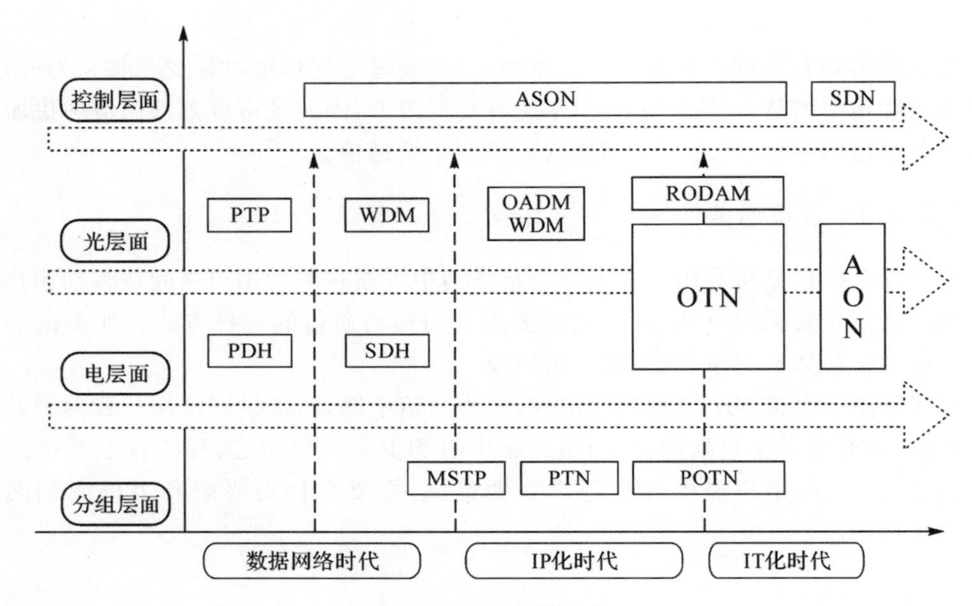

图 3.4 传输网的技术演进

逐渐演变为分组传输网(Packet Transport Network,PTN)。

IT 化时代:内容提供商的内容流量成为主要的网络流量,这对传输网络的承载能力提出了更高的要求。传输网络从光电光传输转换为全光网络。控制层面:传输网络 IT 已经成为一个新的方向,软件定义网络(Software Defined Network,SDN)等尖端技术正在兴起并商业化,以促进网络架构的发展。

3.3.2 传输网主流技术介绍

3.3.2.1 OTN 技术简介

OTN 是新一代光传输网络架构,在 21 世纪初重新定义,以适应数据业务高带宽传输的趋势。光信号的功能在网络级定义,包括传输、复用、路由、监控、性能管理和网络生存性,实现了 WDM 网络从点对点链路模式到网状网络的演进。

1. OTN 技术分层结构

OTN 分为三层:光学通道层,光复用段层和光学传输层。两个相邻层之间形成客户/服务关系。OTN 三层的主要特征及功能分别为:

(1)光学通道层是 OTN 的核心,由 3 个数字结构单元和 1 个模拟单元组成。数字单元包括光信道有效载荷单元、光信道数据单元和光信道传输单元;模拟单元即为光信道物理信号。光学通道层主要负责根据客户类型(如 Ethernet、SDH 等)处理客户信息,包括路由、波长分配、为网络路由安排光信道连接、处理光信道开销、提供光

信道层的检测和生成以及终结管理和维护信息等。

(2)光复用段层主要负责复用和解复用光路有效载荷数据,并保证两个相邻的传输复用。其在设备之间完成多路复用光信号的传输以及网络管理和多路复用信号的维护。

(3)光学传输层负责在各种类型的光传输介质上提供具有传输功能的信号,同时实现光放大器或中继器的检测和控制功能。在OTN系统中,当电层执行O/E/O电交叉时,以光信道数据单元为单位执行调度;当光层进行光学交叉时以光信道传送单元为颗粒进行调度。

2. OTN优势及技术演化过程

OTN的一个显著特征是任何数字客户信号的传送设置都与客户特定的特征无关(即与客户无关)。SDH/MSTP具有多种业务传输功能,以及丰富的管理和保护功能。波分复用(Wavelength Division Multiplexing,WDM)提高了带宽利用率并实现了透明的服务传输。OTN继承了WDM网络的容量和SDH网络的灵活性优势,能完全满足当前业务需求。OTN不仅将SDH的操作和可管理性应用于WDM,还具有灵活可靠的SDH和大容量WDM的优点。

3. OTN的应用场景

与SDH相比,OTN技术的最大优势是提供大颗粒带宽的调度和传输。是否在不同的网络级采用OTN技术取决于主调度服务带宽的大小。根据网络现状,省际干线传输网络,省干线传输网络和城域网(本地)传输网络的主要粒子一般分布在Gbps及以上。因此,可以使用优先级和更具可扩展性的OTN技术构建这些层。对于城域(本地)传输网络的聚合和接入级别,当主调度粒度达到Gbps级别时,也可以使用OTN技术构建。根据OTN的特性,目前较多应用在以下场景:建设国家干线光传输网络、省级干线光传输网络和大型政府及企业专有网络。

3.3.2.2 PTN技术简介

PTN在IP业务和底层光传输媒质之间设置了一个层面。它针对分组业务流量的突发性和统计复用传送的要求而设计,以分组业务为核心并支持多业务提供,具有更低的总体使用成本,同时秉承光传输的传统优势,包括高可用性和可靠性,高效的带宽管理机制和流量工程,以及便捷的操作和维护管理(Operation Administration and Maintenance,OAM)和网管、可扩展、较高的安全性等。

1. PTN的技术分层

PTN技术结合了三种技术:IP/MPLS、以太网和传输网络。首先,PTN符合IP、智能、宽带和网络扁平化的发展趋势:专注于分组服务,增加独立控制平面,并以提高传输效率和支持统一多服务配置的方式扩展有效带宽。此外,PTN保持了适应数据业务的特性:分组交换,统计复用,面向连接的标签交换,分组QoS机制,灵活和动态控制平面等。PTN 还继承了 SDH 传送网的传统优势:丰富的操作管理和维护,良好的同步性能,完善的保护切换和恢复,以及强大的网络管理。

(1)全业务支撑

PTN 具备多业务承载能力,开发了端到端伪线仿真(PWE3)技术为满足这一需求。PTN 使用 PWE3 的电路仿真技术来适应所有类型的客户服务,包括以太网、TDM 和 ATM,并提供端到端的专用线路级传输管道。PWE3 的技术本质是使用特殊的电路仿真头封装业务数据。在特殊包头中携带基本服务属性,如帧格式信息、告警信息、信令信息和业务数据的同步定时信息,以达到业务仿真的目的。

(2)分组交叉技术

PTN 结合了数据、电路和光层传输功能,以实现各种服务的分组交叉连接和统计复用。通用交换结构使用“量子交换”理论将流量分成“信息量子”(一种比特块)。信息量子可以从一个源实体交换到另一个或多个目标实体。PTN 采用统一的通用交换平台来简化网络,有效解决了多业务平台融合的问题,使业务处理与服务切换分离,同时将与技术相关的各种业务处理功能放在不同的线卡上,而与技术无关的服务切换功能将放置在通用开关板上。其最内层通道可承载 ATM、IP/MPLS、以太网和 TDM 服务,外层通道提供伪线和隧道式传输管道。该技术实现了全业务接入和承载。

(3)QoS 技术

传统的 SDH 网络为业务提供了严格的传输管道。例如,高实时语音服务网络和普通互联网服务网络,两个网络的传输要求完全不同。PTN 可以感知服务特性并提供适合的服务质量 QoS,做到按需分配。

(4)层次化 OAM 及保护

PTN 的运营管理 OAM 机制基本上继承了 SDH 思想,通过为分段层、隧道层和伪线层提供分层告警和性能管理来支持分层 OAM。它可以快速定位 PTN 网络中的故障并检测网络性能,包括丢包率和延迟。PTN 支持全面的接入链路保护、网络级保护和设备级保护。OAM 和保护在应用中是不可分割的。与 PTN 保护机制相关的 OAM 分为 3 种类型:告警相关 OAM、性能相关 OAM 和通信信道 OAM。

(5)同步技术

PTN 的最大特点是,它是同步技术。当 PTN 支持 TD Mover Ethernet(基于以太网的时分复用技术)服务时,它必须为网络出口处的 TDM 码流定时信息提供重建机制。

2. PTN 的技术优势

(1)PTN 兼容性强,成本低。它具有很强的兼容性,并具有与以太网,SDH、PDH 和帧中继等各种技术兼容的统一传输平台,可以保护现有网络,降低网络成本。

(2)PTN 资源共享,效率高。PTN 设备使用统计复用的方法来发送分组服务流的突发性,根据优先级和额外信息速率(Excess Information Rate,EIR)合理分配空

闲带宽，可以满足高优先级服务的性能要求。而且，PTN 设备对未使用的带宽可以尽可能地共享，这解决了在 TDM 交换时代不能共享带宽且不能有效支持突发服务的基本缺陷。

(3)PTN 流量明确，保护强。它的业务流量和流量方向比较清晰，有定点规则，与城域网路由型网络需求不同。在保护方面，PTN 支持 1+1 和 1∶1 线性保护，支持基于自动保护切换条件的 1∶1 子网连接路径保护，支持环绕和转向环网保护，采用基于折返的机制，根据分段层缺陷监控或 APS 协议信息传输进行业务保护。实现与 SDH 相同的小于 50ms 的保护效果；同时，标准中还定义了基于自动交换光网络(ASON)的智能保护和恢复功能，以提高抵御多点故障和满足不同安全要求的能力。

3.3.2.3 PTN 与 OTN 联合组网技术

PTN 技术的最大亮点是传统传输技术与数据技术的融合。其技术不同于传统意义上的光传输产品，并且其许多特性得到改进，以更好地在光传输网络上进行数据业务传输。OTN 技术的优点主要体现在 IP 数据业务的数据承载传输，以及大带宽和超长物理距离传输应用的承载。然而，OTN 技术具有诸如低带宽利用率和难以为小颗粒数据服务提供信道的缺点。

OTN 和 PTN 组网方式的优点是 IP 业务的接入功能强大，聚合和调度功能灵活。它可以进行长距离业务数据传输，对各种复杂多样的 IP 业务类型具有很强的适应性，这对城域传输网络的转型和良性发展极为有利。实施和联合组网对运营商的下一代网络规划非常有利和必要的。

OTN 技术可以为光层和电层实现大容量混合调度组网，针对不同特点，在电层交叉传输上组网实现针对 2.5/10Gbit/s 的数据传输颗粒进行承载传输。另一方面，在光学层应用中，可以实现 10/40Gbit/s 的应用。OTN 网络应用的关键位置是整个网络中骨干网的核心层，PTN 主要用于网络的汇聚层和接入层部分。因此，在实际应用中，OTN 通常用作核心骨干层的传输设备，汇聚层以下的设备都采用的是 PTN 设备，挂接在以 OTN 设备为主的骨干网上。OTN 将下层所需的数据流准确地传送到 PTN 所属的服务站点，然后挂拉在以 OTN 设备为主的骨干网上将其分发给每个业务节点上。OTN 设备不仅具有光传输和承载功能，而且充分利用其技术特点在骨干节点上交叉分配 IOG 和 GE 业务。根据实际接入层的 PTN 应用情况和业务接入情况，按照实际需要配置上行数据信道，从而简化了骨干网加核心节点的网络形成，极大地节省了网络的资源投入。

3.3.3 传输网的发展趋势

3.3.3.1 技术演进

随着5G大容量数据时代的到来，传输网络的发展逐渐集中在DWDM技术上，而DWDM技术是传输网络的基础。其产业链光电螺旋演进的发展模式占据了整个光电网络技术的发展模式。

大容量传输网络调制技术的突破：相干光技术和DSP技术推动了100G DWDM技术的快速突破。相干光技术中的“偏振复用-正交相移键控码”(PM-QPSK)作为100G光调制的国际标准，使得100G系统的成本迅速降低；长距离传输后的PM-QPSK光信号的偏振状态会随机变化，大幅提升了色散容量和PMD容限。

传输网交换技术：固定光分插复用器(Fixed Optical Add-Drop Multiplexer，FOADM)和可重构光分插复用器(Reconfigurable Optical Add-Drop Multiplexer，ROADM)所代表的光交叉技术使DWDM系统能够实现灵活的业务调度。随着网络IP的深入发展，大的交换粒度和设备成本决定了ROADM技术的有限应用场景。结合电气开关技术和光交换技术的OTN技术已开始在ROADM限制场景中快速发展。未来的传输网络调制技术和交换技术仍将沿着光电模式向上发展，硅光技术将引领下一个时代。

面向5G的传输网新技术：5G在带宽、时延、L3、分片、时间同步、管控有新的要求，传输提出变革需求，需要新芯片、新设备、新技术架构。结合以上需求，国内运营商创新推出了切片分组网(Slicing Packet Network，SPN)。SPN新技术具备三项特点：第一，面向PTN演进升级、互通及4G与5G业务互操作，需前向兼容现网PTN功能。第二，面向大带宽和灵活转发需求，需进行多层资源协同，需同时融合L0～L3能力；而针对超低时延及垂直行业，需支持软、硬隔离切片，需融合TDM和分组交换。SPN分别在物理层、链路层和转发控制层采用创新技术，满足包括5G业务在内的综合业务传输网络需要。

3.3.3.2 网络发展趋势

国内传输网带宽需求和网络流量的快速增长促使传输网络继续向大容量超高速方向发挥作用。未来的传输网络仍将以现有技术为出发点，随着承载业务需求的变化，将发展成为一个智能化的大容量全光网络。在可预见的技术和投资周期中，传输网络的发展趋势包括：用于骨干网的超100G长距离传输技术，用于城域传输网络的大容量OTN传输接收，用于城域汇聚层的融合多业务传输以及智能网络管理。其中，由于数据量的急剧增加，城域网技术的迭代和扩展迫在眉睫。

超100G传输技术：100G设备已大规模部署，已成为骨干网的主流技术。超

100G 传输技术为了实现更高的传输带宽，可以使用的主要技术包括高阶调制、提高信号波特率、多载波技术、数字信号处理、芯片技术以及灵活的网格。

低损耗光纤技术：可延长传输距离并降低主线建设成本。从目前主流设备制造商的测试结果来看，采用双载波和 16QAM 调制技术的 400G 系统的传输距离仅为 100G 系统的四分之一甚至更短。如果你可以开发具有更低损耗的光纤，则可以增加系统的 OSNR(光信噪比)并有效延长传输距离。传输距离的增加将减少再生站的数量，并有效地降低超过 100G 线路的建设成本。

城域网传输网 100G OTN 系统下沉：随着接入业务的带宽需 求快速增长，OTN 系统的部署已成为一种趋势。构建端到端 OTN 网络，覆盖城域接入层、城域汇聚层、城域核心层和长途干线层，实现承载业务的光速直达是网络未来发展的必然趋势。OTN 技术具有大带宽、低延迟和透明传输的特点。在城域网的核心层和汇聚层，将推动大容量 OTN 下沉，解决带宽瓶颈问题。

智能化网络管理(T-SDN)：SDN 作为一种网络架构理念，主要想实现：①控制和转发解耦合以及智能控制集中；②底层网络拓扑和功能的抽象化上层应用程序可视化；③使用可编程接口允许外部系统控制网络配置、服务部署、操作和维护以及转发行为。在传输网络中，基于大颗粒度的数据传输，目前已经实现了管理平面和数据转发平面之间的分离，SDN 的主要演进方向是实现网络可编程性。总体而言，T-SDN 的概念可以概括为：光网络的结构和功能可以根据用户或运营商的需要通过软件编程动态定制，从而达到快速响应、有效利用资源、灵活提供服务的目的。其核心是光网络元件的可编程特性，包括业务流程编程、控制策略编程和传输设备编程。

3.4 传输网典型架构

目前，国内传输网络基本形成 OTN、PTN、PON 为主的承载清晰的网络架构，如图 3.5 所示，主要分为省际/省内骨干传输网络和城域传输网络，其中城域网络又分为核心层、汇聚层和接入层。分层的目的是便于网络组网和业务收敛，同时各层网络使用的技术和结构也不尽相同。

传输网分区主要以各类节点的功能及覆盖区域划分管理范围，便于维护管理。

如图 3.6 所示为典型的传送网架构。

3.4.1 传输网分层

目前接入层主要使用 PTN 技术，少数有特殊要求的集团客户也会通过 SDH 网络进行接入。PTN 技术主要用以适配接入层庞大的节点数量和复杂的网络结构，PTN 组网较为灵活，部署相对简单，接入层 PTN 设备对安装环境要求较低，适合安

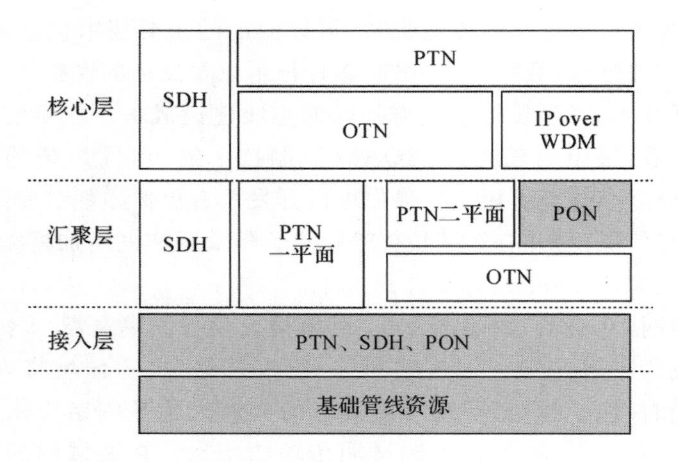

图 3.5　传输网络技术应用现状

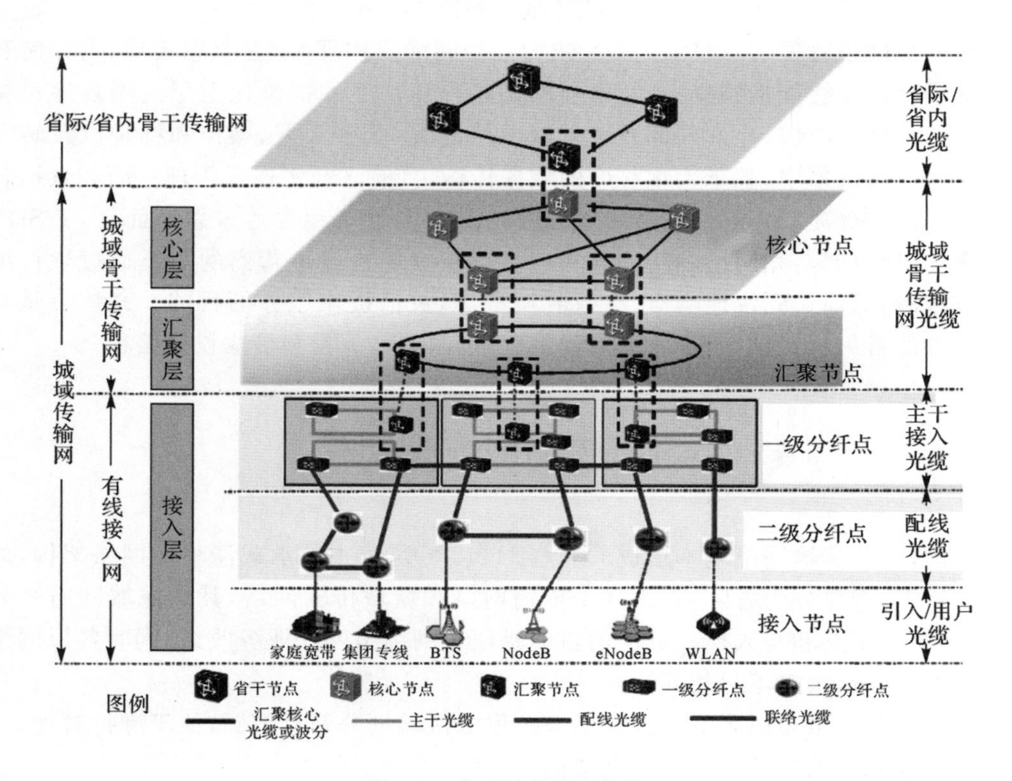

图 3.6　典型的传送网架构

装在基站机房或室外机柜。网络拓扑主要具有环形类型、网格类型、星形类型和链类型。

城域骨干传送网汇聚层及核心层主要使用 OTN＋PTN 技术，用以满足汇聚层长距离、高带宽、高可靠、低时延的业务需求。汇聚层节点采用 PTN 技术对接入层数据进行汇聚，然后通过 OTN 系统实现长距离业务传输。核心层节点主要采用 PTN

技术，提供核心层网络的复杂业务调度能力。因汇聚层、核心层设备功耗及尺寸均远超接入层设备，所以往往部署在汇聚机房或大型骨干机房内。因汇聚层网络对安全性要求较高，为保证节点故障后的业务保护倒换等功能的实现，其拓扑主要以环形、mesh 型为主。

省际/省内骨干传送网因其独特的网络定位，主要用以满足跨地市、跨省长距传输业务，采用高级别 OTN 设备。目前，80×200G OTN 系统已经在省际干线系统中商用，可提供 T 级传输通道和节点交叉能力。骨干传送网设备主要部署在地市、省会核心节点，作为业务出口。拓扑结构与汇聚层类似。

3.4.2 传输网分区

接入节点分布在各种存在业务接入需求的地点，包括住宅小区、写字楼、基站等处，分布较为分散，可实现接入业务短距离覆盖；汇聚节点往往以较大的覆盖半径，均匀分布在接入网之间，对接入层业务进行汇聚，其覆盖半径受接入网密集程度影响；根据地市规模，一般在市区设置 2～3 个骨干节点，作为地市业务出口；核心节点主要位于省会城市，并作为省的对外业务出口。

3.5 数据传输实例分析

3.5.1 基于 NB-IoT 的某省移动智慧消防烟感系统

3.5.1.1 项目建设背景

2015 年，国务院连续发布《关于积极推进“互联网＋”行动的指导意见》《关于促进大数据发展行动纲要》等纲领性文件，标志着我国大数据产业已经上升至国家战略。

根据公安部发布的《关于全面推进“智慧消防”建设的指导意见》(公消〔2017〕297号)的要求，地级以上城市需要在 2018 年年底前全面建成消防物联网远程监控系统。已经建成消防物联网系统的城市，在 2017 年年底前将 70％以上的火灾高危单位和设有自动消防设施的高层建筑接入系统，到 2018 年年底全部接入。

随着信息技术的深度发展和运用，人类已进入大数据时代。习近平总书记曾指出：“谁掌握了数据，谁就掌握了主动权。”

3.5.1.2 项目目标

本期项目建设目标如下：智慧烟感项目完成后可将烟感数据精准、高效、多维度地反馈给用户，用户随时随地查询火情分析报告，并完成准确火情预估；实现高实用性的物物互联，提高烟感系统的维护和管理；改变传统被动维护巡查的方式，减少工作量，确保人力的可扩展性；提高客户管理、工程管理、调度分析管理等能力，降低设备使用方、责任主体方以及监管部门的运维压力。

3.5.1.3 系统架构

NB-IoT 烟感探测器解决方案按照云、管、端的系统架构来建设，方案包括终端层、网络层、平台层、应用层等，通过物联网、云计算、大数据等技术将各个层面整合统一为有机的整体。具体系统架构如图 3.7 所示。

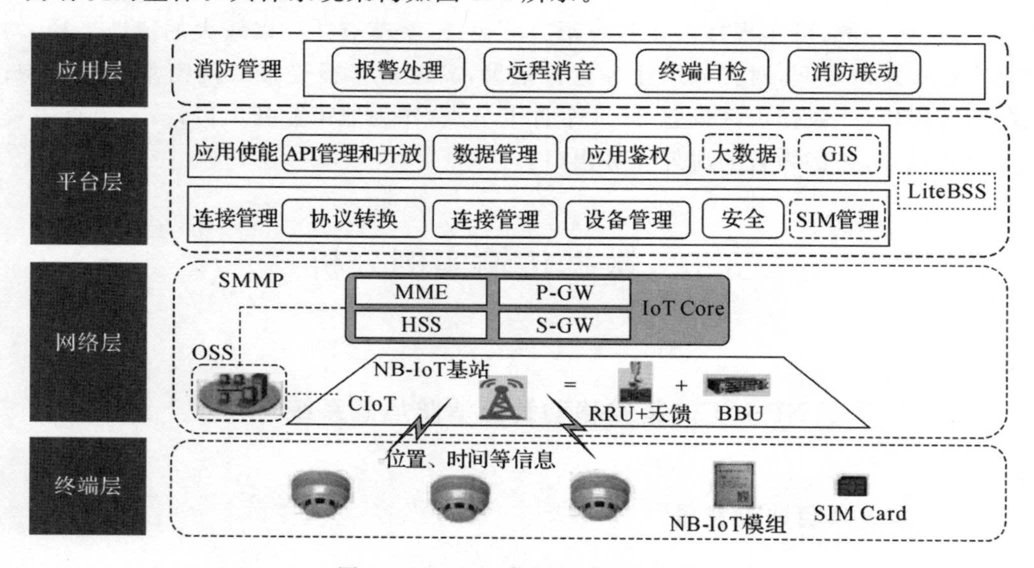

图 3.7　NB-IoT 智慧烟感系统架构

1. 终端层

终端设备是物联网的基础载体，随着物联网的发展，终端由原有的哑终端逐步向智能终端演进，通过增加各种传感器、通信模块使得终端可控、可管、可互通，终端设备通过集成 NB-IoT 标准模组，与 NB-IoT 基站连接来实现通信能力，智能终端通过 NB-IoT 基站将信息上传给 IoT 平台。

2. 网络层

网络是整个物联网的通信基础，不同的物联网场景和设备使用不同的网络接入技术和连接方式。对于智慧烟感场景，中国移动基于 900M 频段的 NB-IoT 网络承载智能烟感业务，NB-IoT 网络具有大连接、低功耗、低成本、广覆盖等特点，符合智慧

烟感通信的需求。在网络部署上，NB-IoT 仅使用 180KHz 带宽，可采用带内部署(In-band)、保护带部署(Guard-band)、独立部署(Stand-alone)方式灵活部署，通过现有 LTE 网络简单升级即可实现全国覆盖。与其他的 LPWA 技术相比，NB-IoT 具有建网成本低、部署速度快、覆盖范围广等优势。

3. 平台层

IoT 平台支持多种灵活部署模式，本次部署在移动物联网云上，平台层提供连接管理、设备管理、数据分析、API 开放等基础功能。IoT 平台提供连接感知、连接诊断、连接控制等连接状态查询及管理功能；通过统一的协议与接口实现不同终端的接入，终端设备数据传输通过传输网承载，实现终端对象化管理；平台提供灵活高效的数据管理，包括数据采集、分类、结构化存储，数据调用、使用分析，提供全生命周期的业务定制报表。业务模块化设计，业务逻辑可实现灵活编排，满足行业应用的快速开发需求。

同时 IoT 平台与 NB-IoT 无线网络协同，提供即时下发、离线命令下发管理、周期性数据安全上报、批量设备远程升级等功能，而且支持经济、高效的按次计费，助力精细化运维。

4. 应用层

IoT 应用是物联网业务的上层控制核心，智慧烟感在 IoT 平台的基础上，可聚焦开发多样化的应用场景，使物联网得到更好的体现。智慧烟感应用系统通过 IoT 平台获取来自终端层的数据，帮助终端客户解决烟感信息的实时上传、通知。

3.5.1.4 功能介绍

基于 NB-IoT 的智能烟感的主要功能是报警、联动、自检、消音等，具体如下：

1. 向业主/应急部门报警

本地报警，向最近应急部门报警，同时通过 APP、电话、短信、微信向业主/居住人发出远程报警，哪怕业主不在现场，也可快速准确地收到报警信息。

2. 向邻居及周边报警

火灾确认后，系统将自动通知相邻的居住人，社区消防安全员、物业、居委、业主和公众都会收到相应的提示。

3. 联动报警

当同一组群内的 2 个点位及以上烟感器同时告警时，平台确认为火警，可直接通知相关责任人。

4. 故障报警

故障、低电等均可主动发出报警，烟感本体可发出本地报警，平台、APP 等也可发出报警。

5. 远程消音

业主、租客、邻居、网格员或者管理人员，现场确认无实质火警，可以通过 APP 与平台进行远程消音。

6. 防拆报警

非法拆机，本地会发出报警声音，同时远程向 APP 与平台发出报警提示。

7. 设备自检与联动

设备自检分上电自检、按键自检，通过自检可判断设备工作状态，对维护人员而言，在现场即可对故障设备进行初步原因判断。

8. 大数据分析/预警

通过对历史数据的分析，提供火灾潜在风险预警。

3.5.1.5 项目数据传输技术介绍

本项目终端烟感器通过 NB-IoT 基站接入传输网络后，对接由“D-MEC＋OneNET”构建的物联网开放云平台，实现数据汇聚、能力开放、终端管理等功能。如图 3.8 所示。

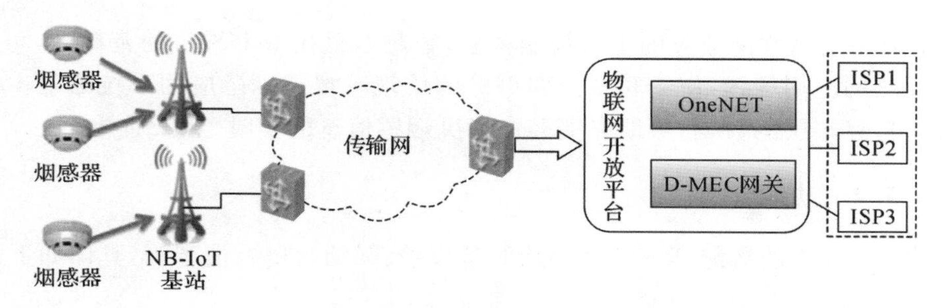

图 3.8 核心组网方案

D-MEC 作为物联网网关，可用于汇聚物联网数据，管理物联网设备。

OneNET 作为提供开放的 API 和各类工具，对接第三方 ISP，实现对 D-MEC 数据的分析运营和操作管理。

基于 NB-IoT 的智慧烟感有以下优势：①无线连接方式无须布线；②超低功耗，实现独立安装无须接电；③广域联网，随时监测。

3.5.2 某省电子政务视联网系统项目

3.5.2.1 项目建设背景

某省政府电子政务视联网系统是一套可覆盖全省的高清视频交互系统。2015

年 11 月某公司承建六地市的视联网项目，共计完成建设 6 个市级平台、46 个县区平台，合计 52 个平台，一期已建设 2730 个点位，2017 年 2 月完成项目验收，同年 10 月完成工程部验收。随着各级政府需求的增加，2017 年 9 月省公司完成了视联网二期项目立项，扩建 732 个点位，部分点位逐渐延伸至行政村。

随着全省视联网业务的不断发展，视联网系统的使用率和使用效果不断提升，在基层社会治理工作中的作用日益明显，各乡镇、行政村级政府对视联网的认知逐渐增强、对视联网业务的需求不断增加。某市为了贯彻全省“雪亮工程”工作会议精神，做好毛主席批示的“枫桥经验”55 周年相关筹备工作，专门发文要求视联网覆盖行政村。视联网的大规模发展，尤其是延伸至行政村，将为拓展专线业务、拉动全业务收入带来新的契机。根据六地市摸排，共计上报 3635 个视联网点位新增需求。

省政府提出《打破信息孤岛、实现数据共享推进“最多跑一次改革”整体方案》，某省内移动通信有限公司紧紧围绕方案“大数据、大平台、大系统、大支撑”顶层设计，积极参与布局。全省视联网经过一二期项目建设，全覆盖市县镇三级政府及对应横向单位，应用延伸到应急通信等领域。三期项目的建设，将为全省视联网进村建设树立积极示范效应，为公司后续“互联网＋政务行业”应用推广打下扎实的基础。

3.5.2.2　项目目标

本工程建设目标如下。

(1)本次扩建的目的是将 6 个地市横向扩展覆盖某市全部行政村，各村级视联网点位通过汇聚的方式接入视联网交换机，汇聚点至每一个用户点位的链路均为二层透传线路。

(2)要求扩建点位能够实现超大规模与跨域的视频会议、任意两点的高清可视电话、高清视频点播、多媒体信息发布等功能，并和已有视频监控、视频会议系统互联互通，在任意点实现分布式应急指挥，且能够与省电子政务视联网互联互通。

3.5.2.3　系统架构

本系统采用顶层设计、统一构架，总体结构满足高清图像、实时无延时传输的带宽需要以及网络安全的要求。系统总体逻辑结构自下到上分为四层，依次为：接入层、网络层、资源层和应用层。

1. 接入层

本系统通过部署视联网视频终端设备(视频处理设备＋摄像头设备)，将会议室、办公室等场所的视联网视频会议系统连接到视联网，在接入层完成各种有差异资源的一致性转化，实现统一调度管理。

2. 网络层

本系统在互联网、移动网络和视联网等网络环境下，部署在互联网、移动网络等三层路由网络中时，需要在网络的边界加入视联网接入网关设备，实现不同网络环境的互联互通。采用视联网可直接实现系统部署，而无须增加网关设备。

3. 资源层

视联网资源层包括视联网核心服务器、网关服务器、录播服务器、中间件平台、统一标准接口。接入层根据业务流程，通过网络层与资源层进行信令和数据交换，从而使资源层实现视频会议、多方视频通话、视频监控及应急指挥等功能，主要用于满足全省各级接入单位政务沟通和协同应用。

(1)视联网核心服务器：用于视联网资源的交换和调度，实现全网的信令控制与媒体流转发。

(2)网关服务器：用于设备注册、申请、授权、管理、监控。

(3)录播服务器：用于视频会议、多方通话等视频通信业务的存储，满足重要会议的录制回放需求。

(4)中间件平台：用于接入第三方的系统，以便于实现视联网接入移动智能终端、电视信号、信息发布等的扩展功能。

(5)统一标准接口：视联网系统提供了开发的接口，具有良好的开发性，可以满足集成的需要。

4. 应用层

通过统一的视联网终端可实现视频会议、多方视频通话、视频监控、应急指挥等功能。系统架构如图 3.9 所示。

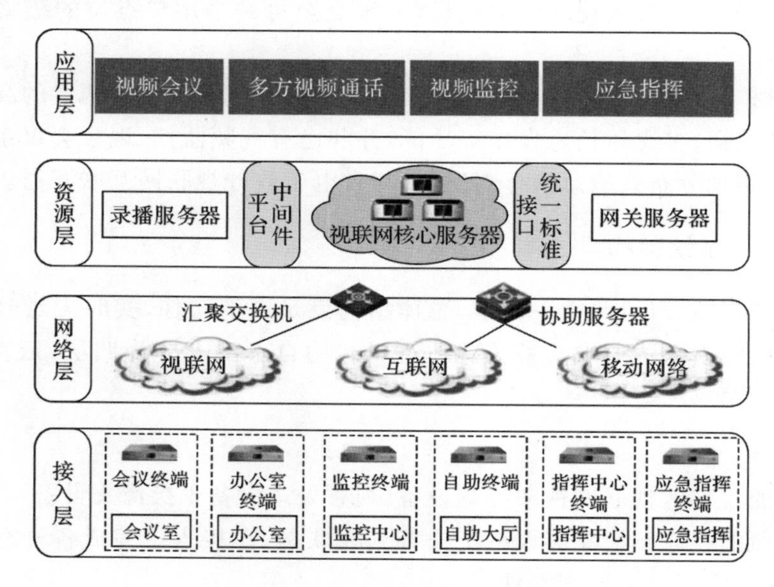

图 3.9 电子政务视联网系统架构

3.5.2.4 功能需求

电子政务视联网系统采用我国独立自主可控的 V2V 视联网技术，具备超大规模、跨域、跨系统的任意两点之间、多组任意点组合的高清视频会议、多方视频通话、视频监控、视频点播、多媒体信息发布、应急指挥、电视直播、延时电视、自办频道、现场直播、智能录播等功能，支持以上功能间互联互通和相互融合；支持全网发下任意点对点之间高清可视通话，任意多点之间的高清视频会商，可在任意点以主席身份组织会议及会商。

3.5.2.5 项目数据传输技术

根据省政府的要求，地级市、县(市、区)、镇三级点位接入需要双链路备份，以确保网络质量。另外，基于政府部门对网络安全的要求，以及视联网本身对同步性的要求，本期省电子政务视联网终端通过光纤接入 PTN 网后，经由 IP 专线至省电子政务视联网平台侧具体传输组网，如图 3.10 所示。

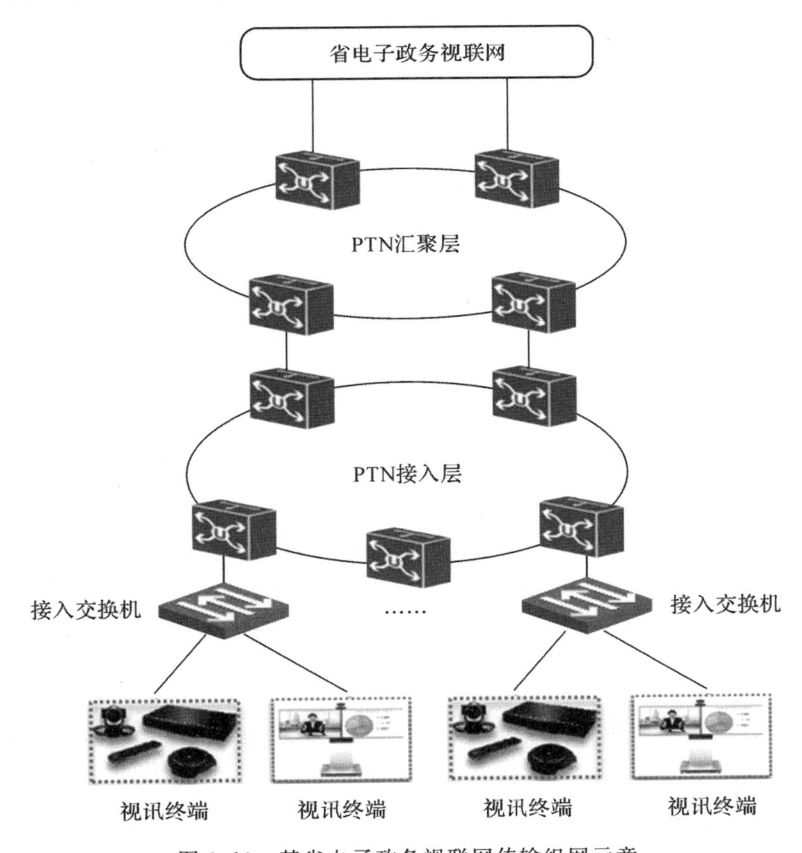

图 3.10 某省电子政务视联网传输组网示意

参考文献

[1]梁婷.OFDM系统中信道估计技术的研究[D].长沙:湖南大学,2007.
[2]宋金磊.基于OFDM系统的同步和无线定位技术研究[D].南京:东南大学,2008.
[3]田忠驿.5G关键技术浅谈[J].移动通信,2015(13):92-95.
[4]肖龙龙,梁晓娟,李信.卫星移动通信系统发展及应用[J].通信技术,2017(6):1093-1100.

思考题

1.什么是数据传输?列举典型的数据传输方式。
2.PTN与OTN各有什么样的技术特点?请分析它们的优缺点。
3.简述数据传输发展对于数据资源管理的重要性。

4 数据存储

数据存储历史悠久,可追溯到古代的结绳记事。上古无文字,结绳以记事。《易·系辞》:“上古结绳而治,后世圣人易之以书契。”孔颖达疏:“结绳者,郑康成注云,事大大结其绳,事小小结其绳,义或然也。”古人为了要记住一件事,就在绳子上打一个结;要记住两件事,就打两个结;要记住三件事,就打三个结……

从理论上来说,只要具有两个或两个以上稳定的状态,并且状态可以被识别和改变的装置,都可以用来存储数据。随着人类文明的发展、科学技术的进步,用于存储数据的技术或装置越来越多。就目前常见的存储装置来看,按存储介质划分主要有基于磁、电、光或混合的方法,未来有可能采用基于分子或原子、自旋、DNA 的等新方法。按持久性划分,数据存储又可以分为易失性存储和非易失性存储。易失性存储器读写速度快,但断电后数据即消失,主要用于程序运行时的临时性数据存储和内存数据库等实时数据处理。数据资源管理利用的过程中更多使用的是非易失性存储,因此除非特别说明,本章讨论的数据存储系统均为非易失性存储。

从数据资源管理的角度来看,数据存储是进行后续分析、挖掘、利用的基础,是数据资源全生命周期管理中十分重要的基础性、支撑性环节。本章将从数据存储的基本概念切入,介绍目前常用的存储介质、存储架构、数据复制和数据管理等技术。

4.1 数据存储的基本概念

一个完整的数据存储系统主要由存储设备、控制部件及管理数据调度的软硬件组成。在进行数据存储系统设计和选型时,需要从多个维度设定顶层边界指标并逐层细化。本节将介绍容量、性能、可靠性和可用性、成本等数据存储系统设计时须考虑的主要指标。

4.1.1 存储容量

存储容量是指数据存储系统可存储的最大字节数,常用的存储容量单位包括 KB、MB、GB、TB、PB、EB、ZB 等,其中 KB 是 $2^{10}=1024$ 字节,后面每个单位都是前一个单位的 1024 倍，因此 1PB＝1024TB＝2^{50} 字节。

目前主流的桌面存储系统容量大多在 TB 级，而大型的数据中心的存储容量可达 PB、EB 甚至更高量级。随着存储容量的不断扩大，对存储系统的可靠性、可用性、存取性能、可管理性和可扩展性的要求也越来越高。特别是在现今的大数据时代，数据被源源不断地产生和积累，这就要求数据存储系统的容量必须能够进行灵活的扩展，以适应不断扩大的数据体量。

4.1.2 存储性能

衡量一个数据存储系统的性能，主要采用访问延迟、吞吐率、每秒读写次数等指标。

访问延迟是指上层软硬件向存储系统发起数据读写请求到存储系统响应这一请求所需要的时间，主要包括处理延迟、传输延迟、机械延迟等。以目前主流的存储器件来说，内存的访问延迟为纳秒级，固态硬盘的访问延迟为微秒级，串行高级技术附件（Serial ATA，SATA）硬盘的访问延迟为毫秒级。

数据吞吐率是指存储系统在单位时间内能够读取或写入的数据量，一般又分为读取吞吐率和写入吞吐率。数据吞吐率的单位为 MB/s、GB/s 等。数据吞吐率反映了数据存储系统在数据读写的过程中的数据存取速度，根据工作负载的不同，又可分为连续读写吞吐率和随机读写吞吐率。

每秒读写次数是指存储系统每秒能够响应的访问请求数量。对于单一存储设备来说，这一指标反映了其随机读写性能；对于存储集群等需要同时响应多个主机存取请求的存储系统来说，这一指标则部分反映了其并发访问性能。

4.1.3 存储可靠性和可用性

数据存储系统的首要功能就是可靠、完整地保存数据，因此可靠性和可用性可以说是数据存储系统最重要的指标。

可靠性是指产品在规定条件下和规定时间内，无差错地完成规定任务的概率。在工程实践中，往往用故障率和平均故障间隔时间（Mean Time Between Failures，MTBF）来衡量系统的可靠性，而故障率和 MTBF 互为倒数的关系。举例来说，某数据中心有 100 块硬盘，在 1 年之内出现了 4 次故障，其故障率为 4/100＝0.04 次/年，平均故障间隔时间则为 1/0.04＝25 年。

从发生故障开始到修复完成、系统恢复正常工作的平均时间称为平均修复时间（Mean Time To Recovery，MTTR）。

可用性是指在一定时间内，可正常工作的时间所占的比例。根据 MTBF 和 MTTR 两个指标的定义可以得到可用性的计算方法：

$$可用性=\frac{MTBF}{MTBF+MTTR} \tag{4.1}$$

假设前述数据中心的 MTTR 为 5 小时，则该数据中心的可用性约为 0.999977，即 99.9977%。在衡量系统可用性时，往往采用可用性结果中小数点后 9 的个数来表示，上述数据中心达到了 4 个 9 的可用性。对于提供在线数据存储服务的存储系统来说，其可靠性至少需要达到 5 个 9 的标准，即可用性需超过 99.999%，也就是平均年故障时间为 5 分 15 秒。

数据存储系统的可靠性反映了系统运行的稳定程度，而可用性还体现出系统可维护性的高低，因此可靠性高的系统并不代表其可用性也一定高。举例来说，数据中心 A 每年发生 5 次故障，每次平均需要 10 分钟进行修复，而数据中心 B 每年故障 1 次，平均需要 3 小时进行修复，虽然数据中心 A 故障次数更多，可靠性较差，但是其每年仅有 50 分钟的时间不可用，相较每年有 3 小时不可用的数据中心 B 来说具有更高的可用性。

在工程实践中，由于数据存储系统十分重要，所以既需要其有良好的可靠性，也需要其有很高的可用性。这一目的的达成，不但需要依靠选择质量优秀的存储设备，更重要的是对存储系统的架构进行合理的设计，通过设置数据副本、设备冗余、研发快速无缝切换机制等方式取得高可靠性和高可用性。另外，数据副本的引入又带来了数据一致性的问题，特别是在分布式存储系统中技术人员研发了一系列机制来保证数据副本之间的一致性，从而提升存储系统的可靠性和可用性。

4.1.4 存储成本

与绝大多数信息系统的成本构成类似，数据存储系统的成本也分为一次性建设成本和后期运维成本。其中，一次性建设成本包括采购或研发存储设备、存储控制器、存储网络设备、数据管理软件等软硬件的成本，后期运维成本包括数据存储系统运行过程中的能耗、维护、更新等成本。

随着技术的进步，每单位容量的存储成本逐年下降，但是在数据存储系统的整个生命周期中，后期运维成本占据了更大的比例。越是长期运行的大型存储系统，其运维成本越高，如谷歌、Facebook、阿里巴巴、腾讯等互联网公司，其数据中心每年都要淘汰和销毁超过一定服役期限的硬盘，仅此一项就要支出大量的成本，谷歌甚至研发了用于销毁硬盘的专用机器人，可见硬盘更新数量的巨大。

因此，在存储系统设计和选型过程中，需要综合考虑各方面的因素，根据业务需求和未来发展预期，选择合适的存储系统架构和设备型号，以取得较好的性价比。

4.2 存储介质

自从1946年第一台通用计算机出现以来，先后出现了打孔纸带、磁鼓、磁芯、磁带、磁盘、光盘、闪存等多种数据存储介质。时至今日，打孔纸带、磁鼓、磁芯等介质已经被淘汰，而阻变存储器、相变存储器等新型存储介质得到不断发展。本节主要对当前采用较为广泛的磁带、光盘、磁盘(硬盘)、闪存盘(固态硬盘)进行介绍。

4.2.1 磁带

磁带由带有可磁化敷料的塑料带状物组成(通常封装为卷起的盘状)，磁带存储系统包括磁带、磁带机、磁带匣等组成部分。自1951年磁带首次被用于存储数据以来，磁带存储技术取得了巨大的进步，盒带体积不断缩小，单盒磁带容量不断提升。IBM公司1952年发布的IBM 726磁带系统可在一卷磁带上存储1.1MB数据，读写速度为12.5KB/s；而2014年发布的LTO-10磁带系统容量可达48TB，读写速度为1100MB/s。

由于磁带存储固有的特点，特别适合顺序读写，因此被广泛应用于数据离线备份等使用场景。与磁盘存储相比，磁带系统具有以下优势。

(1)成本优势：虽然磁带读写设备价格昂贵，但是磁带本身的单位容量价格仅为磁盘的六分之一左右，因此对于PB级或更大体量数据的备份来说，采用磁带系统可大大降低存储成本。这也是磁带系统被广泛应用于商用场合(政府用户、企业用户)的主要原因。

(2)安全性优势：由于磁带必须放进磁带机中才能读写，与外界存在固有的物理隔离特性，因此对于网络攻击和软件缺陷导致的数据泄露、数据损坏具有极强的抵抗力。如2011年，约40000个Gmail账户中保存的电子邮件因为软件更新的缺陷被意外删除，由于数据还被备份到磁带上，Google公司最终得以恢复所有丢失的数据。

与此同时，也应注意到磁带在反复读写的过程中会发生磨损，磁带的存储环境需要进行适当的控制，以防因受潮等原因影响磁带的读写，这些因素都会带来数据丢失的风险。

4.2.2 光盘

光盘是利用激光记录和读取信息的一种存储介质，于1965年被发明，起初是用于存储模拟信号，从20世纪90年代中期开始普及并被用于数据存储。大多数用于数据存储的光盘为带有中心孔的8cm或12cm直径的圆形碟片，通过碟片对激光反

射率的变化记录数据。到目前为止，光盘的发展共经历了四代。

第一代：以 CD、VCD 为代表，采用红外激光进行读写，一张 12cm 的 CD 光盘可存储约 700MB 数据。

第二代：以 DVD 为代表，采用红色激光读写，并发展出单面单层、单面双层、双面单层、双面双层等多种规格，容量为 4.7～17GB。

第三代：以蓝光光盘（Blueray Disc，BD）为代表，采用蓝色激光读写，容量为 25～128GB。

第四代：下一代光盘存储技术，如全息通用光盘（Holographic Versatile Disc，HVD）等，容量具有超过 1TB 的潜力，但还处于研发阶段，尚未普及应用。

4.2.3 磁盘

与磁带类似，磁盘也是利用磁性记录技术存储数据的装置。严格来说，磁盘包括软盘（Floppy Disk，FD）和硬盘（Hard Disk，HD）两类，但软盘由于存储容量小、读写速度慢，已经被完全淘汰，现阶段所说的磁盘一般是指硬盘。

磁盘是目前应用最为广泛的存储介质，因此本节将对磁盘的组成、寻址方式、性能分析进行详细的介绍。

4.2.3.1 磁盘的组件和结构

现今广泛应用的硬盘均为“温彻斯特”结构[①]，主要包括盘片、磁头、控制器、接口、主轴马达和伺服机构等部件，如图 4.1 所示。

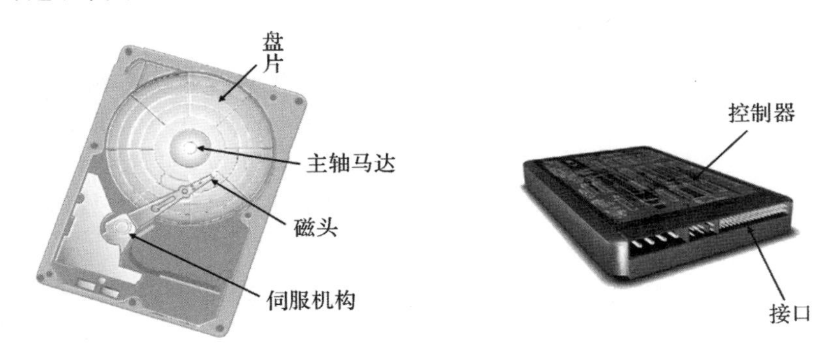

图 4.1 硬盘主要部件示意

硬盘工作时，盘片在主轴马达的带动下以恒定的角速度转动；磁头在盘片旋转带动气流和弹簧的共同作用下与盘片保持稳定的微小间隙，磁头在硬盘读写期间一直保持悬浮状态以免损伤盘片；控制器接收到主机通过接口发来的数据读写请求后，控

① 这一名称源自 IBM 于 1973 年推出的 IBM 3340 硬盘。

制磁头伺服机构驱动磁头臂移动到所需磁道，并进行数据读写；读写完成后控制器将结果反馈给主机。

为了增加磁盘的容量，目前的磁盘往往具有多片盘片，每个盘片配备一组读写磁头。每一张盘片划分为若干个同心的圆环，称为磁道；每个磁道又以相等的圆心角划分为若干扇区，每个扇区可存储 512 字节；各个盘片上相同位置的磁道共同构成一个柱面，磁盘的物理结构如图 4.2 所示。

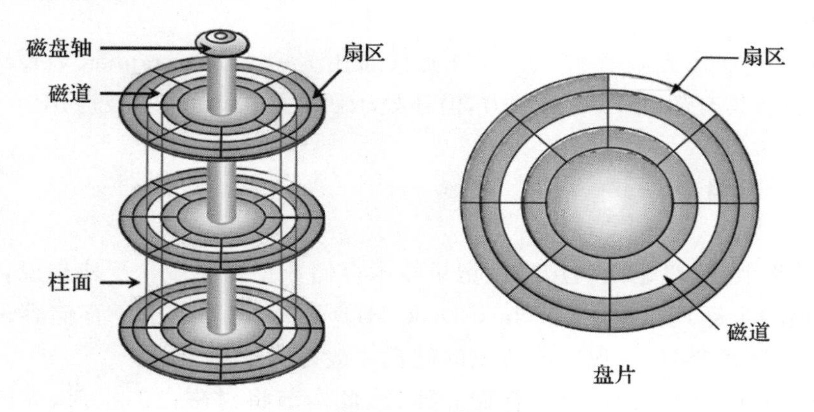

图 4.2　磁盘的物理结构

4.2.3.2　磁盘的寻址方式

磁盘的寻址方式主要包括 CHS(Cylinder Head Sector)寻址和 LBA(Logical Block Addressing)寻址两种。

CHS 寻址即柱面、磁头、扇区寻址，也就是按照磁盘的物理结构进行寻址。一个 CHS 地址由 24 bit 组成，其中前 10 位表示柱面号，中间 8 位表示磁头号，最后 6 位表示扇区号。因此 CHS 的最大寻址空间为 16M 个扇区，也就是 8GB 数据。随着磁盘容量的不断扩大，历史上曾经将 CHS 从 24 位扩展到 28 位，实现对 256M 个扇区、128GB 数据的寻址。但即使是 28 位的 CHS 寻址方式仍然无法满足数据容量快速扩大的需求。

为了解决这一问题，逻辑块寻址被提出。与 CHS 寻址不同，LBA 采用线性空间编址，将各个盘片、磁道的每一个扇区按顺序编号。现行的 LBA 48 寻址为每个扇区分配一个 48 位的地址，也就是说寻址能力达到 $2^{48}=256$T 个扇区，128PB 数据。这样的寻址能力很好地满足了当前和未来一段时间内数据存储设备容量的发展需求。

CHS 和 LBA 两种寻址方式如图 4.3 所示。

为了对原有系统进行兼容，常常需要将 LBA 地址转换为 CHS 地址。根据两种编址方式的定义，可知地址转换方法：

$$LBA=(C\times HPC+H)\times SPT+(S-1) \tag{4.2}$$

其中，LBA 为 LBA 地址，C 为柱面号，HPC 为每柱面最大磁头数，H 为磁头号，SPT

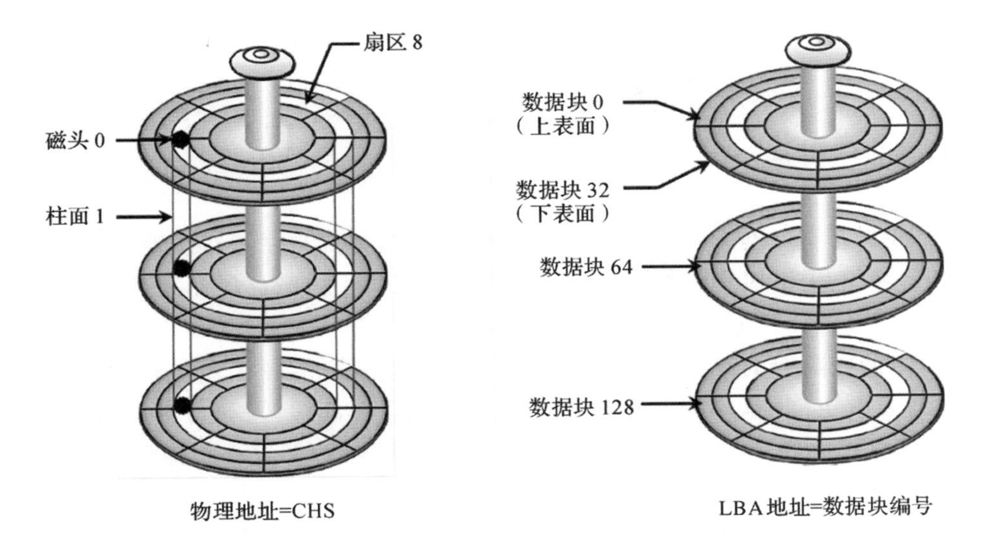

图 4.3　CHS 寻址和 LBA 寻址

为每磁道最大扇区数，S 为扇区号。

LBA 和 CHS 两种寻址方式的转换一般由 BIOS 完成。

4.2.3.3　磁盘的性能

磁盘的读写性能一般通过磁盘服务时间来衡量，即磁盘完成 I/O 请求所花费的时间。磁盘服务时间是寻道时间、旋转延迟、数据传输时间三者的总和。

寻道时间是指磁头从待命位置移动到指定磁道所需要的时间。磁盘的寻道时间取决于磁盘驱动器的制造商，现代磁盘的平均寻道时间通常在 3～15ms。旋转延迟是指盘片通过旋转将数据扇区置于读/写磁头下所需要的时间。磁盘的旋转延迟取决于磁盘的旋转速度，平均旋转延迟取盘片旋转一周时间的一半。例如，转速为 7200rpm 的磁盘，其旋转延迟为 $0.5\times(60/7200)=0.00417\text{s}=4.17\text{ms}$。数据传输速度是指在单位时间内驱动器可以向数据总线输送的平均数据量。

在设计磁盘存储系统时，需要从容量和性能两个角度考虑所需的磁盘数量。

从容量角度，需要的磁盘数量如下：

$$D_{\mathrm{C}}=\frac{\text{所需总容量}}{\text{单个磁盘的容量}} \tag{4.3}$$

从性能角度，需要的磁盘数量如下：

$$D_{\mathrm{P}}=\frac{\text{峰值工作负载时应用程序产生的 IOPS}}{\text{单个磁盘提供服务的 IOPS}} \tag{4.4}$$

其中，单个磁盘提供服务的 IOPS 为磁盘完成 I/O 操作的时间 T_{S} 的倒数，而 T_{S} 的计算如下：

$$T_{\mathrm{S}}=\text{寻道时间}+\frac{0.5}{\text{磁盘转速}/60}+\frac{\text{数据块大小}}{\text{数据传输速度}} \tag{4.5}$$

综合容量和性能两个方面的因素，应用程序所需的磁盘数量的计算如下：

$$应用程序所需的磁盘数量=\max(D_C, D_P) \tag{4.6}$$

4.2.4 闪存盘

闪存盘是近年来迅速发展的一种新型存储介质，其核心存储器件是快闪存储器，本质上是一种电子可擦写可编程存储器。闪存盘因为不像磁盘那样具有需要机械运动的部件，所以也被称为固态硬盘。

与传统的磁盘驱动器相比，闪存盘由于没有运动部件，每个 I/O 操作的延迟非常低，而且具有更高的可靠性。同时因为省去了马达等部件，闪存盘的每 GB 能耗和每 IOPS 能耗都远低于传统磁盘，发热也更小，而这些特性又进一步降低了数据中心对于电源和冷却系统的要求，使总成本得以下降。

与磁盘、磁带相比，闪存盘在数据持久度、单位容量价格方面仍存在一定的劣势，但是在性能上则优势显著。

综合闪存盘和磁盘、磁带各自的特性，目前常常被采用的一种配置方案是：为每台服务器配置一块闪存盘，用于存放操作系统和各类应用软件，以加快系统运行速度；配置大容量的磁盘用于数据存储，获得容量、性能和成本的平衡；采用磁带作为离线备份介质，定期将数据备份到磁带上，实现低成本、大容量、高安全的数据备份兜底。

4.3 存储架构

存储架构是指存储设备的组织形式和存储系统与主机的连接方式。根据封装层级和数据操作对象的不同，数据存储架构可大体分为面向数据块的存储、面向文件的存储和面向对象的存储三类。其中，面向数据块的存储架构最为底层，数据存取对象是数据块，直接连接存储和存储区域网络两种存储架构均属于此类；面向文件的存储是在数据块存储之上引入文件系统的概念，数据读写的对象是文件，这类架构中最常见的就是网络连接存储网络连接存储(Network Attached Sterage, NAS)；在文件的基础上再结合数据语义引入对象的概念，就产生了基于对象的存储架构。三类存储架构各有特点，面向数据块的存储因为接近底层，封装层次少，在读写性能上具有一定的优势；面向文件的存储提供与本地文件系统类似的文件访问接口，特别适合日常办公等应用场景；面向对象的存储将数据的语义和存储细节解耦，上层应用只需要关心数据本身，而无须关注存储路径、数据地址等存储细节，提供了极大的灵活性和可扩展性。

本节将对三类存储架构进行介绍，并在本节最后介绍三类存储架构的统一和存

储虚拟化。

4.3.1 直接连接存储(DAS)

直接连接存储是指主机与存储系统通过主机接口卡、端口和电缆建立直接连接，当存储系统安装在主机内部时称为内部直接连接，当存储系统安装在主机外部时称为外部直接连接。本节将介绍几种常见的直接连接接口，并重点介绍数据保护技术 RAID。

4.3.1.1 IDE/ATA 接口

集成驱动电路接口(Integrated Drive Electronics，IDE)是用于连接硬盘或光盘驱动器的常用接口，是高级技术附件协议(Advanced Technology Attachment，ATA)的主要实现接口。由于该协议采用并行传输，因此也被称为并行 ATA(Parallel ATA，PATA)。IDE/ATA 接口有多种版本，其中超级 ATA(Ultra ATA)/133 版本支持 133MB/s 的吞吐量。

由于 IDE/ATA 接口的并行传输特性，其传输速度和电缆长度都严重受限，无法满足应用程序对数据存取性能的需求，现在已经被淘汰。

4.3.1.2 SATA 接口

串行高级技术附件是取代 IDE/ATA 接口的串行接口。由于 SATA 接口的串行传输特性，需要的数据线数量较少，信号高速传输时电缆之间的串扰也大为减轻，因此可以实现比 PATA 更高的传输速度，SATA 3.0 版本的传输速度可以高达 6GB/s。

标准的 SATA 接口一般用于内部连接，但其衍生出了专门用于外部连接的 eSATA 接口，另外还衍生出用于连接小型固态硬盘的 mSATA 接口。这几种接口虽然物理尺寸和外观有较大区别，但是在逻辑层面却遵循类似的传输协议。

4.3.1.3 SCSI/SAS 接口

与 ATA 类似，小型计算机系统接口(Small Computer System Interface，SCSI)也分为并行连接和串行连接两种。并行 SCSI 在一条总线上最多可连接 16 个设备，与 IDE/ATA 相比，具有更高的传输性能、更好的可扩展性和兼容性，但是由于成本更高，因此多用于服务器系统中而较少在 PC 上应用。Ultra-640 版本的并行 SCSI 接口可提供最大 640MB/s 的数据传输速度。

目前并行 SCSI 已被串行连接 SCSI，也就是 SAS(Serial Attached SCSI)所取代。与并行 SCSI 不同，SAS 采用点到点的串行协议，SAS 2.0 版本支持的最大数据传输速度为 6GB/s。值得一提的是，SAS 接口和 SATA 接口共享同样的连接器，而且在协议层面 SATA 设备可以直接在 SAS 系统中使用，而 SAS 设备则无法在 SATA 系统中运作。

4.3.1.4 光纤通道

光纤通道(Fibre Channel,FC)是用于与存储设备进行高速通信的协议,其通过光纤或铜缆进行串行数据传输。FC 接口的最新版本 16FC 支持最高达 16GB/s 的数据传输速度。

4.3.1.5 Internet 协议

Internet 协议(Internet Protocol,IP)一直以来用于主机与主机间的数据流量传输,但也可用于承载主机和存储系统之间的数据传输。IP 技术与其他存储协议结合,就形成了基于 IP 的存储系统连接协议,如 iSCSI、FCIP 等。

4.3.2 RAID 技术

独立硬盘冗余阵列(Redundant Array of Independent Disks,RAID),简称磁盘阵列,是一种通过冗余配置存储设备以提升存储性能和存储可靠性的技术。RAID 技术的基本思想是通过把多个相对便宜的硬盘组成一个硬盘阵列组,使其整体性能和/或可靠性达到甚至超过一个价格昂贵、容量巨大的单体硬盘。

根据实现方法的不同,RAID 可分为软件 RAID 和硬件 RAID。软件 RAID 虽然成本较低,但需要占用主机 CPU 资源,导致系统总体性能下降,在工程实践中较少采用。目前广泛采用的是基于专用的硬件控制器实现的硬件 RAID,随着电子器件成本的不断下降,一些 PC 的主板中已经集成了 RAID 控制器,促进了 RAID 技术在桌面场景的应用。在数据中心等大规模存储场景中,一般采用独立于主机的外部 RAID 控制器,由其充当主机和磁盘之间的接口,将经过 RAID 聚合过的存储卷呈献给主机,而主机将这些卷作为物理驱动器进行管理。硬件 RAID 控制器的主要功能包括管理和控制硬盘聚合、转换逻辑磁盘和物理磁盘之间的 I/O 请求,并在磁盘故障时重新恢复数据。

4.3.2.1 RAID 的三项关键技术

RAID 主要通过三项关键技术实现存储性能和存储可靠性的提升,分别是分条、镜像、奇偶校验。

分条是指把连续的数据分割成相同大小的数据块,然后把每个数据块写入磁盘阵列中不同磁盘上的方法。因此,分条是一种将多个磁盘驱动器合并成为一个存储卷的方法。

镜像是指把相同的数据写入磁盘阵列中两个磁盘上的方法。

奇偶校验是指在写入数据时根据一定的公式为写入的数据块计算一个校验和,

把数据本身和校验和都写入磁盘阵列，并在读取时对数据正确性进行校验的方法。

4.3.2.2 常用 RAID 等级

根据三项关键技术的采用情况，常用的 RAID 等级可分为 RAID 0、RAID 1、RAID 1+0、RAID 3、RAID 5、RAID 6 等，各 RAID 等级简单介绍如下。

1. RAID 0

RAID 0 为无容错能力的分条集，如图 4.4 所示。主机向磁盘阵列写入数据时，RAID 控制器将数据根据阵列中的磁盘数量平均划分为若干份，每一份数据写入一个磁盘。因此，RAID 0 通过数据读写的并行化实现了高性能，但是只要任何一个磁盘出现故障，整个阵列的数据就无法恢复。RAID 0 适合于追求大容量和高性能，但对数据可靠性要求不高的场合，如大型视频剪接编辑系统的数据存储。

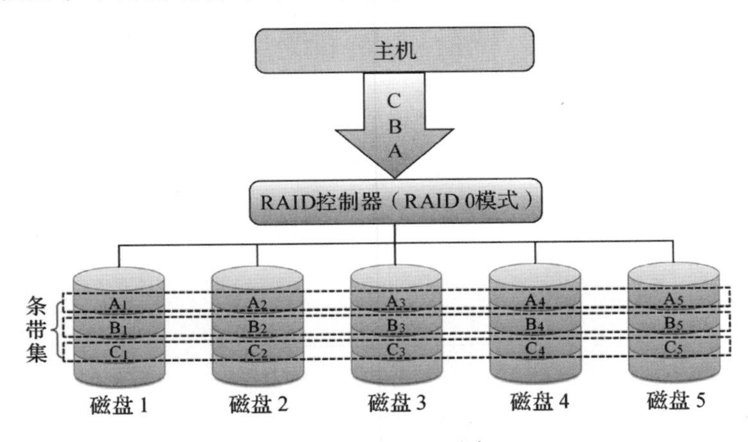

图 4.4 RAID 0 示意

2. RAID 1

RAID 1 是把磁盘阵列中的磁盘分成数量相等的两组，互相作为另一组的镜像，如图 4.5 所示。RAID 1 是通过数据的冗余存储来实现高可靠的，虽然可用容量只有磁盘总容量的一半，但是也能够允许最多 $n/2$ 个磁盘同时故障而不丢失数据。

3. RAID 1+0

RAID 1+0 是一种嵌套型的 RAID 方案，先组建两个或多个 RAID 1 阵列（镜像集），再把这些镜像集组成一个 RAID 0 阵列（条带集），如图 4.6 所示。这种方式最少需要 4 个磁盘，而且阵列中的磁盘数量必须为偶数个。在 RAID 1+0 阵列中，当任一磁盘出现故障时，其他磁盘还可继续正常工作。相比之下，RAID 0 和 RAID 1 的另一种嵌套方式 RAID 0+1（即先组建两个 RAID 0 分条集，再组建一个 RAID 1 镜像集），如果出现一个磁盘故障，则与其处于同一个 RAID 0 分组的磁盘也无法继续工作，导致整个存储系统可靠性下降。

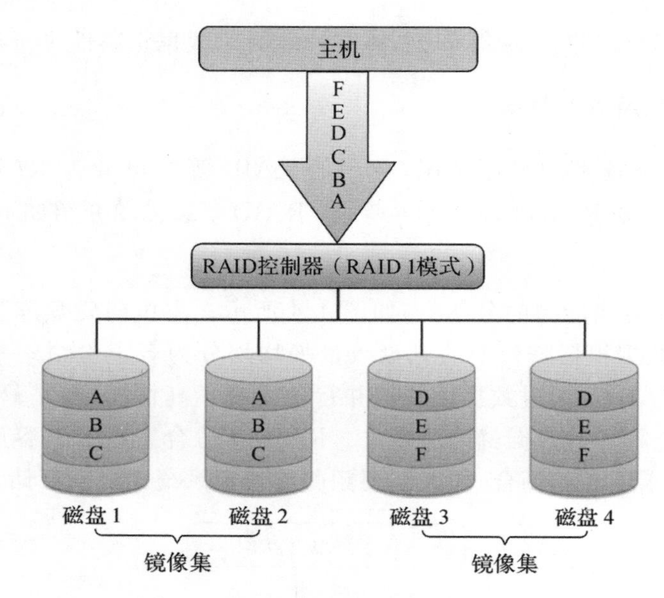

图 4.5　RAID 1 示意

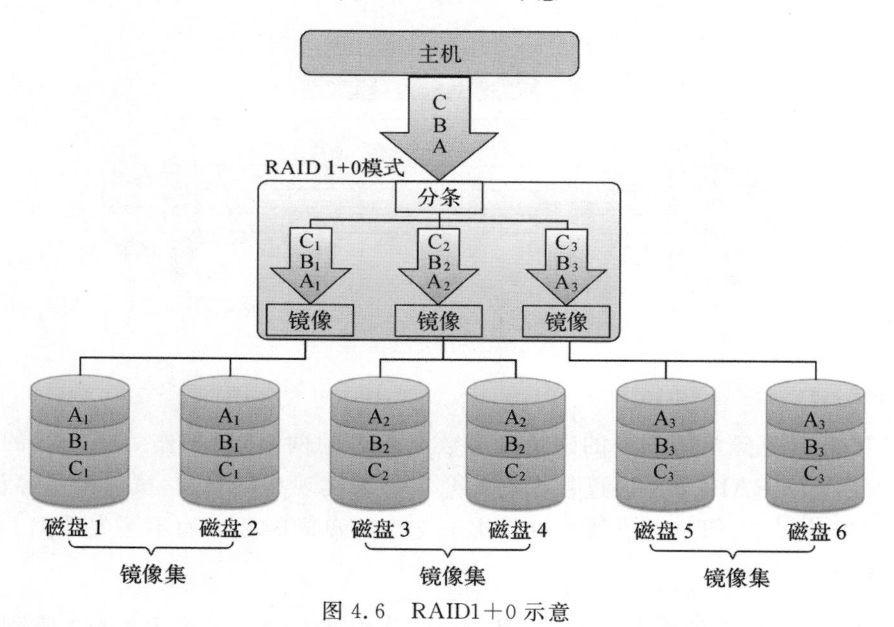

图 4.6　RAID1＋0 示意

4. RAID 3

RAID 3 是将数据通过位交织(Bit Interleaving)技术编码分割后再并行写入阵列中的(n－1)个磁盘中，并将数据的校验和写入专用的奇偶校验磁盘，如图 4.7 所示。因为 RAID 3 阵列中数据被分散在各个磁盘，并且计算校验和也需要一定计算开销，因此在读写性能上会造成一些损失，但是由于奇偶校验的引入，使 RAID 3 阵列在一个磁盘发生故障时可以完整地重建数据，具有较好的可靠性。

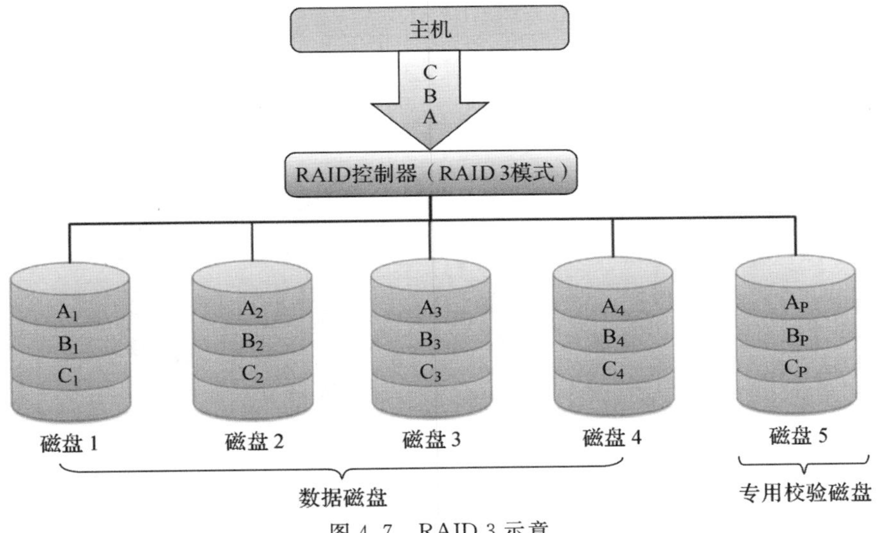

图 4.7 RAID 3 示意

5. RAID 5

RAID 5 是在将数据进行分条的基础上，为其计算一个奇偶校验和，并将校验和分布式地写入阵列的磁盘上，如图 4.8 所示。与 RAID 0 相比，RAID 5 通过奇偶校验提供对数据的保护，允许在 1 个磁盘出现故障时重建数据；与 RAID 1 相比，RAID 5 虽然对数据的保护程度较低，但是具有更高的存储容量利用率。在性能上，对 RAID 5 的每次写入或更新，都表现为 4 次 I/O 操作，在图 4.9 所示的例子中，对 C_4 数据块的更新需要读 $C_{P旧}$、$C_{4旧}$，还要写入 $C_{P新}$ 和 $C_{4新}$，因此 RAID 5 的写入性能损失较高。

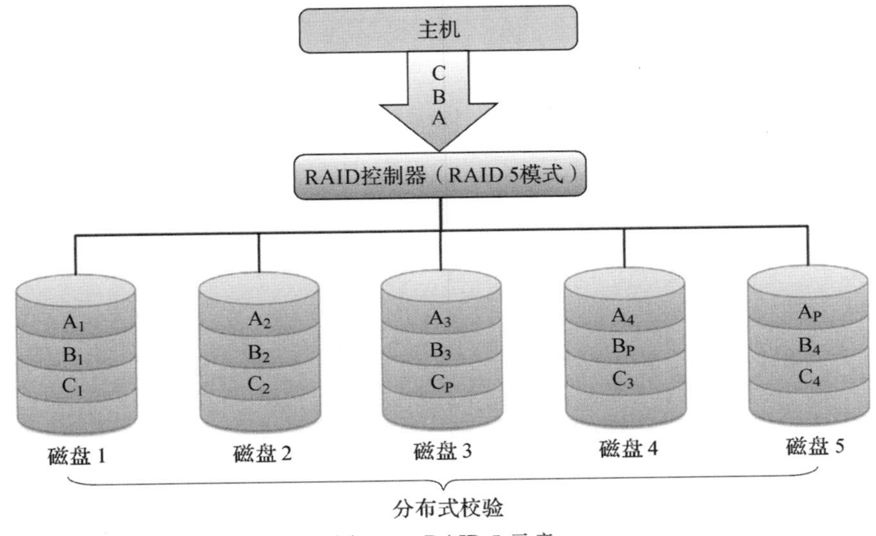

图 4.8 RAID 5 示意

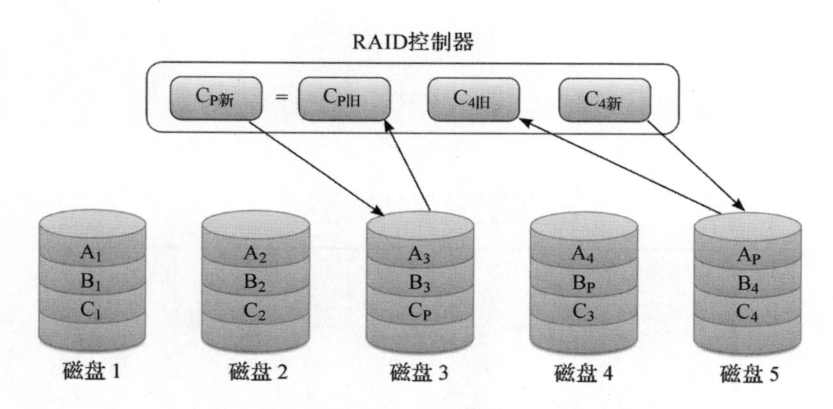

图 4.9 RAID 5 写入性能分析

6. RAID 6

RAID 6 是在 RAID 5 的基础上再增加一个奇偶校验，采用 2 个不同的公式分别计算 2 个奇偶校验和，并分布式地写入磁盘阵列，如图 4.10 所示。这种方式大幅提高了存储系统的可靠性，在任意 2 个磁盘出现故障时仍能重建数据。与此同时，RAID 6 需要为奇偶校验分配更多的存储容量并消耗更多的计算资源，在进行每个数据写入或更新操作时要进行 6 次 I/O 操作，写入性能损失比 RAID 5 更大。

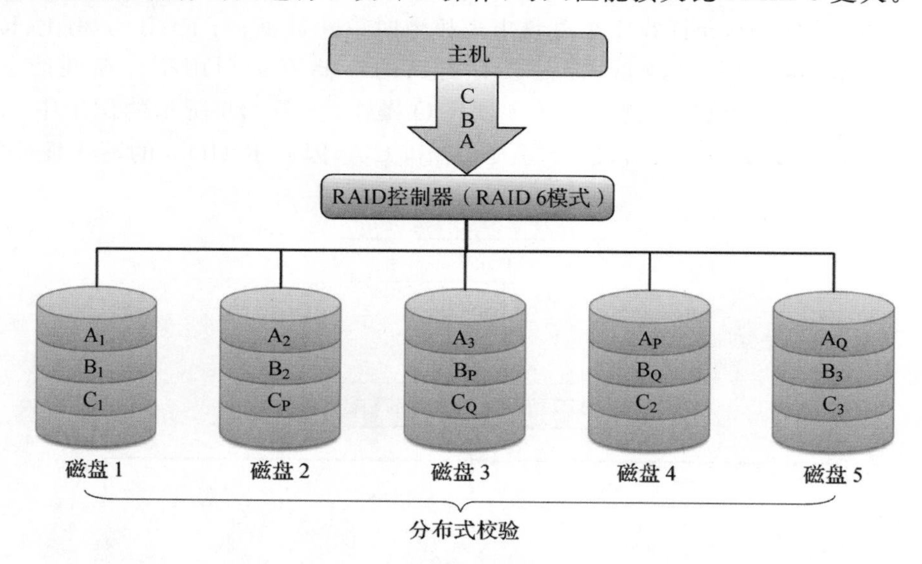

图 4.10 RAID 6 示意

4.3.2.3 常用 RAID 等级比较

各种常用 RAID 等级的比较如表 4.1 所示。从表 4.1 中可以看出，RAID 0 具有最好的读写性能，但是对数据的保护能力最差；RAID 1 提供了最高的数据保护能力，

但是其存储容量利用率最低；RAID 5 在性能和数据保护上进行了折中，而 RAID 6 能提供比 RAID 5 更好的数据保护能力。在工程实践中，需要根据上层应用程序的数据访问特点合理选择 RAID 等级。

表 4.1 常用 RAID 等级比较

RAID 等级	最少需要磁盘数量	可用容量/%	读取性能	写入性能	可靠性
RAID 0	2	100	优于单硬盘	优于单硬盘	无备容错能力
RAID 1	2	50	优于单硬盘	低于单硬盘 每次写入都要提交到所有硬盘	镜像保护，允许≤n/2个硬盘故障
RAID 1+0	4	50	良好	良好	镜像保护，允许≤n/4个硬盘故障
RAID 3	3	$[(n-1)/n]\times 1.100$	随机：一般 顺序：良好	小型随机：差到一般 大型顺序：一般 写性能损失较高	奇偶校验保护，允许单硬盘故障
RAID 5	3	$[(n-1)/n]\times 100$	良好	一般 写性能损失较高	奇偶校验保护，允许单硬盘故障
RAID 6	4	$[(n-2)/n]\times 100$	良好	差到一般 写性能损失非常高	奇偶校验保护，允许 2 个硬盘故障

注：本表中 n 为磁盘数。

4.3.3 存储区域网络(SAN)

随着业务的不断发展和数据量的爆炸式增长，DAS 环境中的信息管理面临越来越严峻的挑战：不同存储系统相互孤立、多台服务器之间无法有效共享存储资源、无法快速扩容以适应新增的服务器和应用程序、管理信息的成本难以降低。为此，存储区域网络(Storage Area Network，SAN)应运而生，它是服务器和共享存储设备之间的高速、专用网络。常见的 SAN 协议包括光纤通道 FC 协议和 IP 协议等。

4.3.3.1 光纤通道存储区域网络(FC SAN)

光纤通道(Fibre[①] Channel，FC)是在高速光缆和串行铜线上运行的高速网络技术，具有很高的可扩展性，理论上可容纳约 1500 万台设备。

基于光纤通道协议的存储区域网络主要包括以下组件。

(1)节点(主机或存储)端口：主机端口一般由服务器中的主机总线适配器(Host Bus Adapter，HBA)提供，存储设备 FC 端口一般由存储系统前端适配器提供。每个

① “光纤”一词写作 fibre 时指协议，写作 fiber 时指介质。

端口具有一条发送链路(Tx)和一条接收链路(Rx)。

(2)缆线:短距离使用铜缆,长距离使用光缆(单模或多模)。

(3)连接器:即线缆插头,常用的光缆连接器有 SC、LC、ST 等多种规格。

(4)互联设备:包括 FC 集线器、FC 交换机和 FC 控制器,其中交换机和控制器是智能设备,随着交换机价格的不断下降,集线器已经不再用于 FC SAN 中。

(5)SAN 管理软件:管理主机和存储阵列间接口的工具套件。

在工程实践中,FC SAN 往往采用核心-边缘拓扑结构,这一拓扑包括由 FC 控制器组成的核心层和由 FC 交换机组成的边缘层。核心层的 FC 控制器负责确保整个 SAN 连接结构的高可用性,并与存储阵列相连,核心层若由多个控制器组成,其彼此一般采用完全互联结构。边缘层的 FC 交换机彼此互不相连,并为 SAN 提供添加更多主机的接口。

FC 交换机还提供 SAN 分区功能,将连接结构中的节点在逻辑上分为各个组,组间可以相互通信。通过建立 SAN 分组,可以实现数据访问的权限控制。

4.3.3.2 基于 IP 的存储区域通道(IP SAN)

虽然 FC SAN 在性能上具有优势,但是出于成本、利用现有基础设施、技术成熟度等因素的考虑,IP 也被作为存储网络的一个选项。通过 IP 网络传输数据块级的数据,就是 IP SAN。

IP SAN 主要采用 iSCSI 协议进行数据传输,这一协议将 SCSI 命令和数据封装到 IP 数据包中并通过 TCP/IP 进行传输。iSCSI 的组件主要包括 iSCSI 启动器(如 iSCSI 接口适配器)、iSCSI 目标(如具有 iSCSI 接口的存储阵列、支持与 FC 存储阵列通信的 iSCSI 网关等)、IP 网络等。iSCSI 协议不仅可以用于主机和存储阵列的直接连接,还可以用于桥接 FC 存储和 iSCSI 主机。

IP SAN 的另一个主要协议是 FCIP,即采用 IP 网络将远距离分布的 FC SAN 孤岛进行互连,通过将 FC 帧封装到 IP 数据包,基于现有 IP 网络在不同的 FC SAN 之间传输 FC 数据。这一技术被广泛应用于灾难恢复,因为它既能兼容 FC SAN,又能利用技术成熟而又广泛部署的 IP 网络。

4.3.3.3 以太网光纤通道协议(FCoE protocol)

FCoE(FC over Ethernet)是指通过以太网(聚合增强以太网)传输 FC 数据的协议。这样做的好处是可以将 FC SAN 通信和以太网通信进行整合,形成一个公用的以太网基础架构,从而减少设备和缆线的数据,降低成本并简化数据中心管理。其显示了采用 FCoE protocol 前和采用 FCoE protocol 后数据中心架构发生的变化,如图 4.11 所示。

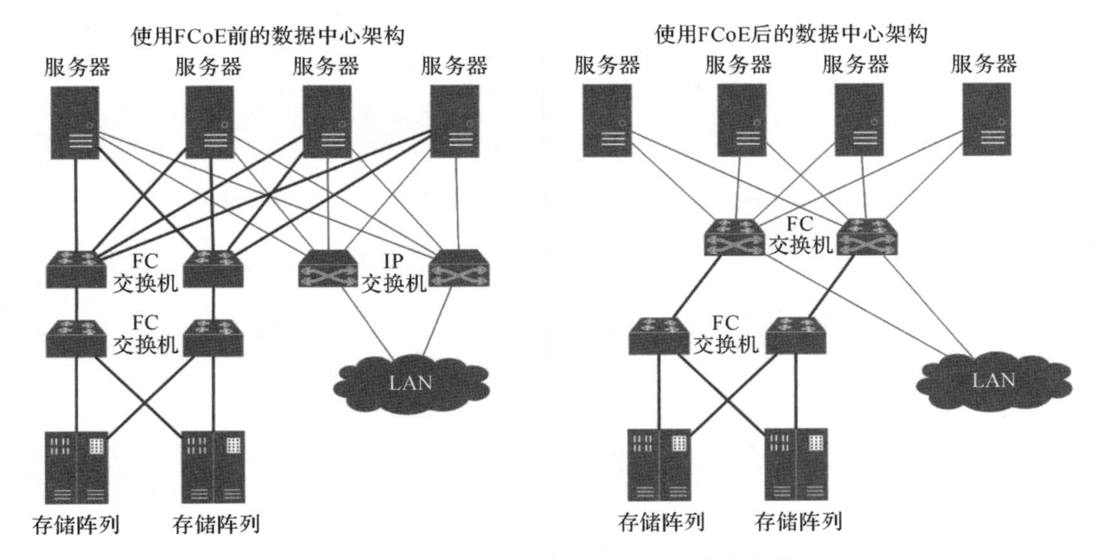

图 4.11　使用 FCoE 前后数据中心架构的变化

4.3.4　网络连接存储(NAS)

在 DAS 和 SAN 系统中，主机和存储系统直接进行数据块的交换，并通过各种技术手段不断优化数据读写性能。但是在互联网时代，在不同用户之间进行数据共享的需求日益强烈。对终端用户来说，各种数据往往以文件的形式进行组织，因此文件共享成为不同用户进行网络协同的基本需求。文件的创建者或所有者需要向其他用户授予访问权限，多个用户同时访问特定的共享文件时还需要确保数据的完整性。网络连接存储(Network Attached Storage，NAS)就是基于 IP 的专用高性能文件共享和存储设备。

在图 4.12 所示的典型 NAS 环境中，NAS 客户端可以通过 IP 网络共享文件，NAS 设备运行针对文件 I/O 优化的专用操作系统，无论用户的操作系统是 UNIX 还是 Windows 都能共享数据。

NAS 的组件如图 4.13 所示，主要包括 NAS 机头和存储阵列两部分。其中 NAS 机头提供存储接口和网络，运行专用操作系统，并通过 NAS 协议和 IP 网络为客户端提供文件共享服务。

4.3.4.1　常用 NAS 协议

目前最常见的两种 NAS 文件共享协议是通用 Internet 文件系统(Common Internet File System，CIFS)和网络文件系统(Network File System，NFS)，这两者均为客户端—服务器架构的应用程序协议。

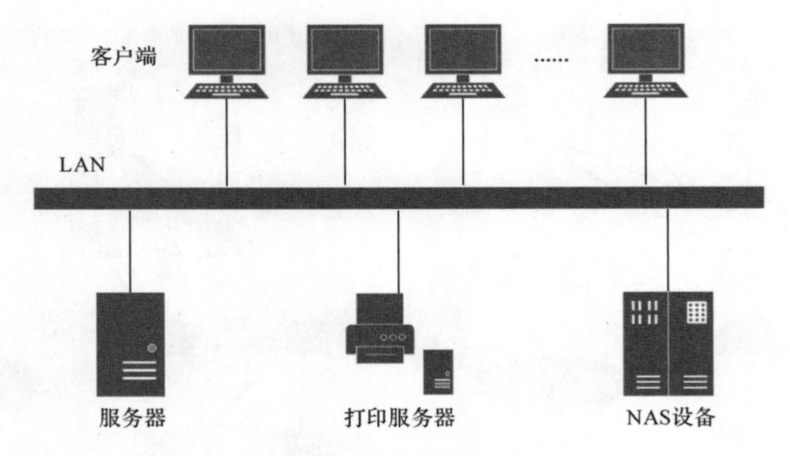

图 4.12　典型 NAS 环境

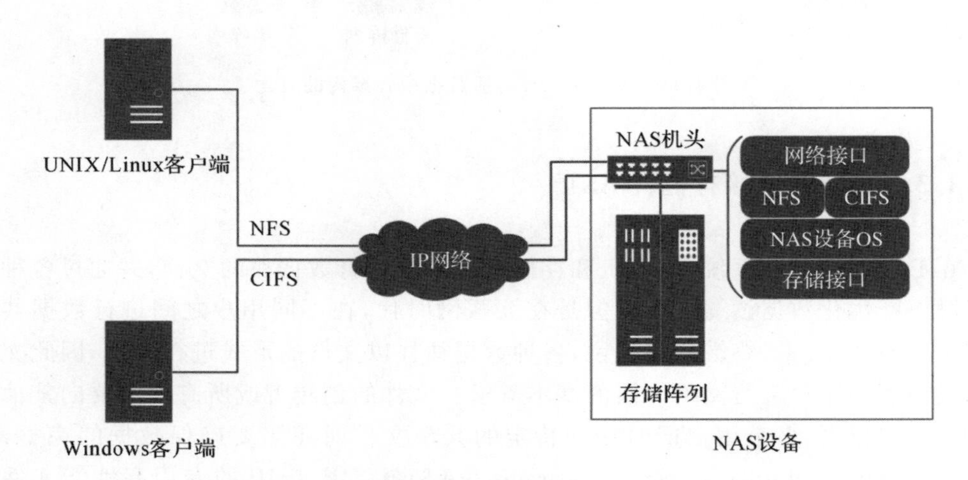

图 4.13　NAS 组件

CIFS 协议是服务器消息块(Server Message Block,SMB)协议的开放变体,而 Windows 操作系统中的网络邻居功能采用的正是 SMB 协议。基于 CIFS 协议,客户端可通过 TCP/IP 访问服务器上的文件。CIFS 是有状态协议,通过维护各个客户端的连接信息,可以自动回复连接和重新打开终端之前已打开的文件。

NFS 广泛应用于 Linux、UNIX 及其衍生平台中,通过远程过程调用(Remote Procedure Call,RPC)机制提供对远程文件系统的访问。目前 NFS 主要由三个版本:NFS v2 是无状态协议,使用 UDP 作为传输层协议;NFS v3 同样是无状态协议,使用 UDP 或 TCP 作为传输层协议;NFS v4 是有状态协议,使用 TCP 作为传输层协议。

目前市场上常见的 NAS 设备大多支持 CIFS 和 NFS,只需要进行必要的配置即可运行。

4.3.4.2 常见 NAS 场景

NAS 不但可以为不同的用户提供文件共享服务，还能对服务器和存储设备起到一定的整合作用。

在图 4.14 所示的场景中，使用传统的文件服务器需要为 UNIX 客户端和 Windows 客户端配置两台文件服务器，在使用 NAS 设备后，仅需要一台文件服务器就能够为 UNIX 和 Windows 两类客户端提供服务，实现了服务器的整合。

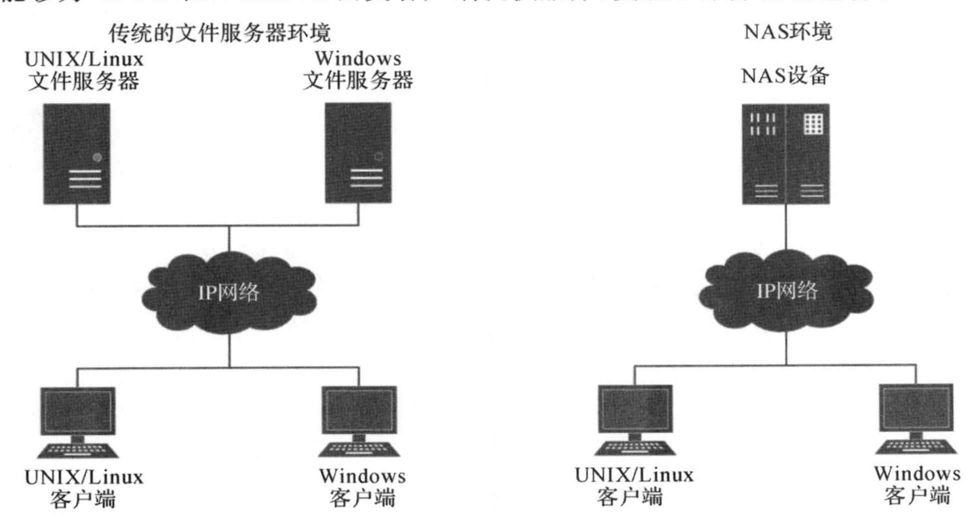

图 4.14 利用 NAS 实现服务器整合

在图 4.15 所示的场景中，通过启用 NAS 设备，将一部 NAS 机头接入 FC SAN，

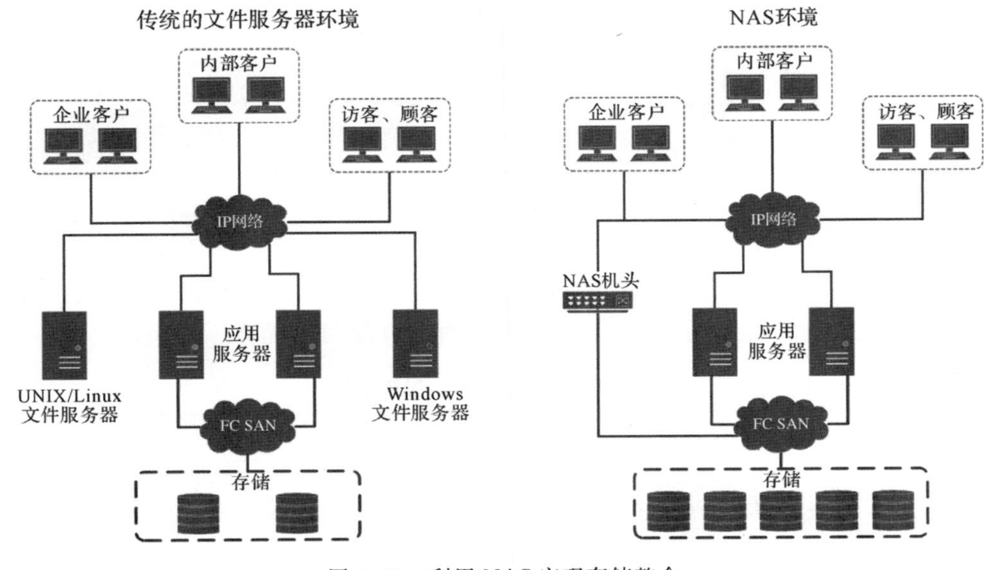

图 4.15 利用 NAS 实现存储整合

实现了 Web 服务器、数据库服务器和文件服务器的存储整合，实现了对存储资源的统一管理和灵活调配。

4.3.5 基于对象的存储(OSD)

在大数据时代，非结构化数据的比重越来越高，据测算，有超过 90％的新产生数据是非结构化数据。传统的基于文件的存储解决方案难以应对迅速增长的非结构化数据，由于需要管理大量的权限和嵌套的目录，给 NAS 造成了很大的开销。基于数据块存储的 DAS 和 SAN，以及基于文件存储的 NAS 都难以很好地解决非结构化数据的存储问题。因此，需要一种更加智能的方法来根据数据内容管理非结构化数据，这就是基于对象的存储(Object Storage Device，OSD)。

基于对象的存储是一种在单一地址空间上根据文件数据的内容和属性(而不是名称和位置)以对象的形式存储这些数据的方法。不同于传统的分层文件系统，OSD 以对象的形式存储数据，采用单一地址空间为每个对象分配唯一的对象 ID，对象中包含用户数据、元数据和其他属性。其显示了分层文件系统和单一地址空间的区别，如图 4.16 所示。

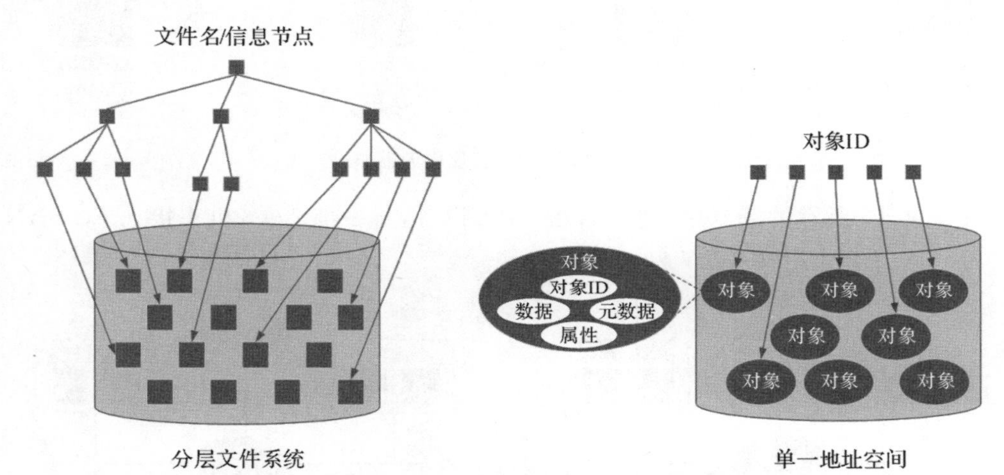

图 4.16 分层文件系统与单一地址空间

表 4.2 列举了对象存储与基于数据块和基于文件的存储系统相比，在安全性和可靠性、平台独立性、可扩展性、可管理性等方面具有的明显优势。

表 4.2 面向对象存储的优势分析

优势	分析
安全性和可靠性	· 通过专用算法生成的唯一对象 ID 可确保数据完整性和内容真实性 · 请求身份验证在存储设备中执行
平台独立性	· 因为对象是数据的抽象容器，所以它支持跨异构平台共享对象 · 此功能使基于对象的存储适用于云计算环境

续表

优势	分析
可扩展性	· OSD 节点和存储均可独立地进行扩展
可管理性	· 具有管理对象的固有智能 · 具有自我修复功能 · 基于策略的管理功能使 OSD 能够自动处理日常作业

4.3.5.1 基于对象的存储模型

OSD 的存储模型如图 4.17 所示，与传统存储模型相比，最大的区别是主机与存储系统的界面由数据块界面变成了对象存储界面。这一变化使得数据读写和元数据相互分离，并且能够基于具有一定智能的对象存储装置构建数据存储系统，对数据进行智能管理。

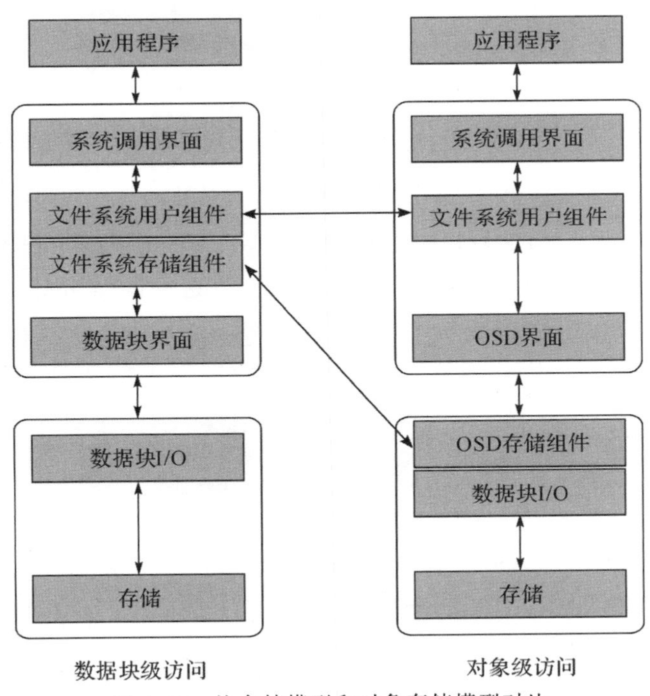

图 4.17 块存储模型和对象存储模型对比

4.3.5.2 基于对象的存储设备的关键组件

一个 OSD 系统通常包括 OSD 节点、内部网络、存储三个关键组件。其中最重要的是 OSD 节点，它负责将文件(对象)分为用户数据和元数据，并为对象生成唯一的对象 ID，在整个 OSD 系统中发挥着核心的作用。

当主机向 OSD 系统存储对象时，OSD 节点为对象生成 ID，将其元数据和用户数据分别写入存储装置，并向主机发送确认信号，这一过程如图 4.18 所示。

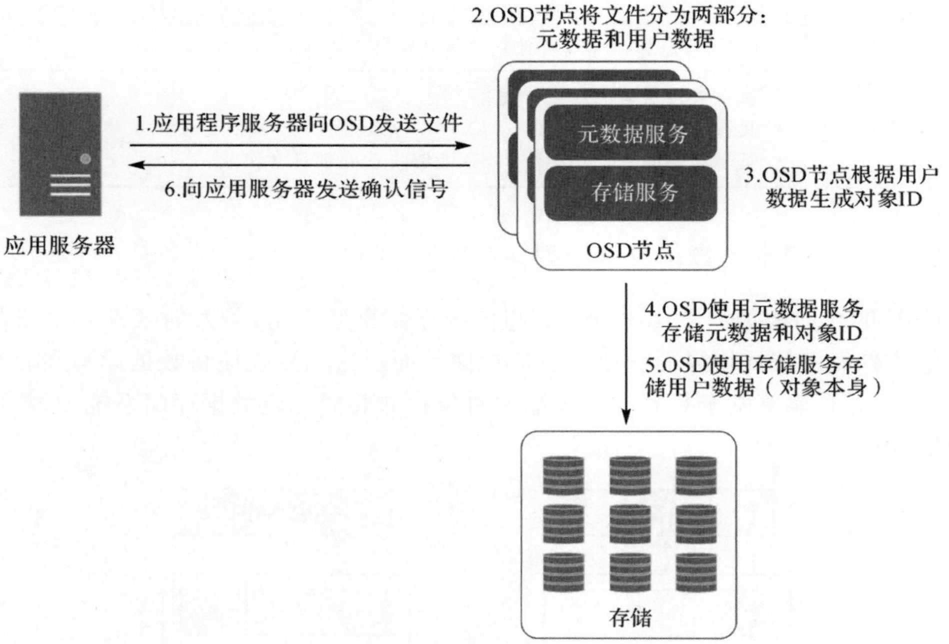

2.OSD节点将文件分为两部分：
元数据和用户数据
1.应用程序服务器向OSD发送文件
6.向应用服务器发送确认信号
元数据服务
存储服务
3.OSD节点根据用户数据生成对象ID
应用服务器
OSD节点
4.OSD使用元数据服务存储元数据和对象ID
5.OSD使用存储服务存储用户数据（对象本身）
存储

图 4.18 OSD 系统存储对象的过程

反过来，当主机从 OSD 系统中检索对象时，OSD 节点根据主机请求返回相应的对象 ID，并控制存储装置响应主机的对象访问请求，这一过程如图 4.19 所示。

2.元数据服务查找所请求文件的对象ID
1.应用程序服务器向OSD发送文件
3.元数据服务将对象ID发送到应有和服务器
4.应用服务器将对象ID发送到OSD存储设备以检索对象
6.存储服务将文件发送到应用程序服务器
元数据服务
存储服务
OSD节点
应用服务器
5.OSD存储设备从存储服务检索对象
存储

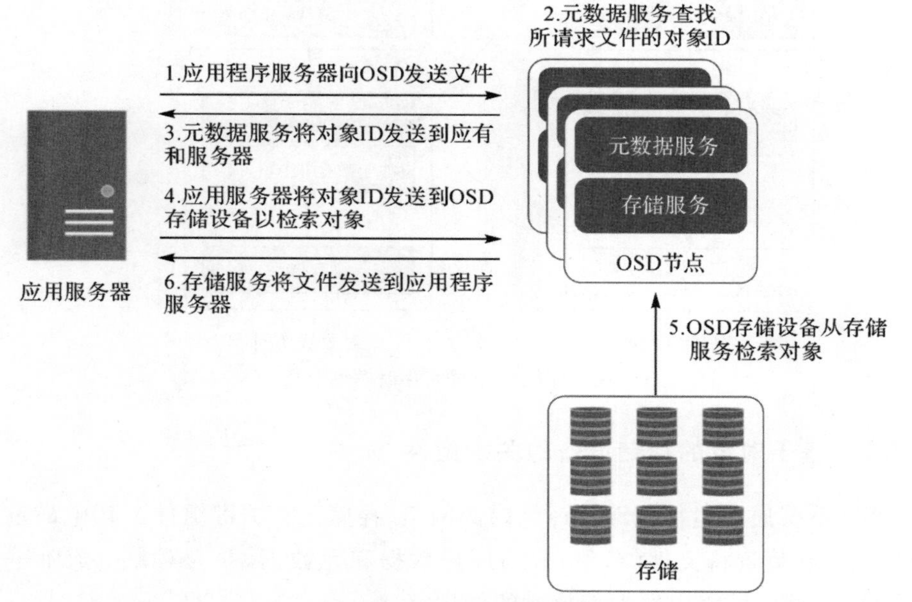

图 4.19 从 OSD 中检索对象的过程

4.3.6 统一存储架构与存储虚拟化

至此，本章已经介绍了基于块存储的 SAN、基于文件存储的 NAS、基于对象存储的 OSD 等多种网络存储解决方案。在工程实践中，一个信息系统往往需要多种存储方案的特性，但是如果部署多种存储解决方案，又会导致管理成本、系统复杂性和环境开销的持续上涨。因此，需要在一个统一平台中整合数据块、文件和对象等存储解决方案，并支持数据访问的多种协议，并在单一管理界面中对整个平台进行管理。这一平台就是统一存储架构。

图 4.20 显示了统一存储架构的主要组件，包括存储控制器、NAS 机头、OSD 节点、存储设备等。

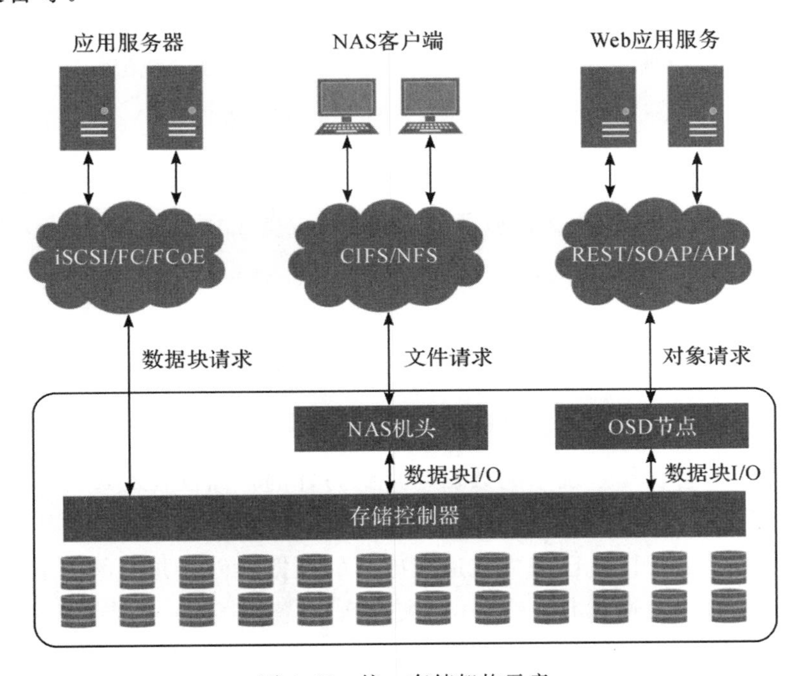

图 4.20 统一存储架构示意

统一存储架构不但整合了数据块、文件、对象等多种存储方案，还为不同级别的存储虚拟化提供了有利条件。

在数据块级别，借助智能存储系统将物理数据块映射为逻辑单元（Logic Unit Number，LUN），可以实现存储资源的虚拟化调配，从而支持存储资源的超额预定。在图 4.21 所示的场景中，通过采用数据块级虚拟化资源调度技术，整个存储系统的可用容量从 150GB 扩大到 1650GB。这种“到使用资源的时候再进行分配”的虚拟化策略使得存储系统的利用效率得到大幅提高。

在文件级别，借助 NAS 机头的文件级虚拟化功能，消除了文件访问的数据与物

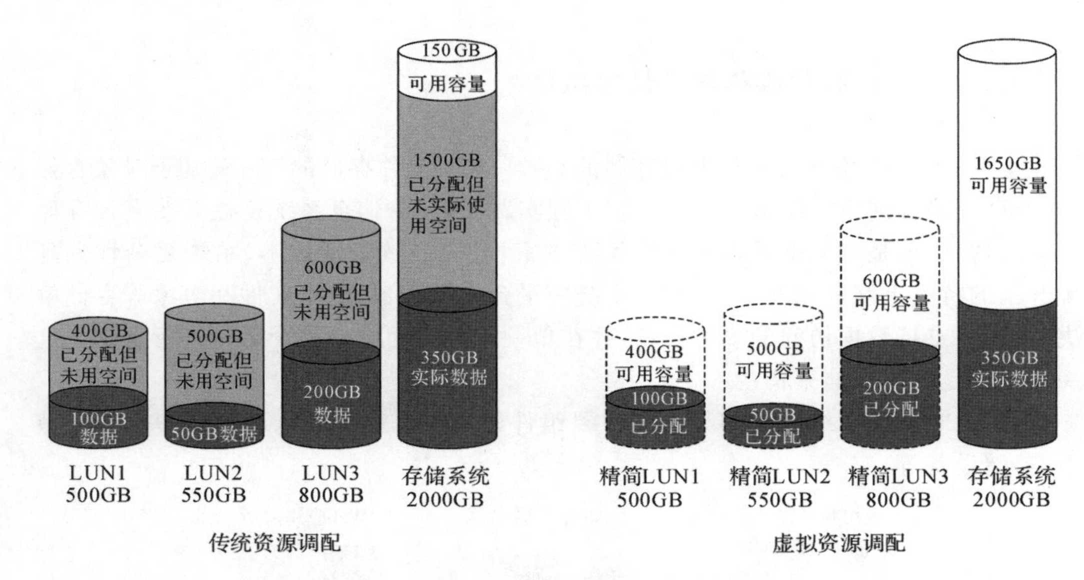

图 4.21　传统资源调配与虚拟资源调配

理存储文件的位置之间的相关性，使用户能够使用逻辑路径而不是物理路径来访问文件，从而实现了文件在整个文件服务器或 NAS 设备之间的无中断移动性，避免了因数据迁移而造成的停机。

4.4　数据备份

数据备份是指将存储系统中的数据拷贝到另外的存储设备的过程。对数据存储系统来说，为了充分保护数据，或者为了遵从某些法律法规要求，常常需要进行数据备份。数据备份是为了恢复已丢失或遭受破坏的数据而创建并保留的生产数据的额外拷贝。执行数据备份通常有三个目的：灾难恢复、操作恢复、归档。

根据执行数据备份时应用程序是否处于运行状态，可以将数据备份划分为冷备份（离线备份）、热备份（在线备份）两类。

本节将从备份粒度、备份和恢复方法、数据备份的体系结构三个方面对数据备份进行介绍。

4.4.1　备份粒度

备份粒度是指数据备份的细化程度，从备份的周期和内容上，可以将数据备份的粒度分为三类：完整备份（又称全量备份）、增量备份和累积备份（又称差异备份）。

完整备份是指按照一定的间隔，将存储系统中的数据全部拷贝到备份存储设

备中。

增量备份是指把上一次备份后新增或改变的数据拷贝到另外的存储设备中。

累积备份是指把从上一次完整备份以来新增或改变的数据拷贝到另外的存储设备中。

从三种备份粒度的定义,可以很明显看出三者的特点:完整备份每次拷贝的数据量最大,这也导致难以经常对存储系统进行完整备份,而且一旦在两次备份之间出现存储系统故障,则上次备份以后的数据将全部丢失;增量备份每次拷贝的数据量较小,可以以更短的时间间隔进行备份,存储系统出现故障时丢失的数据相对较少;累积备份其实相当于上一个累积备份+当天的增量备份,因此要拷贝的数据更多,备份的时间和所需的存储空间也更多。

三种备份粒度拷贝的数据量如图 4.22 所示。

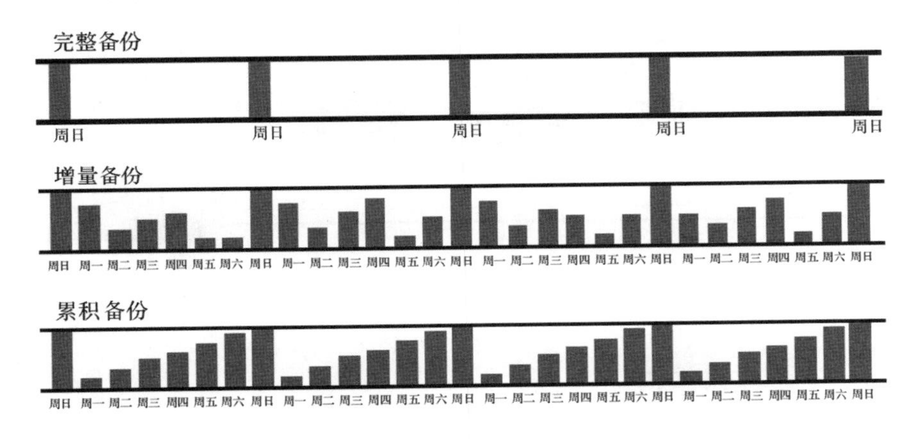

图 4.22　三种备份粒度所拷贝数据量的比较

4.4.2　备份恢复方法

从完整备份恢复只需要将备份数据重新拷贝到原存储系统即可。

从增量备份恢复首先要恢复上一个完整备份,然后依次恢复后续的每一个增量备份,如图 4.23 所示。由此可以看出,虽然增量备份拷贝的数据更少,在备份时所用的时间也更少,但是在数据恢复时却较为烦琐,消耗的时间也更长。

从累积备份恢复时,需要先恢复上一个完整备份和最近一次的累积备份,如图 4.24 所示。虽然累积备份在备份过程中耗时更长、所需的存储空间也更大,但是在恢复过程中却比增量备份的恢复速度更快。

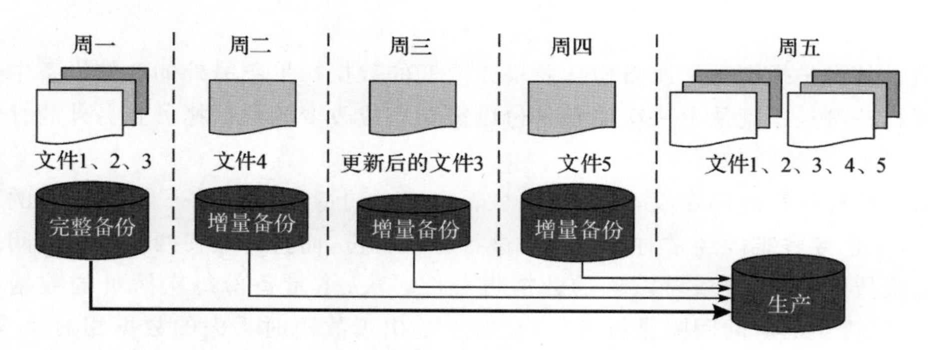

图 4.23　增量备份及其恢复方法示意

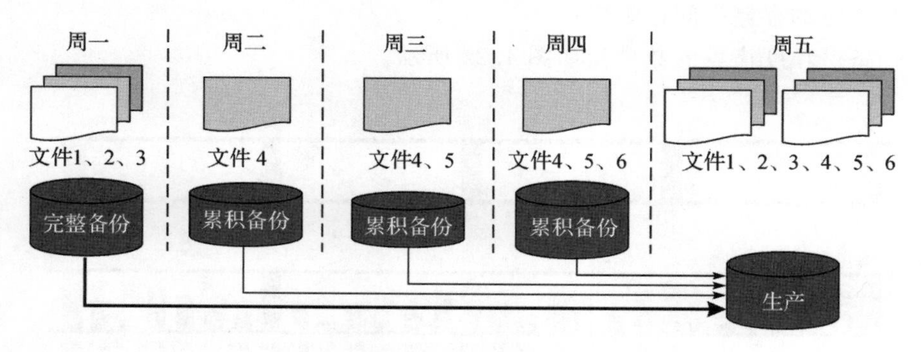

图 4.24　累积备份及其恢复方法示意

4.4.3　备份体系结构

如图 4.25 所示的数据备份体系结构主要由备份客户端、备份服务器、存储节点三部分组成。其中备份客户端负责收集要备份的数据并将其发送到存储节点；备份服务器负责管理备份操作和维护备份目录；而存储节点负责将数据写入备份设备并管理备份设备。

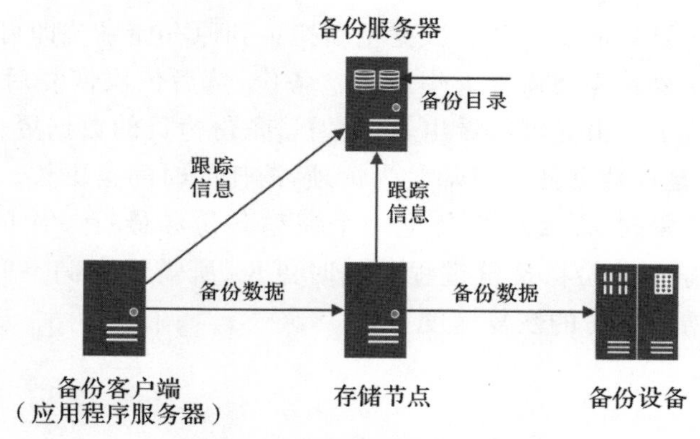

图 4.25　备份体系结构示意

在进行数据备份操作时，需经过以下步骤：

(1)备份服务器启动预定的备份流程。

(2)备份服务器从备份目录检索备份相关的信息。

(3)备份服务器指示存储节点在备份设备中加载备份介质；备份服务器指示备份客户端将要备份的数据发送到存储节点。

(4)备份客户端将数据发送到存储节点并在备份服务器上更新备份目录。

(5)存储节点将数据发送到备份设备。

(6)存储节点将元数据和介质信息发送到备份服务器。

(7)备份服务器更新备份目录。

执行数据恢复时的主要步骤包括：

(1)备份客户端请求备份服务器进行数据恢复。

(2)备份服务器扫描备份目录，以识别要恢复的数据和要接收数据的客户端。

(3)备份服务器指示存储节点在备份设备中加载备份介质。

(4)随后会读取数据，并将其发送到备份客户端。

(5)存储节点将恢复元数据发送到备份服务器。

(6)备份服务器更新备份目录。

4.5 数据管理

数据存储系统不但要高可靠、高性能、高灵活的存储数据，更重要的是对数据进行有效的组织和管理。根据数据结构化程度的不同，可将数据划分为结构化数据、半结构化数据和非结构化数据三类，本节将以具体数据管理系统为例介绍这三类数据的管理机制。

4.5.1 非结构化数据管理

顾名思义，非结构化数据就是没有固定结构的数据，各种文档、图片、音频、视频等都属于非结构化数据。对于此类数据，一般采用分布式文件系统以文件为单位对其二进制内容进行整体存储。本节以 Google 公司研发的 GFS(Google File System)为例介绍分布式文件系统的设计与实现。

4.5.1.1 GFS 系统设计目标

GFS 是 Google 为了存储其日益增长的非结构化数据(如 HTML 网页、Youtube)而开发的分布式文件系统。系统设计目标覆盖了大多数互联网企业对非结构化大数据的存储需求：

(1)运行分布式文件系统的计算机集群由众多廉价的计算机节点组成,这些计算机在运行时宕机十分常见的,因此系统必须在软件层而非硬件层提供容错支持。

(2)系统存储一定量的大文件(预期达几百万个文件),每个文件的大小通常为100 MB或是更大。在系统中保留数GB的文件将会是常态,因此大文件的存储管理必须高效。系统可支持小文件的存储管理,但这部分功能无须做过多优化。

(3)系统负载主要包括两种类型的读操作:大规模的流式读取、小规模的随机读取。在大规模流式读取中一次读取操作通常读取数百KB的数据,更常见的是读取1MB甚至更多的数据。来自同一客户机的连续操作通常对同一个文件中的连续区域进行读取。小规模随机读取通常是在文件中任意位置读取数KB的数据。因此对性能较为敏感的应用通常是把小规模的随机读操作合并并排序,之后按序批量地进行读取,这样就避免了在文件中前后来回地移动读取位置,从而提高系统I/O效率。

(4)系统需高效地支持多客户对同一文件的并行数据追加操作。在系统中,文件通常在生产者—消费者队列中处理,或是多路文件的合并。在每台机器上,一个文件将有数以百计的“生产者”对其进行操作,因此须以最小同步开销进行原子性操作,文件可以稍后读取,或是在“消费者”追加操作时进行同步读取。

(5)持续且稳定的系统带宽比低延迟的系统响应更为重要。

GFS系统中的文件以分层目录的形式组织,并以确定的路径名来标识。GFS提供一套类可移植操作系统接口(Portable Operating System Interface X,POSIX)应用编程接口供上层应用存取数据。该应用编程接口支持常用文件的操作,如create、delete、open、close、read、write等。此外,GFS还支持快照和记录追加操作。快照操作以较低的成本创建一个文件或目录树的副本。记录追加允许多个客户端同时向一个文件进行数据追加操作,并同时保证每个客户的追加操作都是原子性操作。

4.5.1.2 系统架构

如图4.26所示,GFS采取主—从集群架构。GFS计算机集群由一个Master节点和多个Chunkserver(数据块服务器)节点组成,并可被多个客户端访问。

GFS将文件切分成多个固定大小的数据块(Chunk)。每个数据块在创建时,Master服务器会给它分配一个全局唯一且不可变的64位的数据块标识。数据块服务器将数据块以Linux本地文件的形式保存在本地硬盘上,并根据指定的数据块标识和字节范围来读写数据块。为了保障数据存储的可靠性,每个数据块都会被复制到多个数据块服务器节点上。系统默认将一个数据块冗余备份到3个不同的数据块服务器节点上。GFS允许用户为不同的文件命名空间设定不同的冗余备份数量。

Master节点管理维护分布式文件系统的所有元数据。这些元数据包括名字空间、访问控制信息、文件与数据块的映射以及每个数据块的位置信息。Master节点还管理着系统范围内的活动,如数据块租用、孤立数据块回收以及数据块在块服务器间的迁移。Master节点使用心跳消息对每个数据块服务器进行周期性的通信,它发

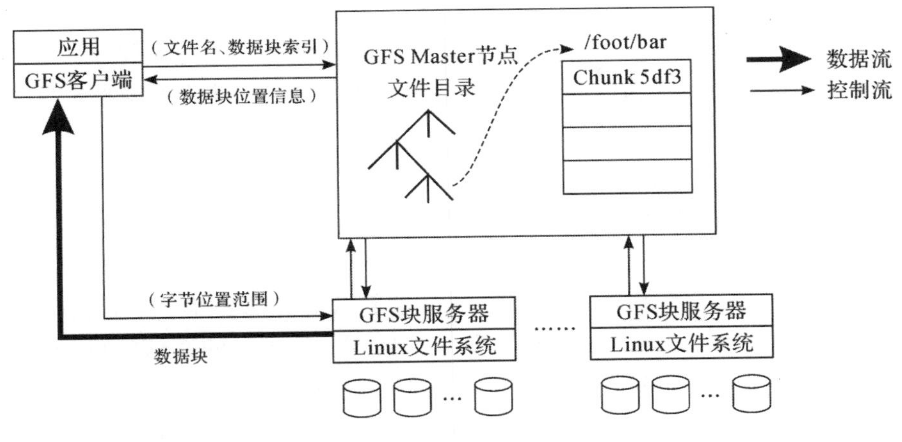

图 4.26 GFS 系统架构

送指令到各个数据块服务器并接收数据块服务器的状态信息。

GFS 客户端代码以库的形式被链接到应用程序中。客户端代码实现了文件系统的 API 接口函数、应用程序与 Master 节点和数据块服务器通信以及对数据进行读写的操作。客户端和 Master 节点间的通信只获取元数据,而所有的数据操作都是由客户端直接与数据块服务器进行交互的。

由于 Google 的大部分应用是以流的方式读取一个大文件,工作集非常大。因此,无论是客户端还是数据块服务器都不需要缓存文件数据。大数据应用的这种负载特性简化了客户端和整个系统的设计与实现。

4.5.1.3 Master 节点设计

GFS 采用单一主节点设计,主要的考虑是简化系统设计难度。单个 Master 节点可通过全局的信息精确定位数据块的位置以及进行复制决策。GFS 为避免 Master 节点成为系统的数据读写性能瓶颈,在设计中刻意减少了客户端与 Master 节点的交互。客户端并不通过 Master 节点读写文件数据,反之客户端向 Master 节点询问数据块的位置信息(即数据块存储在哪个数据块服务器上),并将这些元数据信息缓存一段时间,在后续操作中客户端将直接和数据块服务器进行数据的读写操作。

在 GFS 中读取数据的流程如下:首先,客户端把文件名和程序指定的字节偏移量,根据固定的数据块大小,转换成文件的数据块索引;然后客户端再把文件名和数据块索引发送给 Master 节点;Master 节点将相应的数据块标识和副本的位置信息发还给客户端;客户端用文件名和数据块索引作为键值缓存这些信息。之后客户端发送请求到其中一个副本处,一般选择最近的副本。请求信息包含数据块标识和字节范围。在对该数据块的后续读取操作中,除非缓存的元数据信息过期或者文件被重新打开,客户端可不必再与 Master 节点进行通信。在实现中,GFS 还采用一种组查询的技术进一步减少客户端与 Master 节点之间的通信。客户端通常会在一次请求中查询一组数据块信息，Master 节点的回应也可能包含了紧跟着这些被请求的数据块后面的数据块信息。组查询在没有任何代价的情况下，避免了客户端和 Master 节点未来可能发生的多次通信。

4.5.1.4 数据块大小

GFS 选择 64MB 作为一个数据块的大小，这个尺寸通常远远大于一般文件系统的数据块大小。GFS 选择较大的数据块主要基于以下几点考虑：首先，它减少客户端和 Master 节点间的通信需求，因为仅需一次和 Mater 节点的通信就可以获取数据块的位置信息，之后就可以对同一个数据块进行多次读写操作。由于大数据应用通常连续读写大文件，因此上述方式对降低 Master 节点的工作负载效果显著。即使是小规模的随机读取，采用较大的数据块尺寸也能带来明显的好处，就是客户端可以轻松缓存数 TB 的工作数据集所有的数据块位置信息。其次，采用较大的数据块尺寸，客户端能够对一个数据块进行多次操作，这样就可以通过与数据块服务器保持较长时间的 TCP 连接来减少网络负载。最后，选用较大的数据块尺寸减少了 Master 节点需要保存的元数据的数量，从而使得元数据都能够全部保存在 Master 节点的内存中。

4.5.1.5 元数据管理

Master 节点存储 3 种主要类型的元数据：文件和数据块的命名空间、文件和数据块的对应关系、每个数据块副本的存放地点。所有的元数据都保存在 Master 节点的内存中。前两种类型的元数据（命名空间、文件和数据块的对应关系）同时也会以日志的方式记录在操作系统的系统日志文件中，日志文件存储在本地磁盘上，同时也被复制到其他的远程 Master 节点上。GFS 采用日志技术为 Master 节点提供故障恢复机制。Master 节点本身并不会持久地保存数据块位置信息。Master 节点在启动时，或者有新的数据块服务器加入时，向各个数据块服务器轮番询问它们所存储的数据块信息。因为元数据保存在内存中，所以 Master 服务器的操作速度非常快，并且 Master 服务器可以在后台简单而高效地周期性扫描自己保存的全部状态信息。GFS 通过这种周期性的状态扫描实现数据块垃圾收集、在数据块服务器失效时重新复制数据块以及在数据块服务器之间平衡数据块负载。但是，这种将元数据全部保存在 Master 节点内存的做法有一些潜在的问题：数据块的数量及整个系统的承载能力受限于 Master 节点所拥有的内存大小。因此，在 GFS 2.0 中，Google 采取了多 Master 节点设计，解决了上述问题。

4.5.1.6 数据一致性

数据一致性是分布式存储系统的重要问题。GFS 采用的数据一致性模型在实

现难易度、数据读写性能、数据正确性之间进行了折中。

一致性保障机制：GFS中文件命名空间的修改（如文件创建）是原子性的，仅由Master节点来控制。命名空间锁提供了原子性和正确性的保障；Master节点的操作日志定义了这些操作在全局中的顺序。数据修改后文件范围的状态取决于操作的类型、成功与否以及是否同步修改。GFS定义了以下几种数据一致性：如果所有客户端无论从哪个副本读取到的数据都一样，那么认为文件范围数据是一致的；如果对文件中某个范围的数据修改之后，客户端能够看到写入操作全部的内容，那么在这个范围内数据是一致的；当一个数据修改操作成功执行，并且没有受到同时执行的其他写入操作的干扰，那么在受影响的范围内数据是一致的——所有的客户端都可以看到写入的内容。并行修改操作成功完成之后，范围处于一致的、未定义的状态：所有的客户端看到同样的数据，但是无法读到任何一次写入操作写入的数据。通常情况下，文件范围内包含了来自多个修改操作的、混杂的数据片段。失败的修改操作导致一个范围处于不一致状态（同时也是未定义的）：不同的客户在不同的时间会看到不同的数据。数据修改操作分为写入和记录追加两种。写入操作把数据写在应用程序指定的文件偏移位置上。即使有多个修改操作并行执行时，记录追加操作至少可以把数据原子性的追加到文件中一次，但是偏移位置是由系统选择的，系统返回给客户端一个偏移量，表示了包含写入记录的、已定义的范围的起点。

4.5.1.7 数据块管理

本节介绍GFS如何管理数据块，涉及以下三个方面：数据块创建、数据块复制和负载均衡。当Master节点创建一个数据块时，它会选择在哪里放置初始的副本。GFS主要考虑如下几个因素：

(1)在低于平均硬盘使用率的数据块服务器上存储新的副本。这样的做法最终能够平衡Chunk服务器之间的硬盘使用率。

(2)在未饱和的数据块服务器上存储新的副本。未饱和是指该数据块服务器最近的数据块创建操作的次数小于系统设定的阈值。

(3)把数据块的副本尽可能多地分布在多个机架之间。

在数据块的初始副本创建之后，Master节点进一步将数据块的其他副本（即冗余副本）尽可能多地分布在不同机架的数据块服务器上，已达到容灾的目的。当数据块的有效副本数量少于用户指定的复制个数时，Master节点会重新复制该数据块，直到副本个数达到用户的要求。这种数据块副本再复制可能由多种原因引起：数据块服务器不可用，数据块副本损坏，或者数据块副本的复制个数提高。当多个数据块副本需要复制时，GFS采用优先级算法选择具有最高优先级的数据块副本进行复制。

数据块管理的最后一个方面是负载平衡。Master节点周期性地对数据块副本进行负载均衡处理，即在数据块服务器之间移动数据块副本，以达到更好地利用集群硬盘空间的目的。GFS采用惰性负载平衡策略,在负载平衡的过程中逐渐地填满一个新的数据块服务器,而不是在短时间内用新的数据块填满它,以至于过载。另外,Master节点必须选择哪个副本要被移走。通常情况下,Master节点移走那些剩余空间低于平均值的数据块服务器上的副本。

4.5.2 结构化数据管理

结构化数据是指可以由二维表结构来表达和实现的数据,也被称为行数据,严格地遵循数据格式和长度规范。结构化数据一般采用关系型数据库进行管理,在应用层通过SQL语言接口对数据进行访问。

在大数据出现以前,传统的关系型数据库管理系统主要面向写入操作进行优化,注重数据的完整性和一致性,即在线事务处理(On-Line Transaction Processing,OLTP),因此在实现上都采用面向记录的存储方式,即把一条记录的所有属性连续存储在一起。目前广泛采用的OLTP系统包括Oracle、MySQL、SQL Server等,这一类型的关系型数据管理系统已经有大量的书籍和文献加以介绍,限于篇幅等原因,在此不再赘述。在大数据时代,人们更关心数据中蕴含的潜在价值,经常需要对海量数据进行各种分析挖掘,所以在线分析处理(On-Line Analysis Processing,OLAP)系统应运而生。OLAP系统的工作模式为在短时间内写入大量新数据,而后在长时间内进行多种多样的查询分析,这一特征使得OLAP系统大多采用基于列的存储方式,即把同一列(属性)中的数据连续存储在一起。

本节以C-Store系统为例介绍OLAP型的关系型数据库管理系统。

4.5.2.1 数据模型

C-Store是一个基于列存储技术的关系大数据库系统。C-Store采用标准的关系数据模型作为应用层的逻辑数据模型。C-Store的主要创新点是物理数据模型。C-Store的物理数据模型将符合关系数据模型的数据以压缩列的方式进行存储,能够支持高效的OLAP类型查询。本节介绍C-Store提出的物理存储模型。

从上层应用的角度,C-Store支持标准的关系数据模型。数据库由命名表格(关系)构成。表由一些固定数目的属性(列)构成。和其他的关系数据库系统一样,C-Store中,属性(或属性集合)构成键。每张表必须且只能有唯一的主键,但可以包含多个引用其他表的主键的外键。C-Store的查询语言是标准的SQL语言。

与其他关系数据库系统不同,C-Store的物理数据模型由列族构成。每个列族由逻辑关系表T锚定,包含一个或多个T的属性(列)。C-Store中,一个列族可以包含任意多个逻辑表格里的任意个属性,只要从锚定表格到包含其他属性的表格之间有一系列的$N:1$(即主外键)关系。

生成列族时,C-Store从锚定逻辑关系表T里选出关注的属性,保留重复的行,

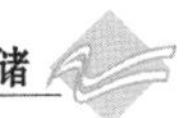

然后通过外键关系从非锚定表格里得到相应的属性。因此，一个列族和它的锚定表格有相同数目的行。在 C-Store 中，列族里的元组按列存储。如果列族里有 K 个属性，则有 K 个存储结构，每个存储结构存储一列，并按照同样关键字排序。关键字可以是列族里的任意列或列的组合。列族元素按照键排序，从左到右。最后，每个列族都水平切分成一个或多个段，每段有唯一标示符 Sid(Sid >0)。C-Store 只支持基于键的数据切分。列族中的每个段都对应了一个键范围，键范围的集合构成整个键空间的“分区”表示。本章文献[5]给出了一个 C-Store 物理数据模型样例。假定数据库中包含两张表 EMP(name，age，salary，dept)和 DEPT(d)name，floor，那么一个可能的基于列族的物理数据模型表示如下：

```
EMP1(name,age)
EMP2(dept,age,DEPT.floor)
EMP3(name,salary)
DEPT1(dname,floor)
```

我们可以看到，EMP2 列族通过 dept 外键，将 EMP 中的列 dept 和 age 与 DEPT 中的列 DEPT. floor 组合到了一起。C-Store 经常使用这种跨表列族，将不同表格中的列的数据存放在一起，降低了 SQL 查询中跨表链接查询的代价。

显然，为了完成一个 SQL 查询，C-Store 需要一个列族覆盖集合，包含查询中所有引用到的列。同时，C-Store 也必须能从不同的存储列族中重构原始表格中的整行元组。C-Store 引入存储键和连接索引来连接不同列族里的元组。

存储键：C-Store 使用存储键来连接列族中属于统一逻辑行的每一列中的数据。具体地说，列族中每个段下每个列的每个数据值都与一个存储键相关联。同一段中具有相同存储键的不同列的值属于同一逻辑行。在具体实现时，存储键实现为数据在列中的存储序号。因此，列中存储的第一数据存储键为 1，第二数据存储键为 2，以此类推。C-Store 中，存储键并不实际储存，而是由一个元组在列中的物理位置推得。

连接索引：C-Store 使用连接索引从多个列族中重建原关系表 T 的所有记录。如果 T1 和 T2 是覆盖表 t 的两个列族，从 T1 的 M 个段到 T2 中 N 个段的连接索引在逻辑上是 M 张表的集合。对 T1 的每一段，连接索引由多行内容组成，每一行包含 T2 中对应数据段的表示以及该段中的对应数据的存储键。不难看出，通过综合运用存储键和连接索引，C-Store 可以从列族中复原出原始逻辑表格中的任意元组。图 4.27 显示了一种 EMP 表的两个存储段(雇员表 1 和雇员表 2)之间的连接索引。

C-Store 的一个独特的设计是通过组合一个读优化的存储系统 RS 和一个写优化的存储系统 WS 来平衡读写性能。在读优化系统 RS 中，列族中段按列存储并对每一列进行数据压缩，进一步降低数据读取时需要的 I/O 次数。根据列中数据是否排序以及数据分布，C-Store 考虑了四种压缩方法：

类型 1　排序多冗余：RLE 编码。一个列被表示成一个三元组(v,f,n)。其中，

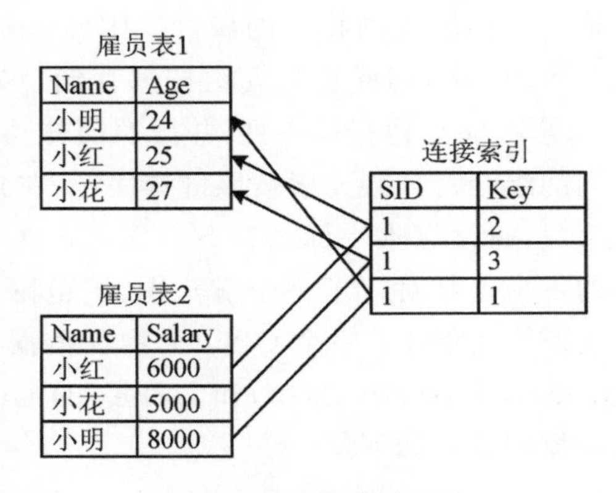

图 4.27 连接索引示例

v 为一个具体的值，f 为 v 在列中第一次出现的位置，n 为 v 出现的重复次数，即 RLE 压缩。

类型 2 外键排序多冗余：位图编码。一个列被表示成一个连续的元组(v,b)。其中，v 是一个具体的值，b 是位图(bitmap)中的该值的存储位置。

类型 3 自排序低冗余：增量编码。每一个段的第一个条目是列中的值，后续条目都是与前一个值的增量。例如，列 1,4,7,7,8,12 被表示成 1,3,3,0,1,4 的序列。

类型 4 外键排序，低冗余：无压缩。如果列的势较大，C-Store 选择无压缩编码。

RS 存储系统具有高效的数据读取速度，然而数据写入速度较低。为了提高数据写入速度，C-Store 设计了一个基于内存的写优化系统 WS。WS 也为列存储，实现了与 RS 相同的物理存储结构。但由于 WS 将数据写入内存(RS 将数据存储在外存系统)，因此数据写入速度大大提高。C-Store 中，WS 也跟 RS 一样是水平切割的，和 RS 保持 1∶1 的映射关系，并且不采取任何的压缩措施。

4.5.2.2 存储管理

与 GFS 相同，C-store 使用水平扩展策略，将存储段分配到计算机集群中不同的节点上。具体实现时，段中的所有列都会被分配到同一个节点上，实现数据访问的局部性。WS 和 RS 上拥有共同键值范围的段也会被共同定位。C-Store 的集群管理和容错机制与 GFS 相似，不再赘述。

4.5.3 半结构化数据管理

半结构化数据是结构化数据的一种形式，它并不符合关系型数据库或其他数据表的形式关联起来的数据模型结构，但包含相关标记，用来分隔语义元素以及对记录和字段进行分层。因此也被称为自描述的结构。对于半结构化数据来说，同一类型

的实体可以有不同的属性，而且属性的顺序并不重要，常见的半结构化数据格式包括XML、JSON等。上一节介绍的C-Store系统不仅能够存储结构化的关系型数据，也可以用来存储半结构化数据。本节以Google公司开发的Bigtable系统为例，介绍半结构化数据的管理，并重点介绍Bigtable与C-Store的不同之处。

4.5.3.1 数据模型

与C-Store不同，BigTable不提供关系数据模型作为应用层的逻辑数据模型，而是直接使用列族数据模型作为应用开发的逻辑数据模型。Bigtable被定义为一个稀疏的、分布式的一致性多维有序表。如图4.28所示，该表是通过行关键字、列关键字以及时间戳进行索引的；表中的每个值（行关键字、列关键字以及单元值）都是一个字节数组。

```
(row:string.column: string.time: int64) ->string
```

图4.28 Bigtable数据模型

假定我们要创建一个存储网页的webtable，一种可能的Bigtable数据模型是：使用网页的URL作为行关键字，网页的各种信息作为列名称，将网页的内容作为对应的行键和列键下的单元值存储，如图4.29所示。

row key	contents	anchor
com.cnn.www	〈html〉...	cnnsi.com：CNN my.look.ca：CNN.com

图4.29 存储网页的Bigtable示例

在Bigtable中，单一行关键字下的数据读写是原子性的（无论这一行有多少个不同的列被读写）。Bigtable按照行关键字的字典序来维护数据。Bigtable动态地将行划分为行组。每个行组称为一个Tablet。Tablet是Bigtable中数据存取以及负载平衡的基本单位。

Bigtable以列族的方式组织列关键字。列族是一组列关键字的集合，也是基本的访问控制单元。存储在同一个列族的数据通常是相同类型的，易于压缩。Bigtable对列族中列的数目没有限制，但假定一个表中列族的数目较少（最多数百个），而且在操作过程中很少变化。

列关键字是使用如下的字符来命名的。family:qualifier。列族名称必须是可打印的，但是qualifier可能是任意字符串。访问控制以及磁盘的内存分配都是在列族级别进行的。Bigtables数据模型的另一个独特设计是允许表中每个单元包含数据的多个版本，不同版本的数据通过时间戳索引。

4.5.3.2 系统实现

Bigtable构建在Google开发的其他大数据基础设施之上。Bigtable使用分布式文件系统 GFS 来存储日志和数据文件；使用 SSTable 文件格式存储数据(SSTable 是 Google 开发的一个持久化的、有序的、不可更新的键值数据库)；使用分布式锁服务 Chubby 来进行集群管理。

与 GFS 相同，Bigtable 采用主从架构。一个 Bigtable 集群包含一个 Master 节点和多个 Tablet 服务器。

Master 节点负责将 Tablet 分配给 Tablet 服务器，检测 Tablet 服务器的加入和离去，均衡 Tablet 服务器负载，并且对 GFS 上的文件进行垃圾收集。另外，Master 节点还负责元数据管理，如数据模式变更，表格和列族的创建。

Tablet 服务器管理 Master 节点分配的 Tablet，处理 Tablet 的读、写请求，并且对增长得过大的 Tablet 执行切分操作。

Bigtable 采用对等方式传输数据。客户端的数据读写请求有 Tablet 服务器处理，中间无须 Master 节点介入。

4.5.3.3 Table 管理

Bigtable 中，表格由 Tablet 构成。初始情况下，每个表格只有一个 Tablet。随着表格的增大，Bigtable 自动将表格切分成多个 Tablet，每个 Tablet 包含行键范围内的全部数据。

如图 4.30 所示，Bigtable 使用了一个类似于 B^+ 树的三层架构存储 Tablet 位置信息。第一层记录根 Tablet 的位置信息，该信息存储在一个 Chubby 文件中。根 Tablet 把 Tablet 的所有位置信息保存在一个特定的元数据表中，每条记录包含了一个用户表中所有 Tablet 的位置信息。基于这种三层构架，Bigtable 总共可以寻址 2^{34} 个 Tablet。

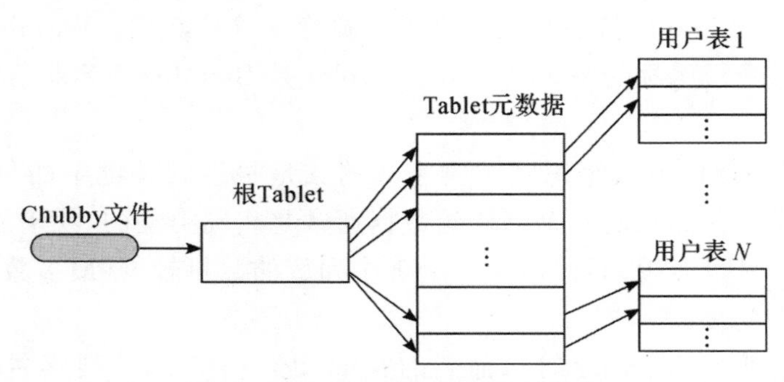

图 4.30　Tablet 位置信息存储结构

与 C-Store 类似，Bigtable 也采用了内存外存两套存储系统，如图 4.31 所示。

Bigtable 将数据更新首先计入提交日志，然后将这些更新存放到一个排序的内存数据库 memtable。Bigtable 周期性地将 memtable 中的数据写入 GFS 中的 SSTable 中。当一个读操作到达 Tablet 服务器时，Bigtable 会同时查找 SSTable 和 memtable，并将合并后的结果返回。

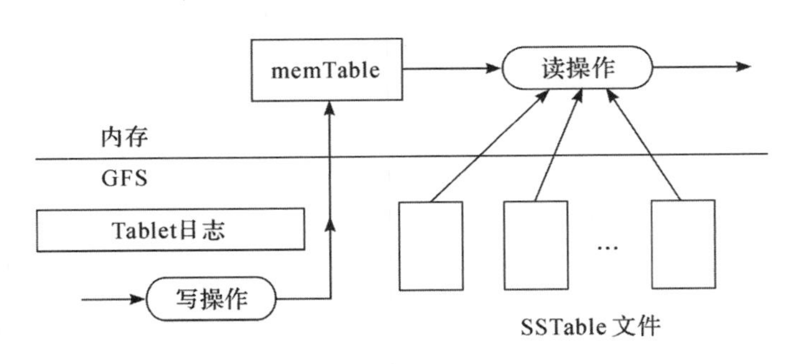

图 4.31 Bigtable 数据读写

4.6 数据中心案例

在本章的最后一节，将以某市政务云数据中心作为案例样本，为读者展示数据中心的主要设计与分析思路。

4.6.1 案例背景

近年来，国家和地方出台了一系列政策引导和推动大数据、云计算等新型信息技术在政务信息化中的应用，鼓励和支持电子政务领域的"互联网＋"行动。某市智慧电子政务云的建设，正是在电子政务系统环境中，利用云计算系统为用户提供更多服务；实现电子政务系统中不同设备间的数据与应用共享，减少成本支出，节约社会资源。

2013 年年底，该市智慧电子政务云平台建成并投入使用，整个云平台构建在本市电子政务外网之上，涵盖公众服务网、资源共享网等子网络，提供基础资源包括云主机、云数据库、云存储和云安全、负载均衡等，同时提供了服务平台和监管平台供使用单位日常管理和主管单位日常监管。同时，该市智慧电子政务云平台已与省政府服务网等平台完成了对接，实现了省市两级政府数据的互通，广大群众可以通过省级政府服务网等网上窗口或手机 APP，轻松完成公积金查询、交通违法处理等操作，极大地方便了广大群众的日常生活。目前已有 69 家单位的 239 个系统在政务云上正式运行。

4.6.2 需求分析

政务云数据中心作为市一级的统一政务数据中心，其主要建设目标之一是要解决原有条块分割背景下由各委、办、局独立建设运维政务信息系统带来的一系列问

题,这些问题包括:

(1)信息孤岛问题。数据和信息局限于部门内部使用,不能实现跨部门的数据共享,限制了综合数据应用的发展。

(2)硬件利用效率问题。不同部门系统之间硬件资源无法共享,花费巨资采购的软硬件设备存在大量的冗余和闲置,资源利用率较低。

(3)服务质量问题。各部门单独自主开发或委外开发的信息系统受团队水平、资金预算等因素的限制,服务质量参差不齐,限制了信息服务水平的不断提高。

(4)运维成本问题。网络环境下应用系统的有效运维需要专业的技术队伍,软硬件技术的发展带来了频繁的升级换代,各部门不得不投入大量的人财物力进行系统运维,消耗了大量成本。

为此,需要建设市级的统一政务数据中心,做到数据资源、软硬件资源、系统运维的统一,实现集约化发展,提升效率,降低成本。

具体到该市政务云数据中心,其建设目标是围绕建设智慧城市和带动电子政务发展两个总体目标,形成"基础设施全市统筹、应用开发部门为主"的崭新格局,实现架构合理、技术领先、体系完备、应用提升、效率提高、资金节约,构建以政务云为核心的全市新一代电子政务体系,形成良性运行机制和常态化管理制度。

4.6.3 总体设计方案及系统架构

通过应用需求的分析,该平台需要具备分析处理海量政务数据、提供灵活可扩展应用接口、实现数据高可靠存储等能力。因此,该市政务云数据中心采用了基于虚拟化技术的云主机+云存储+云数据库的总体架构进行建设。采用这一总体架构的主要原因如下:

(1)虚拟化技术将逻辑主机与物理硬件隔离,为系统规模扩展、系统间隔离、大规模集群运维提供了极大的便利。

(2)通过云主机提供应用承载,可以实现根据访问负载弹性伸缩的能力,在面临突发高负载时能迅速增加硬件资源,保证服务质量;在日常低负载时也可以将硬件资源分配给其他计算任务,提升资源利用率。

(3)通过云存储提升数据存取效率和数据可靠性,通过综合运用负载均衡、数据分段等技术,将数据读写请求合理地分散到整个存储阵列,实现存取性能的优化;通过实时数据副本、准实时数据异地备份、数据加密等措施提供高达6个9(99.9999%)的数据可靠性。

(4)通过云数据库为上层应用提供数据访问接口,上层应用通过SQL接口对数据进行查询分析访问,简化应用开发过程。

该市政务云数据中心总体架构如图4.32所示。

政务云平台包含云平台、云安全管理和应用接口三大类功能。其中整体云平台

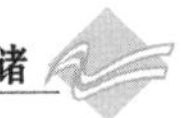

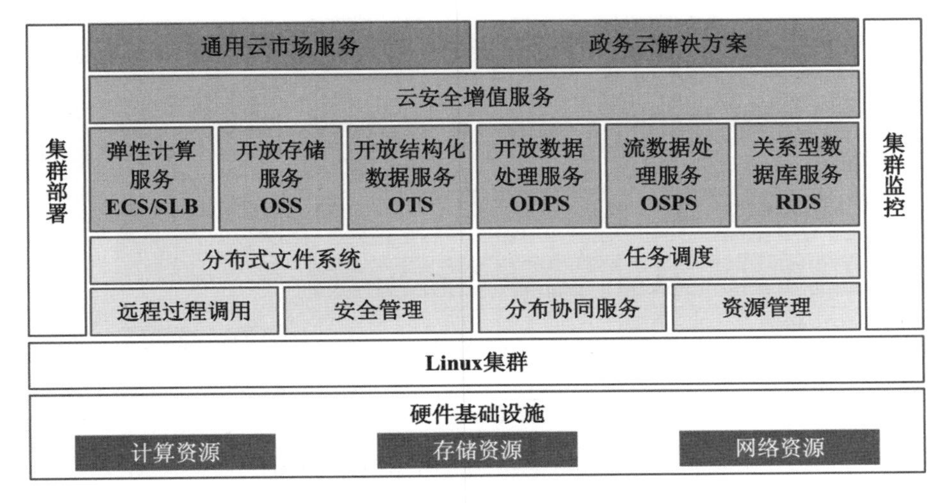

图 4.32　某市政务云平台数据中心总体架构

分为三层:资源层、功能层和应用层。资源层主要包含政务信息化建设所需的网络、计算能力、存储空间等底层资源;功能层主要包含承载信息化系统的底层操作系统、文件存储、应用协同、任务调度、数据处理、过程调度等功能管理层;应用层负责提供给各委、办、局云服务器、云存储、云数据库等应用。

云平台软件部分以阿里云"飞天"系统架构,部署提供云服务器、云存储、关系型数据库等云计算功能所需的分布式应用、数据处理、任务调度等功能模块;同时,部署整个云平台资源安全、应用接口等功能模块为各种应用提供相应的安全服务和开发服务。

4.6.4　云主机设计方案

该市政务云计算中心的云主机架构如图 4.33 所示。

整个系统采用虚拟化技术,将物理资源进行虚拟化,通过虚拟化后的虚拟资源,对外提供弹性计算服务。弹性计算包括两个重要的模块:计算资源模块和存储资源模块。计算资源是指 CPU、内存、带宽等资源,通过将物理服务器上的计算资源虚拟化再分配给用户使用。存储采用了大规模分布式存储系统,将整个集群中的存储资源虚拟化后,整合在一起对外提供服务。同一份数据,保存在整个集群中。在分布式存储系统中,采用 Raid 1 建立三重镜像集,即每份数据都提供三份副本,当单份数据损坏后可实现数据的自动拷贝。

(1)控制系统:是平台的核心,它决定着弹性计算服务启动在哪一台物理服务器上且弹性计算服务的所有功能及信息都需要通过控制中心统一处理与维护。

(2)数据采集:负责整个平台的数据采集,包括计算资源、存储资源、网络资源等的使用情况。通过数据采集可以对集群的资源使用情况进行统一的监控管理,并作

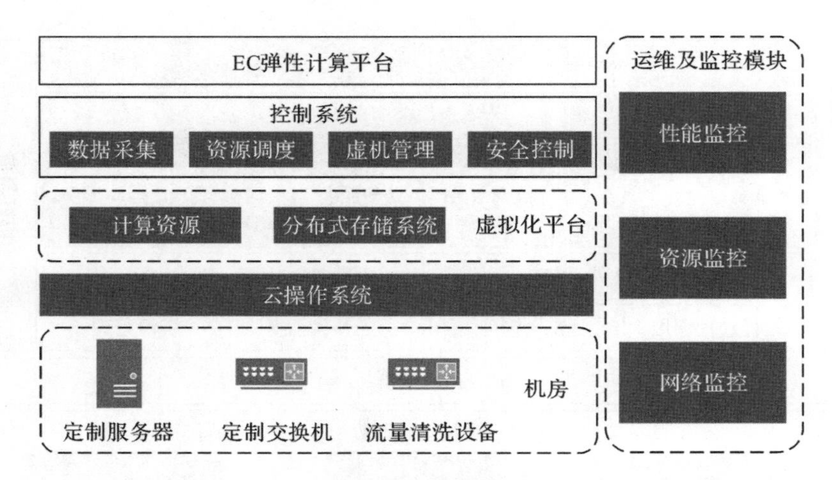

图 4.33 某市政务云数据中心云主机架构

为资源调度的一个重要依据。

(3)资源调度系统：决定弹性计算服务启动的位置，在创建弹性计算服务时，会根据物理服务器的资源负载情况，合理调度弹性计算服务。且在弹性计算服务发生故障时，决定弹性计算服务再次启动的位置。

(4)服务管理模块：用于管理及控制弹性计算服务，如启动、关闭、重启弹性计算服务等。弹性计算服务相关增值服务功能也通过弹性计算服务管理模块提供。

(5)安全控制模块：进行整个集群的网络安全监控与管理。

在数据备份与恢复方面，采用了磁盘快照技术。磁盘快照是弹性磁盘在某一特定时间点的副本，是保留和恢复磁盘数据非常有效的方法之一。通过磁盘快照可以在磁盘数据发生问题后恢复到快照时间点，从而有效保护了弹性磁盘的文件系统和数据。尤其在升级应用和服务器及打补丁的时候，快照可以发挥非常关键的作用。弹性计算服务提供故障恢复，故障恢复是指云服务器发生故障时可快速恢复，故障恢复时间非常短。弹性计算服务提供在线迁移，在线迁移是指云服务器在不停机状态下从一台物理服务器迁移到另外一台物理服务器。在线迁移时，云服务器应用完全不中断，用户完全无感知。通过在线迁移可以根据物理服务器负载情况调度资源，并可实现业务不中断下的集群运维。

4.6.5 云存储设计方案

该市政务云数据中心的云存储主要由四部分组成，分别如下。

(1)负载均衡：负责云存储所有的请求的负载均衡，后台的 http 服务器故障会自动切换，从而保证了云存储的服务不间断。

(2)http 服务器集群：负责处理请求，并将请求产生的计费计量信息写入统一计量库中进行计费。

(3)分布式文件系统：云存储的核心，基于键—值对的分布式文件存储系统。

(4)监控系统：监控整个云存储的运行状态。

存放在云存储的每个文件，云存储都会保持3份副本。3份副本，会分别保存在不同交换机、不同机架、不同服务器上。任何一个服务器、机架、交换机宕机都不会造成数据丢失。若其中一份副本丢失或者不可用，云存储会自动拷贝一份文件副本保存在运行良好的主机上，从而保证任何时间均有3份副本保存在云存储上。云存储还提供异地备份的高级功能，可以将数据准实时地在异地机房进行备份存储，从而进一步保证了数据可靠性。云存储为用户提供高于99.9999%的数据可靠性。

云存储提供PB级别的海量数据存储能力。在上层将小数据归并为大文件，并通过顺序写入的方式将数据写入分布式文件系统。这样就可以通过快速的日志操作来保证写入的低延迟。对于读取请求来说，云存储系统每次从分布式文件系统读取一个数据块，该数据块中不仅包括了读取请求所需要的数据，还包括了该数据的临近数据，并且将该数据块放在内存缓存中，这样下一个读取请求如果与上一个请求有关联，就有可能在内存缓存中直接命中，减少了对分布式文件系统的访问，提高访问速度。当前业务或者预计业务接近系统瓶颈时，云存储服务需要提供在线扩展的能力。当物理机器添加到集群中后，云存储可以通过数据迁移的特性将部分数据迁移到新机器上，同时优先将新数据分配到新机器上，及时利用起新加入节点的能力。

云存储通过对称加密的方法可以验证某个请求是否是拥有者发送的。当用户完成云存储注册之后，云存储会提供一对AccessID和AccessKey，称为ID对，用来验证用户。当用户向云存储发出请求时夹带ID和用Key对参数进行签名，云存储收到请求后也会用这个Key对请求进行签名。如果一样，就认为是该用户发出的请求，或者该用户授权的请求。

4.6.6　云数据库设计方案

该市政务云数据中心提供云数据库服务，其系统架构如图4.34所示。

整个云数据库主要包括6大核心组件，包括云数据库代理模块、数据链路服务(DNS与LVS)、调度系统、备份系统、高可用控制系统、在线迁移系统、监控系统等。每个组件各自负责其预先设计的功能。

(1)云数据库代理：主要通过对SQL语句的分析，做到对SQL注入监测、防暴力攻击、SQL日志查询、慢SQL日志查询等功能，如果某些SQL语句匹配了常见的SQL注入模型的话，将会被截获。本模块在提供系统安全性的同时，用户还可以使用此模块对自己执行的SQL语句进行查询和管理，并可根据监测结果对SQL语句进行优化。

(2)数据链路服务：本组件主要负责用户访问实例时，数据链路的问题。其中，

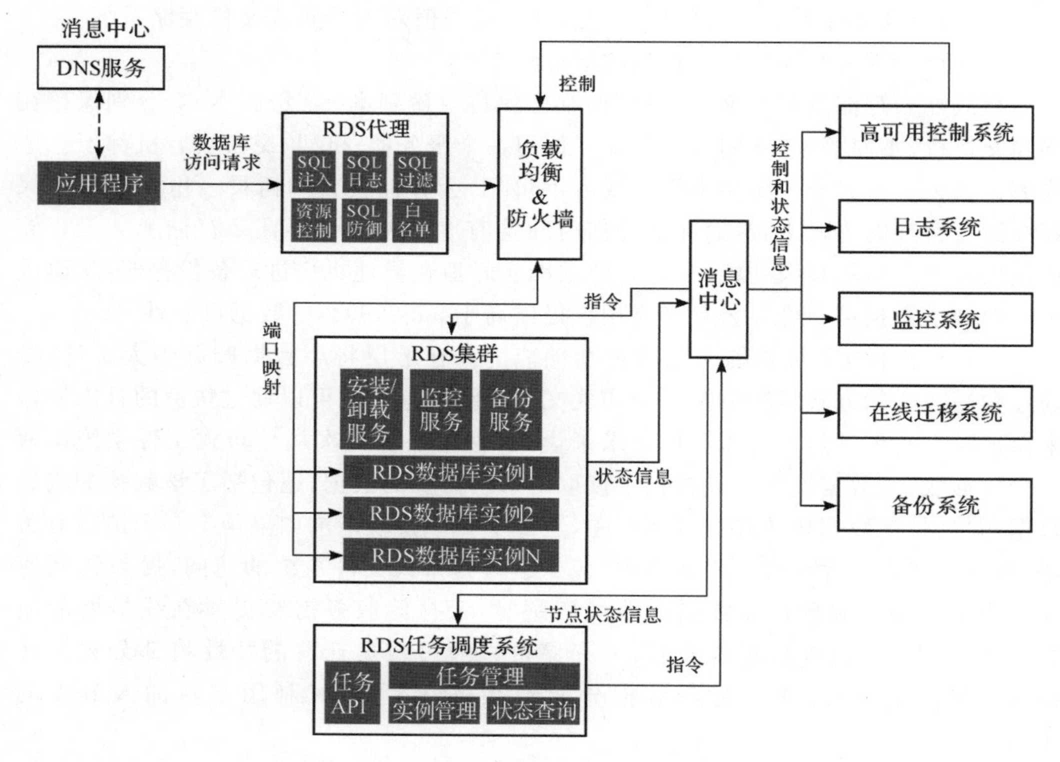

图 4.34　某市政务云数据中心云数据库架构

DNS 模块负责 DNS 的解析功能；而 LVS 模块则负责 IP 映射和端口转发，并提供防火墙、流量控制等功能，当用户实例遭到网络攻击，则会向该服务端口发送大量请求，而真正用户的请求就会被中断或响应缓慢；通过 LVS(Linux Virtual Server，负载均衡)流量探测功能可以发现这种行为，并把目标 IP 置于黑名单中。

(3)调度系统：最为核心的部分，全面负责整个系统中所有任务的调度，以及各大组件之间的协调工作；它首先要处理的是各个任务之间的互斥关系，防止并发任务带来的任务之间的冲突。另外，要处理的是自身体系的高可用性及稳定性。它可以支持多服务节点以任务抢占模式进行工作，并对服务结点进行健康检查以及在必要的时候进行任务接管，使得整个系统更安全可靠。

(4)备份系统：主要负责所有集群内所有实例数据的备份，并进行集中存储；系统自身有高可用保护，在多个备份管理机之间有健康检查；发现有成员不健康会自动接管其任务；备份任务可以并发地进行，并发度可以受到精确控制，这样可以防止 IO 资源、网络资源使用率过高影响系统性能和稳定性。

(5)高可用控制系统：负责所有实例数据主备之间的健康检查及实时切换。对于集群扩展，新节点会自动探测压力大的节点，并接管任务。

(6)在线迁移系统：主要负责实例数据在不同主机之间的迁移工作。当物理机接近饱和时，为保障用户使用，我们会主动将部分实例数据进行迁移。另外当用户需要

扩容而物理资源不满足需求时会触发迁移工作，将该用户迁移到资源空余的 RDS 设备。

(7)监控系统：负责系统正常运转的检查，以及实例数据相关状态和性能数据收集，如实例数据监控、物理资源监控、实例数据使用资源监控、系统一致性监控、网络监控及报警功能。

参考文献

[1]方粮. 海量数据存储[M]. 北京：机械工业出版社，2016.

[2]张增照. 以可靠性为中心的质量设计、分析和控制[M]. 北京：电子工业出版社，2010.

[3] Buneman P, Semistructured data [C]. Proceedings of the sixteenth ACM SIGACT-SIGMOD-SIGART symposium on Principles of database systems, ACM，1997：117-121.

[4] Chang F，Dean J，Ghemawat S，et al. ，Bigtable: A distributed storage system for structured data[J]. ACM Transactions on Computer Systems(TOCS)，2008，26(2)：4.

[5]Stenebraker M, Abadi D J, Batkin A, et al. C-Store: a column-oriented DBMS [C]. Proceedings of the 31st internatianal conference on Very large data bases. VLDB Endarment 2005.

思考题

1. 考虑以下场景：应用程序需要 1 TB 存储容量，峰值工作负载 4900 iops，典型 I/O大小为 4KB。可用磁盘驱动器性能为：容量 100GB，转速 15 krpm，平均寻道时间 5 ms，数据传输速度 40MB/s。由于应用程序是业务关键型，其响应时间必须在可接受的范围内。试计算应用程序所需的磁盘数量。

2. 某系统要求所有周一至周五全天候保持运行状态，过去一周发生的故障如下：

- 周一无故障
- 周二上午 5 点至上午 7 点故障
- 周三无故障
- 周四下午 4 点至晚上 8 点故障
- 周五上午 8 点至上午 11 点故障

请计算该系统的 MTBF 和 MTTR。

3. 某系统要求周一至周五的每天上午 8 点到下午 5 点保持运行状态，过去一周发生的故障如下：

- 周一上午8点至上午11点故障
- 周二无故障
- 周三下午4点至晚上7点故障
- 周四下午5点至晚上8点故障
- 周五凌晨1点至凌晨2点故障

请计算该系统的可用性。

4. 某公司计划在不新购置磁盘驱动器的前提下为其业务系统重新配置存储，以获得更高的可用性，其业务场景如下：

- 应用程序I/O负载构成为15%随机写入和85%随机读取。
- 目前采用由5个磁盘组成的RAID 0阵列。
- 每个磁盘容量为200GB。
- 目前总数据量为730GB，预计存量数据在未来6个月内不会更改。

请根据上述条件为该公司推荐可满足其需要的RAID级别，并从成本、性能和可用性方面阐述理由。

5. 某数据库系统需要进行存储系统重新配置以获得更高的可用性，且能够承受一定的成本上升，其业务场景如下：

- I/O负载构成为40%写入和60%读取。
- 目前已经部署由6个磁盘组成的RAID 0阵列。
- 每个磁盘容量为200GB。
- 目前总数据量为900GB，预计在未来6个月内有30%数据会被更改。

请根据上述条件为该公司推荐可满足其需要的RAID级别，估算新解决方案的成本（一块200GB磁盘按500元计算），并从成本、性能和可用性方面阐述理由。

6. 请列举几种常见的结构化数据、半结构化数据和非结构化数据。结构化数据和半结构化数据都可以采用列数据库进行存储和管理，用于存储管理结构化数据的列数据库和用于存储管理半结构化数据的列数据库有什么相同点和不同点？

5　数据处理

数据质量是数据的生命。人们采集到的原始数据或多或少都存在着信息不完整、不一致或噪声等问题，不能直接用于数据挖掘，需要经过一个复杂细致的处理过程。通过数据处理，不仅可以提高数据质量，还可以让数据更加适用于数据挖掘模型，更易于进行深度解析，探寻出其中潜藏的规律。本章主要介绍数据问题产生的原因和数据处理的意义、数据处理的流程、数据质量评估指标、数据预处理的技术方法和三个数据预处理实例。通过本章学习，可以帮助读者初步了解数据预处理的相关知识。

5.1　数据处理概述

5.1.1　数据质量问题的产生

随着计算机和网络技术的快速发展以及人类数据采集能力的不断增强，数据生产规模呈指数级增长，数据来源、数据类型纷繁多样。但是，在数据采集、存储、共享、交换的各个环节都可能产生数据缺失、数据重复、数据不一致以及数据噪声等问题。

5.1.1.1　数据缺失

数据缺失包括数据记录缺失和记录中部分属性值缺失两种情况。造成数据缺失的原因很多，例如，因为人为或设备原因，数据未被采集或记录；数据无法获取或数据获取的代价太大而未采集；数据在输入和传输过程中出错；因为安全保密或来源不可靠等原因数据被删除；某些属性值本来就是不存在的（如大一新生的英语四级成绩）；以及各种随机因素造成的数据丢失。

5.1.1.2　数据重复

同一个实体在不同的数据源中表达方式不同，这种差异造成数据无法直接一一对应，因而容易形成重复记录。数据重复的情况包括：多重数据结构、名称拼写错误、不通用的别名、不同的缩写、不完全的匹配记录等。结构不一的多源数据必然会导致重复记录的产生。

5.1.1.3 数据不一致

数据不一致是指数据的矛盾性、不相容性，一般是由于数据命名规则或数据代码不同引起的。例如，同一个部门的数据编码出现不同的值。

5.1.1.4 数据噪声

数据噪声是指数据中包含不正确的属性值，出现错误或存在偏离预期的离群值。产生噪声的原因包括：数据采集设备出现故障；数据录入过程中发生了人为或计算机错误；数据在存储和传输过程中发生错误，如技术限制（有限通信缓冲区）等。

原始数据中普遍存在问题数据质量，这是数据挖掘、数据分析正确实施的“瓶颈”之一。如果原始数据的质量不符合要求，即便采用最先进的分析工具，最合理的数据模型，最优化的算法，也很难从数据中挖掘、提取出可靠的结果。因此，来源多样、结构复杂、关联繁复、价值密度分布不均衡、质量良莠不齐的数据，给数据挖掘、分析、应用带来巨大挑战。

根据 IBM 统计，数据分析员每天有 30％的时间浪费在辨别数据是否是“坏数据”上，而数据分析工作中，80％的工作量都是用来预处理数据的。数据质量可以说直接决定了数据挖掘任务的成败。因此，使用数据预处理技术提高、改善数据质量，避免因劣质数据带来的消极影响，始终是数据管理领域最严峻的挑战之一。

5.1.2 数据处理过程

为了确保数据挖掘的质量、有效性以及效率，原始数据一般都不会直接用于数据挖掘，必须先进行数据处理。数据处理流程包括以下六个步骤：数据收集与整理、原始数据分析、数据预处理、数据质量评估、模型构建与数据挖掘、挖掘结果分析与数据二次处理。如图 5.1 所示。

5.1.2.1 数据收集与整理

数据是数据处理和最终决策的依据，数据收集与整理的对象取决于最终的知识挖掘目标。应根据决策问题本身和拟采用的数据处理手段，通过采集、共享、交换等各种渠道，收集尽可能系统、全面的原始数据，对原始数据及其参数、特征进行必要的筛选和提取，并按一定的格式和要求进行整理，确保数据内容能够满足最终挖掘需求。

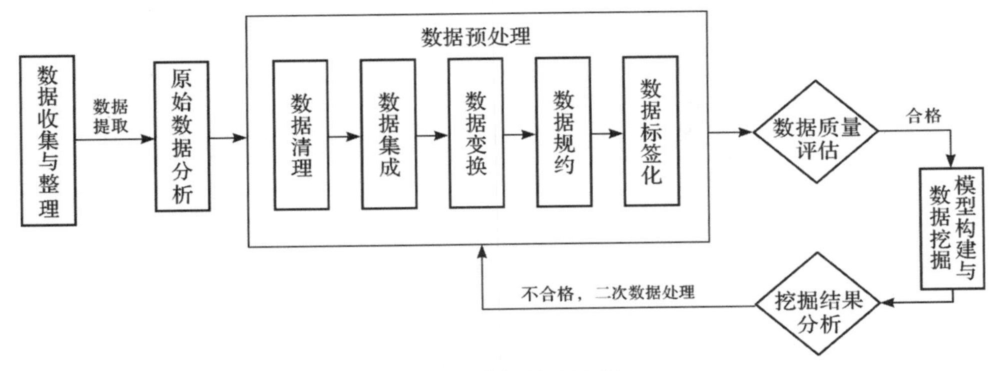

图 5.1 数据处理流程

5.1.2.2 原始数据分析

对原始数据的情况分析,包括对数据的构成、完整性、可靠性、可用性的分析,初步了解数据存在的质量问题,如数据的来源是否可靠、数据中是否含有异常值、数据的结构变化特征等。根据对原始数据的分析结果和实际需要研究解决的问题,可以帮助我们选择适合的数据预处理方法与数据挖掘模型。

5.1.2.3 数据预处理

数据预处理是数据挖掘分析前一项非常重要的数据准备工作,一方面是为了确保挖掘数据的正确性和有效性,另一方面是通过对数据格式和内容的调整,使数据更加符合挖掘的要求。数据预处理分成两个级别:其一是属性级别的处理,如属性选择、属性重要性评价、属性离散化等;其二是实例(记录)级别的处理,如数据的生成,删除有缺损值的实例等。

数据预处理主要通过数据的提取、转换和加载(Extract、Transform and Load,ETL)过程,将多个数据源中的数据抽取到临时中间层,对采集的数据进行清洗、转换、集成,清除冗余数据,纠正错误数据,完善残缺数据,甄选出必需的数据,最后加载到目标数据库或文件存储系统中。

5.1.2.4 数据质量评估

数据预处理后需要进行数据质量评估,以确保用于挖掘的数据具备准确性、完整性、一致性和及时性特征,达到挖掘算法进行知识获取研究所要求的最低规范和标准。数据质量管理,通过建立数据质量评价体系,对处理后的数据质量进行量化指标输出,避免将问题数据带到后端及质量问题的扩大。通常数据质量管理工作采用提前预防和事后诊断策略,贯穿数据处理的全过程。只有基于高质量、准确可靠的数据集进行挖掘和分析,才能提炼出数据当中潜在的有价值信息,指导人们做出正确的判断和决策。

5.1.2.5 模型构建与数据挖掘

综合考虑实际应用需求、数据特征和经费成本等因素，选择多个适用的模型和算法，进行运算、优化和调整，最终选取出其中最合适的模型。利用该模型挖掘提取出数据中蕴含的关键信息和内在规律，提供给政府部门或企业，结合定性分析，可以辅助解决各类实际问题。

5.1.2.6 结果分析与二次处理

如果数据挖掘分析的结果与实际差异较大，首先应排除数据中是否还存在问题，如有，则需对数据进行二次预处理，修正数据预处理引入的误差或处理方法的不当。由于不同的模型和算法适用于不同的数据，排除掉原始数据的问题后，则应重新选择合适的方法或算法，并对数据进行相应处理。例如，K 近邻算法或聚类算法对数据的尺度比较敏感，使用这类算法就必须对所有变量进行标准化；有些模型要求数据尽量是正态分布或对称的，这就需要对数据做变换；有些算法善于处理分类型变量，如决策树，这就需要对数值数据进行离散化处理。

5.1.3 数据质量评估

一般数据挖掘的方法和模型都是建立在理想数据集上，如果用于挖掘分析的数据本身存在质量问题，那么分析结果的正确性也无法得到保证。因此，数据质量直接决定了数据是否具有价值及其价值的高低。数据质量评定的指标很多，一般从准确性（Accuracy）、完整性（Completeness）、一致性（Consistency）和及时性（Promptness）四个维度对数据质量进行评估。

5.1.3.1 准确性

准确性用于度量数据中记录的信息是否准确、是否存在异常或错误的信息。例如，数据转换出现乱码、出现不符合有效性要求的异常数值等。数据的准确性会直接影响数据应用最终的呈现效果，是数据分析结论有效性和准确性最重要的前提和保障。产生数据错误的原因多种多样，包括数据录入不规范、采集数据质量低以及数据运维体系不够快捷通畅等。要确保数据的准确性，必须要做好两项工作：第一，做好数据源采集的标准化和规范化；第二，做好数据的监督和审核。

5.1.3.2 完整性

完整性用于度量数据记录和信息是否完整、是否存在缺失等情况。无论是记录的缺失，还是记录中某个字段信息的缺失，都会造成数据分析结果的不准确，所以完整性是数据质量最基础的保障。对于记录的缺失，一般采用固定值监测法来评估。

例如，某城市每天派出公交车的数量假设是2000辆左右，突然有一天减少到1000辆左右，就可能存在记录缺失的问题。对于数据项的缺失，一般通过统计空值的个数进行评估。例如，人员字段信息应完整涵盖性别、年龄等。

5.1.3.3 一致性

一致性用于度量数据记录的规范和数据逻辑的一致性，是否符合规范，是否与前后及其他数据集保持统一。一致性审核因为在很大程度上涉及业务逻辑，因此是数据质量审核中比较重要也是比较复杂的一块。数据记录的规范主要是数据编码和格式的问题，例如，民政局记录的养老数据中，老年人身份证号码是18位数字、编号是10位数字、工资收入是8位数字，日期以yyyy-mm-dd格式存储，就业状态、文化程度、评估等级、家庭人口、性别、年龄进行非空约束和唯一值约束等。数据逻辑性主要是指标统计和计算的一致性，例如，年龄越大开始享受养老待遇的日期越早，不能出现相反的情况。同源或跨源的数据应保证一致不冲突。例如，同一个人由于工作原因办理户口迁移，在不同数据源提取到的性别应该是相同的。

5.1.3.4 及时性

数据从产生到可以查看的时间间隔，叫数据的延时时长。虽然分析型数据的实时性要求不是太高，但并不意味着没有要求。分析师可以接受当天的数据要等到第二天才能查看，但如果数据要延时两三天才能出来，或者每周的数据分析报告要等两周后才能出来，那么分析的结论就可能失去了时效性，分析师的工作也就没有了价值。同时，某些实时分析和决策需要用到小时或者分钟级的数据，这些需求对数据的时效性要求极高。所以，及时性也是数据质量的组成要素之一。

5.2 数据预处理方法

数据预处理是对采集到的杂乱无章的、难以理解的原始数据，进行清洗、填补、平滑、合并、规格化处理以及一致性检查等，并将其转化为相对单一且便于处理的结构，抽取并推导出对于某些特定应用有价值、有意义的数据，为后续的数据挖掘分析奠定基础。

数据预处理方法通常包含数据清理、数据集成、数据规约、数据变换四种。随着非结构化数据的应用越来越普遍，数据标签化处理也成为数据预处理的重要方法之一。如图5.2所示。

数据处理没有标准化的流程，因不同的挖掘任务和数据集属性而不同。在实际应用中，应该结合特定的应用目的和数据特征，选用适当的数据预处理方法，且在每一个数据处理环节之后进行数据质量检查，避免错误的传递。

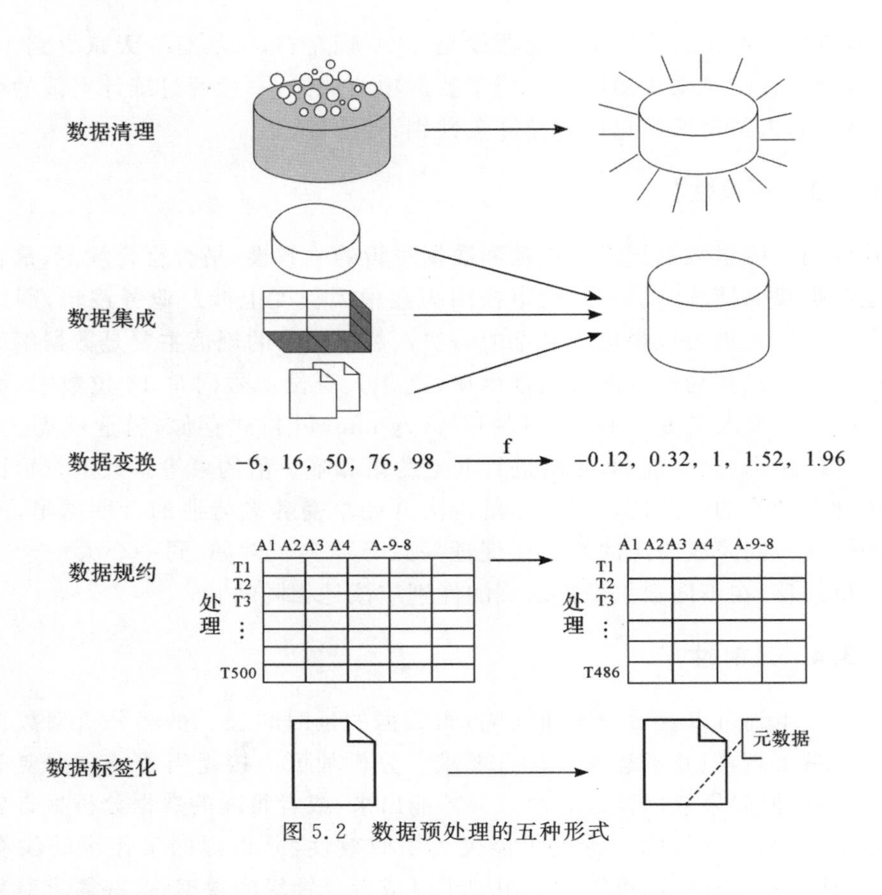

图 5.2 数据预处理的五种形式

5.2.1 数据清理

数据清理(Data Cleaning)是数据挖掘过程的第一个步骤,也是数据预处理中非常重要的环节。数据清理是指利用如数理统计、数据挖掘或预定义的清理规则,删除原始数据集中的无关数据、重复数据,平滑噪声数据,筛选掉与挖掘主题无关的数据,处理缺失值和异常值等。数据清理原理如图 5.3 所示,通过对原始数据中的噪声、缺失值、冗余值、异常值等进行处理,可以大幅度提高数据的一致性、准确性、真实性和可用性。

5.2.1.1 噪声数据处理

噪声数据是指数据中存在某变量的随机误差或异常(偏离期望值)的数据。一般采用数据平滑方法消除数据中的噪声,常用的技术包括分箱(Bining)技术、聚类(Clustering)技术、回归(Regression)方法等。

1. 分箱技术

分箱技术就是将待处理的数据(或属性值)进行排序,按照一定的规则划分子区

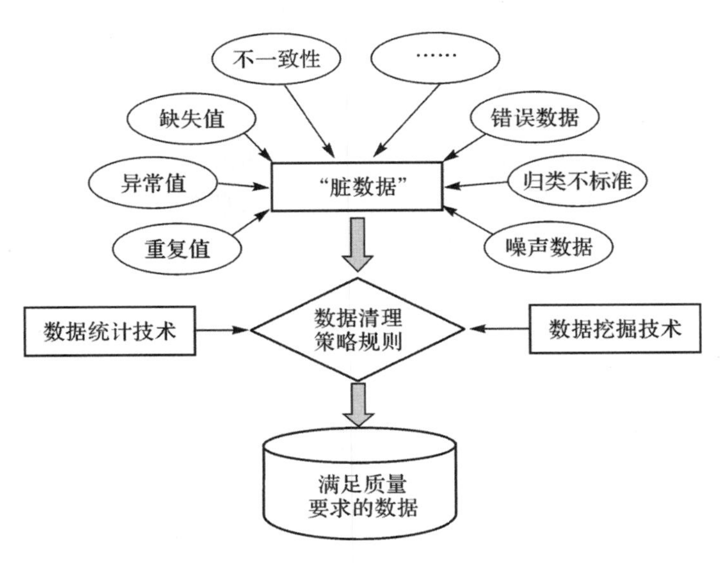

图 5.3 数据清理原理

间，如果数据位于某个子区间范围内，就将该数据放进这个子区间所代表的“箱子”中，再用箱中的数据值来局部平滑所存储的数据值。一般可以采用按箱平均值、按箱中值（或按高度）、按箱边界值三种方式对数据进行平滑处理。

(1)按箱平均值平滑：计算出同一个箱子中数据的平均值，用平均值替代该箱中所有的数据值。

(2)按箱中值平滑：将排序后的数据，按同等数量放入每个箱子当中。

(3)按箱边界值平滑：在给定的箱子当中，最大值和最小值构成了箱子的边界。用每个箱子的边界值替换箱子当中除边界值以外的所有数据值。

例如，对于给定的一组数值型数据，排序后为：4，8，15，21，21，24，25，28，34。采用不同的平滑方法，会产生不同的分组结果，如图 5.4 所示。

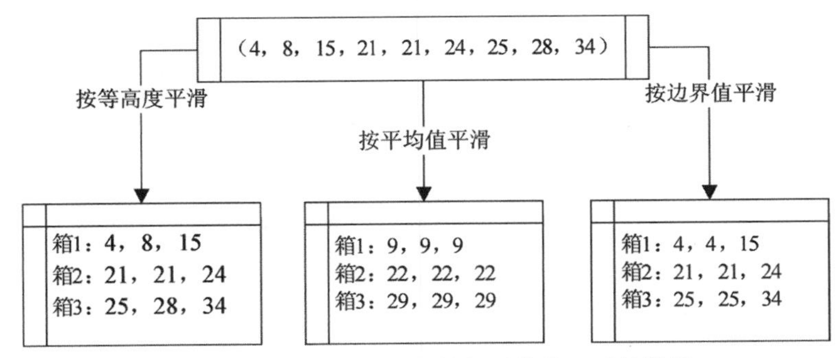

图 5.4 采用分箱法进行数据平滑处理后的结果

2.聚类技术

聚类是指将类似的数据对象分成多个自然组（即类或簇）的过程。划分的原则是,同一簇中的数据对象具有较高的相似性,不同簇中的对象具有较高的差异性,落在簇集合之外的值被视为孤立点(离群点)。用聚类技术处理噪声数据时,可根据具体挖掘要求,选择模糊聚类分析或者灰色聚类分析。

通过聚类技术检测离群点,也叫孤立点检测(Outlier Detection),如图 5.5 所示。值得注意的是,检测出来的孤立点不能随意删除。有些孤立点属于错误数据,有些孤立点可能蕴含了重要的信息,如信用卡数据中的异常交易记录、视频中的行人异常行为等。因此,对于检测出的离群点,应逐个甄别后再进行数据修正,消除噪声。

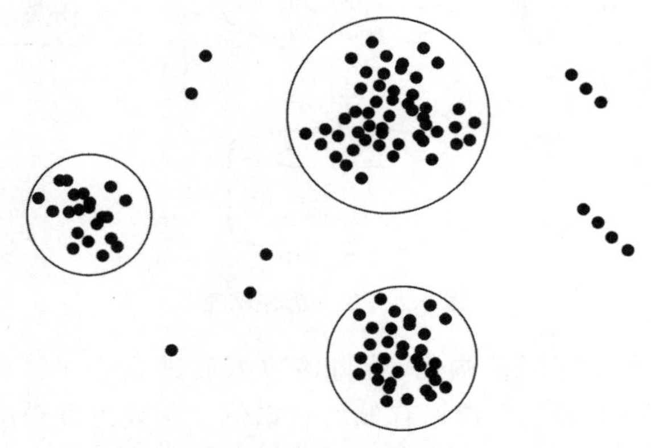

图 5.5 采用聚类技术进行离群点分析

3. 回归方法

回归方法是利用函数(如回归函数)进行数据拟合达到光滑数据的目的。回归分析有线性回归和多元线性回归两种,一般用于连续数据的预测。通过线性回归方法,可以获得多个变量之间的拟合关系,从而达到利用一个(或一组)变量值来帮助预测另一个(或一组)变量取值的目的。如图 5.6 所示,多元线性回归是线性回归的扩展,与线性回归相比,其涉及的属性(变量)多于两个,并且是将数据拟合到一个多维曲面。

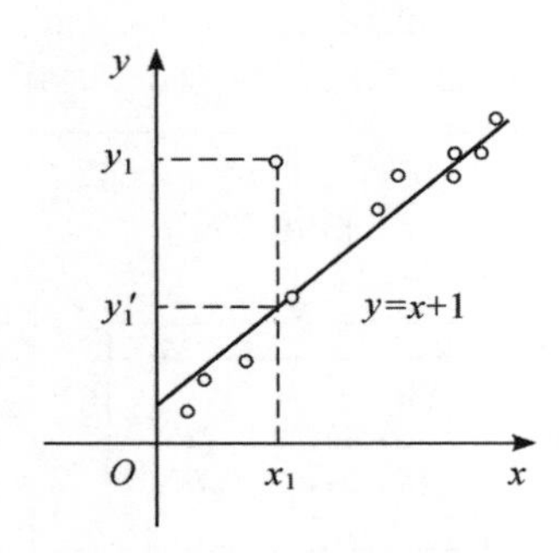

图 5.6 利用回归分析方法获得的拟合函数

除上述三种技术以外,中值滤波、低通滤波、傅里叶变换、小波分析、人机检查结合等方法也可用于噪声数据的处理。

5.2.1.2 缺失值处理

现实中大部分数据都可能存在缺失值。数据缺失包括整条记录缺失或者记录中某个属性值缺失两种情况。因为大部分统计分析方法都假定处理的对象是一个完整的数据集,所以在数据清理环节,必须对缺失值进行处理,或者删除,或者用合理的数值填充。

1. 填充数据

填充数据是最重要的缺失值处理手段,常用的填充方式包括:均值填充、最可能值填充、线性趋势填充(回归)和人工填充,各种填充方法及其适用的情况如表5.1所示。

表5.1 缺失值的填充方法

填充方法	方法描述	适用情况
均值填充	使用该属性全部有效值的平均值代替缺失值	空值为数值型
	使用该属性全部有效值的中位数或众数代替缺失值	空值为非数值型
最可能值填充	利用回归分析、贝叶斯计算公式或决策树推断出该属性的最可能的值,用该值代替缺失值。填充值与其他数值之间的关系最大	当数据量很大或者遗漏的属性值较多时
线性趋势填充	基于完整的数据集建立线性回归方程,利用回归方程计算各缺失值的趋势预测值。利用预测值代替相应的缺失值	最为常用
人工填充	根据人工经验判断缺失值,较为耗时	数据集小、缺失值少

2. 删除数据

删除数据,就是忽略这条含有缺失属性值的记录,直接将整条记录删除,从而得到一个信息完整的数据集。这种处理方法在缺失记录占整个数据集的比例非常少(小于10%)的时候是适用的;并且,被删除的数据缺失的信息为相对不重要的属性。若在数据集本身就很小的情况下删除记录,不仅会造成重要信息的浪费,还会造成用于挖掘的数据量不足,挖掘模型的构建不具备普适性和代表性,极有可能导致最终的数据挖掘分析结果偏离真实情况,误导决策。

3. 不处理

有时缺失值并不意味着数据有错误。例如,在申请信用卡时,要求申请人提供驾驶证号码,没有驾驶证的申请者该属性值自然为空。在这种情况下,可直接忽略该条记录,不做任何处理。

5.2.1.3 冗余数据处理

为了提高数据挖掘速度和精度，需要删除数据集中的冗余数据。数据冗余，包括属性冗余和属性数据的冗余。重复检测就是从多源数据集中检查表达相同实体的重复记录。采用聚类分析，可以提高重复检测的效率，因为经过聚类处理，同一簇内的对象虽然不一定重复，但属于同一个客观对象的重复记录必定在同一个簇内。对于检测出的重复数据，处理方式如下：

(1)若通过因子分析或经验等，确定部分属性的相关数据足以支持数据挖掘，便可采用数学方法找出具有最大影响属性因子的数据保留，删除其余属性。

(2)若某属性的部分数据足以反映问题，则保留，删除其余数据。

(3)若部分冗余数据可能另有他用，则可保留，并在元数据中加以说明。

5.2.1.4 异常值处理

系统误差、人为因素或固有数据的变异使得一小部分数据与总体行为特征、结构或相关性不同，明显偏离其余的观测值，这部分数据就是异常值，异常值也可称为离群点。检测异常值通常采用以下 3 种方式：简单统计分析、3σ 原则、使用距离检测多元离群点。

1. 简单统计分析

简单统计分析，就是对属性值进行一个描述性的统计(规定范围)，查看哪些值是不合理的(范围以外的值)。最常用的统计量是最大值和最小值，用于判断这个变量的取值是否超出了合理的范围。例如，如果一辆汽车的时速是 300 公里/小时，那么该变量的取值就存在异常。

2. 3σ 原则

如果数据服从正态分布，那么根据 3σ 原则，异常值被定义为一组测定值中与平均值的偏差超过三倍标准差的值。在正态分布的假设下，距离平均值 3σ 之外的概率：

$$P(|x-u|>36)\leqslant 0.003$$

这属于极个别小概率事件，正常情况下不可能发生。因此，当样本数据距离平均值大于 3σ，则认为该样本数据为异常值。

3. 使用距离检测多元离群点

当数据不服从正态分布时，便可以通过远离平均距离 N 倍的标准差来判定，N 的取值需要根据经验和实际情况来决定。对带有错误的数据元组，需结合数据所反映的实际问题，进行分析、更改、删除或忽略，也可以结合模糊数学的隶属函数寻找约束函数，根据前一段历史数据趋势对当前数据进行修正。

对于检测出的异常值，一般采取以下几种方法进行处理，如表 5.2 所示。

表 5.2 异常值常用处理方法

方法类型	方法描述
删除记录	直接将含有异常值的记录删除
视为缺失值	将异常值视为缺失值，利用缺失值处理方法进行处理
均值修正	使用前后两个观测值的平均值修正该异常值
不处理	直接在具有异常值的数据集上进行挖掘分析

一般情况下，要首先分析异常值出现的可能原因，再判断应该采取哪种处理方法。直接删除异常值虽然简单易行，但是在观测值很少的情况下，直接删除会导致挖掘数据量不足，改变变量的原有分布，造成分析结果的不准确。如果是正确的数据，便可以对异常值进行修正或者直接基于异常数据进行挖掘分析。网络入侵检测、金融欺诈检测都属于异常值检测的实际应用。

5.2.2 数据集成

数据集成(Data Integration)是指合并多个数据源的数据(包括数据库、数据立方体或一般文件)，将其存放到统一的数据存储(如数据仓库)的过程。数据集成是数据预处理过程中一个比较困难的步骤，在数据集成时，来自不同数据源的实体表达形式各异，有可能导致数据无法匹配，需要解决不同数据源带来的数据冲突和不一致等问题。在数据集成之后，还需要进行数据清理以消除可能存在的数据冗余问题。数据融合处理也是数据集成时常用的处理手段之一。

5.2.2.1 模式集成

模式集成是指将来自多个数据源的现实世界的实体进行相互匹配，这便涉及实体识别的问题。例如，当需要确定一个数据库中的“student number”与另一个数据库中的“student number”是否表示同一实体，就需要借助数据库或元数据进行模式识别。

5.2.2.2 数据冗余检测处理

由于来源不同的数据，其属性命名方式不一致，在数据集成时便不可避免会造成数据冗余，出现同一属性重复出现、同一属性命名不同或者某一属性可以从其他属性中推演出来等情况。例如，城市气温表中的“月平均气温”属性，可以根据“气温”属性计算出来，因此“月平均气温”就属于冗余属性。属性冗余可以采用相关分析检测后进行删除。除属性冗余检测以外，数据记录的冗余也需要进行检测处理。

5.2.2.3 数据值冲突检测处理

由于不同数据的表示、比例、编码各不相同，因而现实世界中的同一实体，在不同数据源中的属性值可能不同。例如，同样的货品单价，不同的系统可能采用不同的货币类型度量。这种数据语义上的歧义性是数据集成的最大难点，目前还没有很好的解决办法。

5.2.2.4 数据融合

数据融合是指在数据集成时，加入数据的智能化合成，产生比单一信息源更准确、更完整、更可靠的数据，以提高数据估计和判断的准确性。常用的数据融合方法如表 5.3 所示。

表 5.3 数据融合常用方法

融合类型	具体方法
静态融合法	贝叶斯估值、加权最小平方
动态融合法	递归加权最小平方、卡尔曼滤波、小波变换的分布式滤波
基于统计的融合法	马尔科夫随机场、最大似然法、贝叶斯估值
信息论算法	聚集分析、自适应神经网络、表决逻辑、信息熵
模糊理论/灰色理论	灰色关联分析、灰色聚类

5.2.3 数据变换

原始数据一般来自某个特定的应用领域，具有特定的含义，直接使用原始数据进行挖掘无法产生精确的预测模型。数据变换是对数据进行规范化处理，将连续变量离散化或者重新构造变量属性，使其更加符合数据挖掘算法的要求。经过变换处理的数据通常是有损的，但同时也具备了更强的实用性。数据变换的处理内容主要包括数据平滑、数据聚集、数据泛化、数据规格化、属性构造和数据转换。

5.2.3.1 数据平滑

数据平滑主要用于去除数据中的噪声，将连续数据离散化，增加数据粒度。数据平滑的主要技术方法包括分箱、聚类和回归。关于数据平滑方法的具体阐述，参见“数据清理”小节的相关内容。值得注意的是，不同的数据预处理方法彼此并不互斥，例如，分箱技术既可以用于数据清理，也可以用于数据平滑，还是进行属性离散化的数据规约方法。

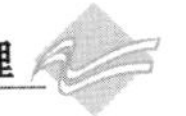

5.2.3.2 数据聚集

数据聚集用于对数据进行汇总操作。例如，某公司将每天的销售额（数据）进行合计操作，从而获得每月或每年的销售总额。这种操作通常用来构造数据立方或对数据进行多细度的分析。

5.2.3.3 数据泛化

数据泛化（又称数据概化）是为了减少数据复杂度，用更抽象（更高层次）的概念来取代低层次或数据层的数据对象。例如，将属性值为“地铁”、“出租车”和“公共汽车”的数据统一使用“交通工具”来代替。对于年龄这种数值属性，可以将原始数据中的 20、30、40、50、60 等数值，映射到更高层次概念，如“青年”、“中年”和“老年”。

5.2.3.4 数据规格化

数据规格化（Data Normalization），也称数据归一化，是将有关属性数据按比例投射到特定的小范围当中，以消除数值型属性因大小不一而造成的挖掘结果的偏差。数据规格化的方法很多，通常使用以下三种：

（1）最小—最大规范化：对数据进行线性变换，将数据映射到[0,1]。

（2）零均值规范化：经过处理的数据均值为 0，方差为 1。

（3）小数定标规范化：通过移动属性值的小数点位置，将属性值映射到[－1,1]，移动的小数位数取决于属性值绝对值的最大值。

经过数据规格化处理，既可以确保后续数据处理的方便，也可以保证程序运行时收敛加快。规格化处理常常用于神经网络、基于距离计算的最近邻分类和聚类挖掘的数据预处理。

5.2.3.5 属性构造

属性构造（又称特征构造）是根据已有属性集构造新的属性，以帮助挖掘更深层次的模式知识，提高挖掘结果的准确性。例如，根据宽度、高度属性，可以构造出面积属性。通过属性构造处理，可以减少使用判定树算法分类的分裂问题。

5.2.3.6 数据转换

数据转换主要是用于非结构化数据的预处理。不同类型的非结构化数据的处理手段各不相同，并不存在一种适用于所有非结构化数据的通用数据转换方法。例如，针对与地理位置紧密关联的空间数据，采集到的原始数据需要进行格式转换、投影转换、坐标系统转换、要素对象化处理等。很多行业制定了涉及数据安全的法律法规与部门规章，因此需要对行业禁止公开的信息进行关键词过滤、数据删减、数据脱密和变形处理等。

5.2.4 数据规约

数据规约(又称数据归约,Data Reduction)是指在减少数据存储空间的同时尽可能保证数据的完整性,获得比原始数据量小得多的数据,并以合理的方式将数据表示出来。数据规约在尽可能保持数据原貌的前提下,删除一些与数据挖掘任务无关或者相关性弱的数据实例或属性,最大限度地精简数据量,减少系统运行的复杂性,缩减数据挖掘时间,提高数据挖掘效率,而且能够得到与使用原始数据集近乎相同的分析结果。因此,数据规约是对大型数据集进行挖掘之前必不可少的处理步骤。

数据规约有两个途径:属性规约(维规约)和数量规约,前者针对数据属性,后者针对数据记录。常见的数据规约方法包括数据立方体聚集、属性规约、数据压缩、数值压缩、离散化和概念分层。

5.2.4.1 数据立方体

数据立方体(Data Cube)存储了多维度的聚集信息,支持根据数据挖掘目的进行不同级别的数据汇总。在最低抽象层次创建的数据立方体称为基本方体(Base Cuboid),在最高抽象层次创建的数据立方体称为顶立方(Apex Cuboid)。每个较高层次的数据立方都是对低一层数据立方的进一步抽象,因此数据立方体是一种有效的数据消减。如图 5.7 和图 5.8 所示。

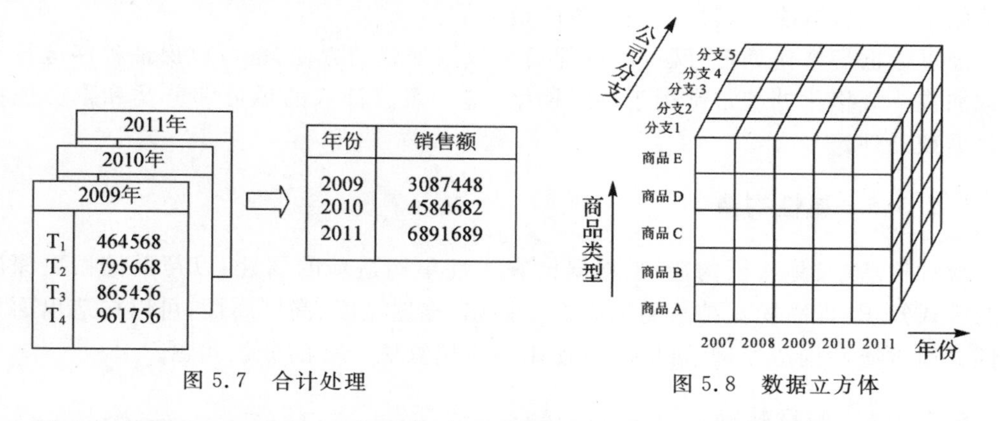

图 5.7 合计处理　　图 5.8 数据立方体

图 5.7 是对 2009 至 2011 年三年中四个季度的销售额进行了合计处理。图 5.8 中的数据立方体从年份、商品类型和公司分支三个维度描述了相应的销售额(对应每一个立方体),每个属性都对应一个概念层次树。通过分支合并就可以进行不同抽象层次的数据合并,顶立方代表了该公司所有年份、所有分支、所有商品的销售总额。

5.2.4.2 属性规约

属性规约(又称维规约)是指通过属性合并来创建新的属性维数,或者通过删除

多余和不相关的属性来减少属性维数,以此达到减少数据集规模的目的。很多数据挖掘分析模型都不适用于高维数据,或者运行效率很低,这就必须对数据集进行降维处理,找出其中最小的属性子集并确保新的数据子集的概率分布尽可能接近原数据集的概率分布。由于属性维数减少,处理后的数据集也更易于被数据挖掘人员所理解。

属性规约常用的方法包括逐步向前选择、逐步向后删除、向前选择和向后删除的结合、决策树归纳与基于统计分析的归约(主成分分析、回归分析等)。方法解析如表5.4所示。

表 5.4　属性规约常用方法

方法类型	方法描述	方法解析
合并属性	将一些旧属性合并为新属性	初始属性集:{A_1,A_2,A_3,A_4,B_1,B_2,B_3,C} {A_1,A_2,A_3,A_4}→A　{B_1,B_2,B_3}→B 规约后属性集:{A,B,C}
逐步向前选择	从一个空属性集开始,每次从原来属性集合中选择一个当前最优的属性添加到当前属性子集中。直到无法找出最优属性或满足一定阈值结束为止	初始属性集:{A_1,A_2,A_3,A_4,A_5,A_6}{} {A_1}{A_1,A_4} 规约后属性集:{A_1,A_4,A_6}
逐步向后删除	从一个全属性集开始,每次从当前属性子集中选择一个当前最差的属性并将其从当前属性子集中消去。直到无法选择出最差属性为止或满足一定阈值约束为止	初始属性集:{A_1,A_2,A_3,A_4,A_5,A_6} {A_1,A_3,A_4,A_5,A_6} {A_1,A_4,A_5,A_6} 规约后属性集:{A_1,A_4,A_6}
决策树归纳	利用决策树的归纳方法对初始数据进行分类归纳学习,获得一个初始决策树,所有没有出现在这个决策树上的属性均可认为是无关属性,因此将这些属性从初始集合中删除,就可以获得一个较优的属性子集	初始属性集:{A_1,A_2,A_3,A_4,A_5,A_6} A_4? Y N A_1? A_6? Y N Y N 类1? 类2? 类1? 类2? ⇒规约后属性集:{A_1,A_4,A_6}
主成分分析	用较少的变量去解释原始数据中的大部分变量,即将许多相关性很高的变量转化成彼此相互独立或不相关的变量	

5.2.4.3　数据压缩

数据压缩就是利用数据编码或数据转换等手段将原数据集压缩为一个较小规模的数据集。若不丢失任何信息就能还原到原始数据的压缩即为无损压缩;反之,则是有损压缩。一般而言,有损压缩的压缩比要高于无损压缩的压缩比。

在数据挖掘领域较为常用的两种数据压缩方法为小波变换(Wavelet

Transform)和主成分分析(Principal Components Analysis),都属于有损压缩。小波变换在指纹图像压缩、计算机视觉、时间序列数据分析和数据清理中具有实际应用价值;主成分分析法计算开销低,与小波变换相比,能够更好地处理稀疏数据。

5.2.4.4 数值压缩

数值压缩(又称数值规约)是通过选择替代的、"较小的"数据表示形式来减少数据量,可以分为有参数、无参数两种压缩方式。

有参数方法是使用模型来评估数据,只存放参数,而不存放实际数据,如回归和对数线性模型。这两种模型都可以用于处理稀疏数据,后者具有更强的可伸缩性,可以扩展到十维左右。

无参数方法需要存放实际数据,如直方图、聚类、抽样。与数据清理时利用聚类检测离群点的用法不同,数值压缩里的聚类在将数据对象划分为簇后,利用数据的簇来替换实际数据。

5.2.4.5 离散化和概念分层

为了提高海量数据的挖掘效率,通常需要将连续型变量变成分类型变量,通过改变变量的测量尺度,减少变量的取值数量,实现样本量的缩减。

离散化是通过将属性(连续取值)域值范围划分为若干区间的方法来消减属性的取值个数,每个区间内的数据值用一个标签表示,以此减少和简化原始数据。在基于决策树的分类挖掘中,对属性值的离散化处理是一个极为有效的处理手段。

对属性递归地进行离散化,产生属性值的分层,这种分层即为概念分层。概念层次树通过利用较高层次概念(如青年、中年、老年)替换低层次的属性值(如实际年龄数值)。虽然一些细节在数据泛化过程中消失了,但处理后的数据更易于理解、更有意义,基于消减后的数据集进行数据挖掘的效率也更高。

5.2.5 数据标签化

图像、音频、视频、文档等非结构化数据无法采用数据库二维逻辑表进行表达,一般采用分布式文件结合元数据表的存储形式。因此,如何将非结构化数据和结构化数据集成到一起,是数据处理面临的挑战之一。要解决这个问题,就得回归到数据预处理的根本目的——让数据挖掘人员易于理解和使用数据。对于非结构化数据的挖掘,就得使用到与非结构化数据实体关联的键或者标签(元数据)。

元数据(Metadata)是关于数据的数据,是描述数据实体的一种结构化数据,元数据能让用户在不浏览信息资源本身的情况下就可对信息资源有基本的了解和认识,支持对数据实体的识别、评价和追踪。元数据包括业务元数据、技术元数据和操作元数据三种类型。其中,业务元数据用于阐明数据实体的含义,记录数据名称、数据定

义、数据类型、数据格式等描述性信息。技术元数据用于阐明数据的来源和谱系，记录数据(库)中某个字段的技术名称、数据加载策略、目标数据库定义等描述信息。过程元数据用于阐明数据采集加工过程的日志记录，记录数据生产、数据更新等描述性信息。

数据标签化，就是从数据库或元数据的字段或属性值中凝练出关于数据的特征标识，将多种特征标识集合在一起并形成在一定类型上的独有的特征，从而实现对数据进行特征化表达。结构化数据和非结构化数据都可以进行标签化处理。两者差别在于，结构化数据的标签来源于数据库中的属性值或者键值，非结构化数据的标签来源于与数据实体紧密关联的元数据。元数据、数据标签和数据实体之间的关联机制如图 5.9 所示。

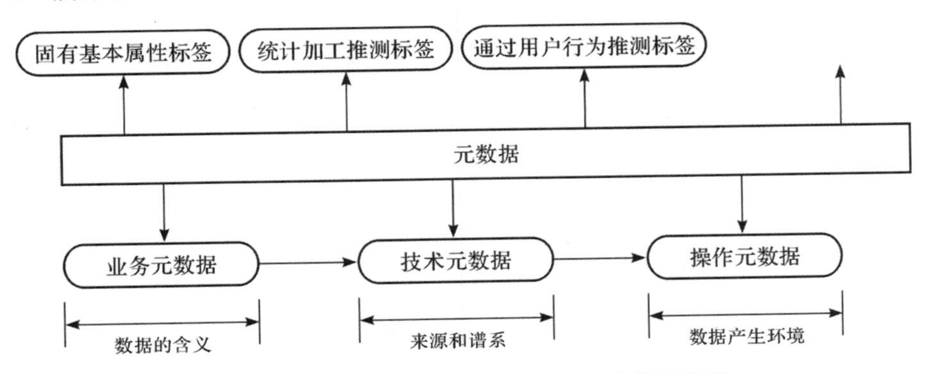

图 5.9 数据标签(元数据)结构与数据实体的关系

计算机通过数据标签(元数据)读取到数据实体的特征信息，便可以将结构化数据与非结构化数据进行一定程度的集成融合，从而帮助挖掘人员快速理解非结构化数据(如一个视频、一幅地图)内容的特征，进而去深入使用这些数据。按照数据标签化的方式划分，数据标签包括固有基本属性标签、统计加工推测标签、通过用户行为推测标签、通过模型挖掘推测标签四种类型。

5.2.5.1 固有基本属性标签

固有基本属性标签是直接提取出元数据或数据实体中的字段或属性值作为标签，无须进行数据的加工转换处理，属于统计类标签。以人为例，固有基本属性标签包括：

(1)自然属性：出生日期、性别、年龄、身高、体重、血型、肤色等信息。

(2)社会属性：语言、种族、教育程度、收入水平、工作单位、房产汽车等信息。

(3)心理属性：兴趣爱好、产品偏好等信息。

5.2.5.2 统计加工推测标签

统计加工推测标签是通过简单数据分析和逻辑计算后，根据目标用户普遍行为规律进行推导总结形成的标签。例如：

(1)年龄段在 18 岁以上,标记为“成年人”。

(2)如果职业是 IT 行业,标记为“白领”。

(3)根据出生日期,推算出星座、生肖、性格等信息,并进行标记。

(4)根据毕业时间,推算出工作年限等信息,并进行标记。

(5)根据收入水平,推测消费能力等信息,并进行标记。

5.2.5.3 通过用户行为推测标签

通过个体的一些行为特征推测得出的标签,属于预测类标签。例如:

(1)根据个体的地铁刷卡记录,推算出为“朝九晚五的上班族”,并进行标记。

(2)根据个体在大城市的房产和购车记录,标记为“高收入人群”。

(3)根据个体的高尔夫球用品等购买记录,标记为“高端商务人士”。

(4)根据个体的尿不湿等购买记录,标记为“女性”、“孕妇”、“妈妈”等。

5.2.5.4 通过模型挖掘推测标签

顾名思义,通过模型挖掘推测标签就是采用数据挖掘模型、预测算法建立识别规则的预测类标签。决策树常用于客户流失预测。客户流失预测模型根据多个指标综合对人群进行分析,最终输出每个个体的流失概率得分。根据流失概率得分的高低,将人群划分为高流失用户、中流失用户、低流失用户、不流失用户等类别,并标记为相应的标签。

5.3 数据处理实例

城市数据来源广泛、体量巨大,覆盖政务、交通、医疗、安防、教育、电网、环保等众多领域,如城市交通系统产生的实时交通数据、城市经济活动产生的商业贸易数据等。将不同来源、不同类型、不同系统的数据进行集成融合,构建城市数据资源共享体系,可以打破不同部门数据不能共享的现状,实现数据资源的统筹管理、统一服务、共享共用。但是,来自不同行业、不同平台的数据结构多样,且存在不少质量问题,必须进行数据预处理后才能实现多源数据的有效整合。本节选取了城市公积金系统、智慧城市交通系统、无人机影像采集处理三个实例进行具体说明。

5.3.1 城市公积金数据处理

5.3.1.1 数据概况

为了打破信息孤岛,实现数据共享,各地政府部门加强数据共享平台建设,实现

“一个数据用到底、一张证件办到底”，提高政府服务效能。城市公积金中心的日常业务包括个体与自由职业者公积金缴存登记、无房租赁提取公积金、购房提取公积金、公积金贷款放款自动审核等。为了对公积金缴存、提取和贷款业务进行全市一体化管理，公积金系统实时在线调用了多个部门共享的数据，主要内容如下：

(1)公安部门：公安户籍数据。

(2)人社部门：社保缴存数据。

(3)房管部门：购房合同数据。

(4)民政部门：婚姻登记数据。

(5)税务部门：契税完税数据。

(6)市场监管部门：工商登记数据。

(7)国土部门：不动产抵押登记数据。

公积金系统通过各部门专业系统开放的接口调用办理具体业务所需的数据。如果因为数据共享部门的数据库覆盖不全或属性采集不全而调取不到数据，公积金业务办理人就需要提供纸质补证资料，由公积金中心工作人员现场采集入库。公积金系统的数据来源结构如图5.10所示。

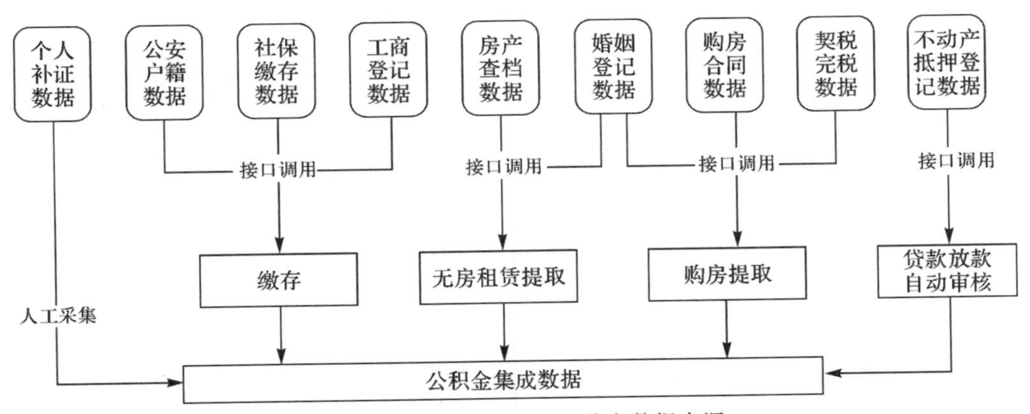

图5.10　城市公积金中心共享数据来源

5.3.1.2　公积金数据预处理

根据要办理的公积金业务类型，公积金系统通过共享接口筛选提取出所需的数据记录及属性信息，对获取的数据进行初步审核，删除其中无效的、不适用的、重复的数据，补齐缺失的、不完整的数据，再对数据进行标准化处理，组合成新的表单或者视图，用于公积金审批业务的条件与资格核查，各项条件均符合后，再进行业务办理。公积金数据调用处理流程如图5.11所示。

1. 数据筛选

根据要办理的公积金业务类型，公积金系统通过共享接口从相关部门或系统中实时提取所需的数据记录。

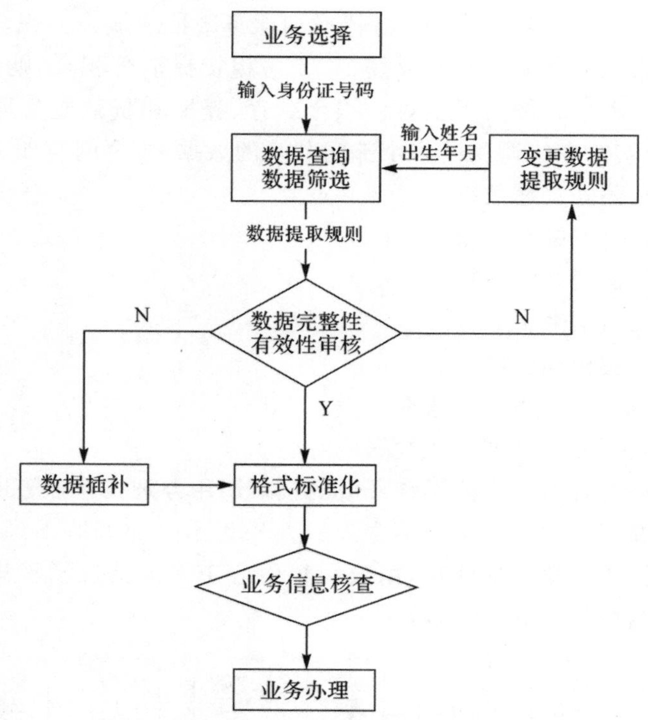

图 5.11　城市公积金数据调用处理流程

(1)办理个体户和自由职业者缴存公积金登记业务:通过数据共享接口获取公安部门的公安户籍数据、人社部门的社保缴存数据、市场监管部门的工商登记数据等。

(2)办理无房租赁提取公积金业务:通过数据共享接口获取房管部门的房产查档数据、民政部门的婚姻数据等。

(3)办理购房提取公积金业务:通过数据共享接口获取房管部门的购房合同数据、民政部门的婚姻数据、税务局提供的契税完税数据等。

(4)办理公积金贷款放款业务:通过数据共享接口获取国土部门的不动产抵押登记数据等。

一般而言,"身份证号码"是进行数据共享调用的关键字段,但由于部分地区房管部门、税务部门早期的婚姻数据中未采集"身份证号码"信息,因此在这种情况下,就需要使用"姓名"、"出生年月"作为信息提取的字段。

2. 数据清理

公积金中心获取到共享数据后,需要进行数据质量分析和问题处理。源数据中一般会存在数据缺失、内容不完整或数据时效性低等问题。

例如,人社部门提供的社保数据,如果个人的养老保险转移到省外,就无法查询到该人的社保缴纳信息;或者个人已经停缴社保,但数据显示状态仍然是在正常缴纳中。房管部门提供的购房合同数据、税务部门提供的契税完税数据、国土部门提供的不动产抵押登记数据都可能存在未覆盖所有行政区,数据缺失问题较为严重。

上述几种情况，或者由数据共享部门解决数据准确性问题，或者由业务办理人提供纸质佐证材料，再由公积金中心工作人员对缺失的数据内容进行采集补录。

3. 数据变换

经过上述处理的数据还不能直接存储到公积金中心本地数据库中。在公积金数据库中，客户基本信息、客户缴存信息、单位信息、客户资金账号信息、客户账号基本信息明细、客户账号缴存信息明细等存储在不同的二维表中。通过共享接口获取的其他部门的数据需要按照公积金系统的数据库结构要求，对字段名称进行标准化处理，并按照业务逻辑对共享汇聚的数据进行集成、整合与存储。

4. 业务办理

一旦通过上述数据处理与信息审核环节，业务办理人员便可以从公积金网厅、手机 APP、自助机或者支付宝等多种渠道实时进行公积金缴存、提取和转账业务办理。

5.3.2 智慧城市交通数据处理

在城市快速发展过程中，伴生着机动车数量剧增、交通拥堵、交通污染以及交通事故等问题。对于交通管理部门而言，存在两个非常重要也颇为棘手的问题：

问题一：感而不知，实时交通运行状态只能靠经验定性。当前交通处于什么状态？有多少车辆正在路上行驶？交通信号配时是否合理？这些问题长期以来主要是凭“肉眼判断、经验传承”。

问题二：快应慢达，被动守候接警，即目前接警来源主要靠群众报警，即便采用不间断的视频巡逻，信息获取能力也极为有限，出警基本还处于被动、滞后状态。

城市管理部门为此建设了智慧城市交通系统，城市管理人员可借此及时准确地获取交通数据，并借助大数据和人工智能技术对数据进行高效分析，从而实现对城市交通拥堵等问题进行有效预防和治理。

5.3.2.1 数据概况

随着物联网技术的日益成熟，传感器、摄像头、感应线圈等数据采集设备已经在交通领域广泛应用。智慧城市交通系统中使用的源数据包括：来自交通卡口系统、视频监控系统、微波系统、地磁系统、六合一系统、三台合一系统的数据，以及来自地图厂商、电政天气数据系统、交通管理部门、交通研究机构、运管部门的共享数据。智慧城市通过共享接口，将上述数据采集入库，再提供给下游应用场景使用。从源数据格式来看，以视频、图像、实时数据流、JSON 文件等非结构化数据为主。

1. 交通部门卡口数据

交通部门卡口系统采集了卡口位置、车辆号牌、号牌种类以及车辆通行时间、通行图像信息，数据样本如表 5.5 所示。

表 5.5 卡口系统数据(样本)

字段名称	字段类型	字段说明	数据样例
record_id	string	记录编号	3147476421
devc_id	string	设备 ID	××××0017051195106225
devc_name	string	设备名称.卡口点位	××高架路××立交××路上匝道西向东
channel_id	bigint	车道编号	2
vhc_no	string	号牌号码	×××1002
vhc_no_type	string	号牌种类	02
spot_time	string	抓拍时间	2018-09-03 12:42:41
spot_pic	string	抓拍图片	ftp://×××××
insert_time	string	数据推入 datahub 的时间	2018-09-03 12:42:4

2. 速度数据

地图厂商通过手机、汽车导航终端,获取到行驶车辆的行驶速度、行驶方向、日期、时间等信息。速度数据样本如表 5.6 所示。

表 5.6 速度数据(样本)

字段名称	字段类型	字段说明	数据样例
link_id	bigint	link_id	5904806448261057555
time_stamp	string	时刻	20180903113800
speed	bigint	速度,单位为 km/h,0 为无效速度	29
offset	bigint	以行车方向的终点为参考点逆向计算距离	103
travel_time	double	旅行时间,单位为 1 秒,0 为无效值	12.8
reliability_code	bigint	可信度,取值范围为 0～100	63
dir	bigint	方向,目前均是－1 1:掉头;2:左转;3:直行;4:右转	－1
state_code	bigint	0－未知;1－畅通;2－缓行;3－拥堵;4－严重拥堵; 5－无交通流	1
nds_id	bigint	nds_id	5130497456426975797
insert_time	string	落入专有云 datahub 时间	2018-09-03 11:38:3

3. 拥堵数据详情

地图厂商可以实时对所有行驶中的车辆进行计算,得到每条道路的拥堵方向、拥堵距离、拥堵速度、路段长度、道路名称、地理位置、拥堵时间等信息。拥堵数据样本

如表 5.7 所示。

表 5.7 拥堵数据详情(样本)

字段名称	字段类型	字段说明	数据样例
request_time	string	程序请求时间	2018-09-03 19:24:01
event_id	string	拥堵事件主键	3301153596694822
create_time	string	拥堵事件创建时间	2018-09-03 19:23:08
dirving_dir	string	拥堵方向	3
event_jam_dist	string	拥堵距离	0
event_jam_speed	string	拥堵速度	0
length	string	路段长度	290
link_id	string	路段 id	5905086634747311387
pub_run_status	string	事件状态 0 或 1. 拥堵;2. 趋向严重;3. 趋向疏通	0
reliability	string	暂未启用	0
road_name	string	道路名称	××快速路
road_type	string	道路类型: 0. 高速路(FreeWay) 1. 城市快速路(MainStreet/CitySpeedway) 2. 国道(NationalRoad) 3. 主要道路(Mainroad) 4. 省道(ProvinceRoad) 5. 次要道路(Secondaryroad) 6. 普通道路(Commonroad) 7. 县道(CountyRoad) 8. 乡公路(RuralRoad) 9. 县乡村内部道路(InCountyRoad)	6
section_info	string	路段坐标集合数	\N
section_num	string	路段坐标集合分段数	1
speed	string	行驶速度	18
state	string	状态	3
traveltime	string	旅行时间	0
xy	string	经纬度	120. 200768,30. 254265
xys	string	拥堵路段坐标集合	120. 200867,30. 251650; 120. 200768,30. 254265
inner_rec_time	string	推入 datahub 时间	2018-09-03 19:24:03

4. 拥堵指数数据

交通研究机构通过对各片区的交通速度、拥堵等通行情况进行统计分析，得到各个区块的拥堵指数数据。拥堵指数数据样本如表 5.8 所示。

表 5.8　拥堵指数数据(样本)

字段名称	字段类型	字段说明	数据样例
request_time	string	API 请求时间	2018-09-03 18:16:01.0
area_name	string	区域名称	市区指数
index_value	double	拥堵指数	2.7
api_time	string	API 返回时间	2018-09-03 18:10:00.0
inner_rec_time	string	推入 datahub 时间	2018-09-03 18:16:0

5.3.2.2　交通数据预处理

城市道路通行状态随着道路和时间因素的变化而变化，具有高度的不确定性和随机性，因此动态交通数据中通常会存在大量误差和噪声。智慧城市交通系统调用的源数据主要来自数据仓库，都是经过预处理的数据，原始数据中的不规范问题都进行过清理，数据质量相对较好。直接调取的源数据主要存在实时数据延迟、数据流终端不稳定、部分数据因字段定义丢失而导致数据无法正常解析等问题。智慧城市交通数据预处理流程如图 5.12 所示。

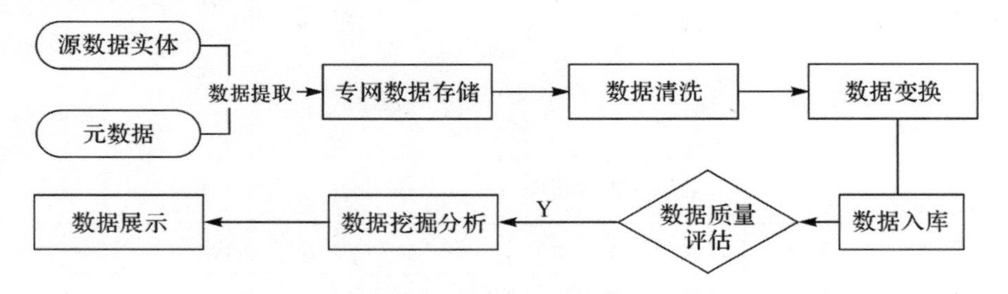

图 5.12　智慧城市交通数据处理流程

1. 数据提取

智慧城市通过数据共享接口连接各部门数据库，根据数据分析与展示的需要，采用读取表格或者视图、读取数据库日志、对接产品 SDK 等多种方式获取交通共享数据及其增量信息，并将各类共享源数据实体和相应的元数据从非专网环境转存到智慧城市专网环境。

2. 数据清理

对于共享数据中存在的问题，主要进行以下几方面清理：

(1)对于实时数据延迟传送、数据流传输中断等造成的数据缺失，通过其他渠道补齐或者对缺失数据不作任何处理。

(2)对于接收到的脏数据和重复数据进行删除处理。

(3)对于车辆行驶中的异常噪声数据进行离群点分析。

(4)对于数据属性字段定义缺失，无法进行解析的数据要修正数据标签(元数据)，或者作为异常值处理。

完成数据清洗后，按照数据接入层的命名规则，将各类共享数据存储进智慧城市的数据库中，数据表结构与源数据表结构保持一致。

3. 数据变换

按照不同类型数据建模的要求，对各类共享数据进行相应的数据变换处理，以确保共享数据结构能够适配数据仓库中的数据模型。

4. 数据质量评估

动态交通数据应具备准确性和及时性特征，准确性是指交通检测设备可以反映真实的交通状态，及时性是指数据可以及时反映道路交通状态。因此在评估数据质量时，需满足以下要求：

(1)由于检测器或传输线路故障引起的数据丢失或数据失真，数据丢失率应在允许范畴内。

(2)实时数据监控的数据延迟值应在允许范畴内。

(3)进行属性字段语义解析时，不同表中的相同字段的类型应保持一致。

(4)对于不完整的数据，需判断是否存在非空约束，否则就必须对数据进行插补。

5. 数据挖掘与展示

经数据质量评估合格的数据，就可以存储到智慧城市的数据仓库里，提供给下游数据挖掘、分析模型使用，例如，交通事故模式分析模型、交通堵塞成因趋势分析模型等。各模型算法计算得到的分析结果，就可以提供给智慧城市的前端进行展示。

5.3.3 基于无人机采集的遥感影像数据处理

5.3.3.1 数据概况

在无人机上加载照相机、光谱仪等传感器设备以及 GPS、RTK 等高精度定位装置，在低空进行遥感影像数据、视频数据、光谱数据采集的方法，目前已广泛应用于自然资源监测、应急监测等领域。本例是自然资源管理部门为了解某矿场开挖情况，使用固定翼无人机采集矿场遥感影像用于监测分析。无人机挂载的数据采集设备和地面定位设备采集到的原始数据都是非结构化的高清图像或文本文件，都是带有位置属性的地理空间数据。

1. 遥感影像数据

机载相机拍摄的影像数据通常是JPG格式的高清图像文件。为了构建矿区倾斜三维模型，因此采用了5目相机，产生5组不同视角的高清图像。

2. POS数据

机载RTK采集的POS数据为CSV格式的文本文件，包括：GPS时间(GPStime)、纬度(Lat)、经度(Long)、绝对高度(Act)、相对高度(Rclact)、GPS高度(GpsAlt)、滚转角(Roll)、俯仰角(Pitch)、偏航角(Yaw)等属性。原始POS数据的样本如表5.9所示。

表5.9 原始POS点信息表(样本)

GPSTime	Lat	Lng	Alt	RelAlt	GPSAlt	Roll	Pitch	Yaw
98796400	30.35108	119.9751	20.88	0.09	10.05	−4.29	0.22	347.20
443558900	30.36051	119.9732	233.31	219.02	230.06	1.69	1.70	270.99
443560500	30.36053	119.9729	232.38	218.09	229.50	−3.26	0.32	268.49
443562000	30.36053	119.9725	231.84	217.55	228.63	−1.50	3.68	264.95
443563500	30.36053	119.9722	231.84	217.55	228.41	−0.16	3.54	266.49
443565000	30.36052	119.9719	232.24	217.95	228.75	2.68	3.36	268.25
443566500	30.36052	119.9716	232.52	218.23	229.02	0.10	4.25	266.71

3. 控制点数据

控制点数据由控制点坐标和点之记两部分组成。控制点坐标由GPS接收机采集，导出的数据存储在TXT格式的文本文件里，包括：点号、经度、纬度、高度等信息。点之记由普通相机或手机拍摄，主要记录控制点周围的地面实景图像。

4. 相机检定参数

相机检定参数为OPT格式的文本文件，是符合XML规则的半结构化数据。其中存储了相机的像元尺寸、畸变大小和像主点位置等参数信息。

5.3.3.2 影像数据预处理

为了让影像数据满足倾斜三维模型建设的要求，需要对采集的数据进行数据清理、数据变换、数据转换等处理。在POS数据辅助下的低空遥感数据处理流程如图5.13所示。

1. 数据检查与数据清理

数据清理主要是剔除遥感影像、POS数据中的重复数据和异常数据。

(1)对于影像数据而言，检查每个镜头拍摄的航片数量是否正确、是否存在漏片

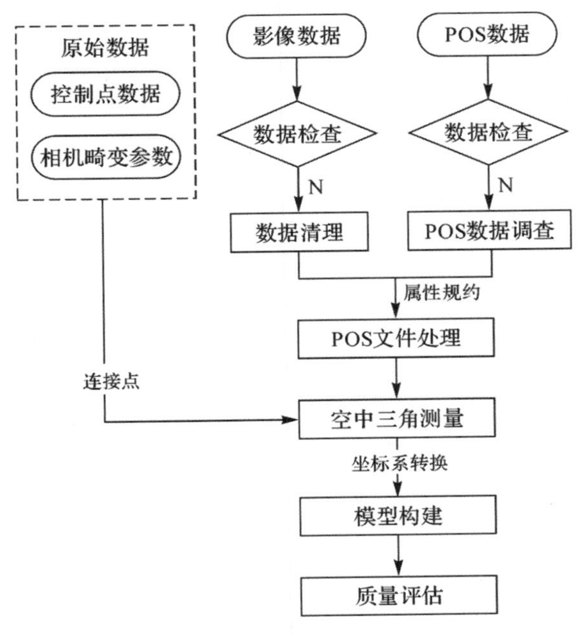

图 5.13 POS 辅助下的低空遥感影像数据处理步骤

的情况、航片的实际地理位置和坐标值是否正常；删除无人机起飞前拍摄的测试影像；删除边缘不清晰、重影、模糊、露白、曝光过度或曝光不足、色彩反差过大的影像。

(2)对于 POS 数据而言，删除无人机起飞前产生的测试记录(如表 5.9 中第一行 RelAlt 值为 0.09 的记录)；检查清理后的 POS 点数据是否与航片数据一一对应；检查 Roll、Pitch、Yaw 三个角元素的超标量是否在许可范畴之内。

(3)相机检定参数。相机生产厂家在产品出厂前会对相机进行畸变参数检定。像元尺寸、相机焦距应符合应用要求，畸变数值应在许可范畴之内。

除上述检查以外，通常还会进行快速拼图处理，检查整个批次数据的质量情况。

2. 数据变换

POS 数据中的原始属性包含：GPSTime、Lat、Lng、Alt、RelAlt、GPSAlt、Roll、Pitch、Yaw。数据变换的目的是为了删除 POS 文件中的冗余属性，并为数据集成构造新的属性。

(1)Alt、RelAlt、GPSAlt 三个高程属性具有强相关性，只需保留一个高程属性即可。

(2)Roll、Pitch、Yaw 为冗余属性，在该环节可以全部删除。

(3)为满足数据集成需要，构造新的属性 ImgID，将 POS 点与影像数据实体进行关联。

其中，(1)、(2)为数据清理内容，(3)为数据变换内容。在实际数据处理过程中，针对某些数据的多项处理操作有时是同时进行的。

3. 数据集成

数据集成是将经过清理、变换后的影像数据、控制点数据、POS数据和相机畸变数据进行融合处理。本例使用了某商用软件进行空中三角测量(空中三角测量,是利用航摄像片与所摄目标之间的空间集合关系,根据少量相片控制点,计算待求点的平面位置、高程和相片外方位元素的测量方法)和三维建模。具体集成过程如下:

(1)将野外控制点数据在航空影像数据集上进行转刺,同时内业选取一定量的加密点。这是解析空中三角测量的中心环节,一般每个相对不少于6个加密点。

(2)相对定向。完成单模型的相对定向和单一航带模型连接,这是检验选点和像点坐标量测成果是否满足规定和精度要求的主要环节。

(3)解析空中三角测量平差(简称空三)。主要是进行绝对定向、航带间同名点连接和模型连接。空中三角运算后,根据运算结果,可能会对照片进行二次选择、剔除。

(4)区域接边。主要检查相邻区域同名公共点坐标较差。

(5)模型构建。将经过空中三角处理的数据进行三维模型重建,生成符合指定格式和坐标系统要求的三维模型数据。一般可以输出 OSGB、OBJ、STL、s3c 等多种格式数据。较为常见的倾斜摄影三维模型数据的组织方式是二进制存贮的、带有嵌入式链接纹理数据(JPG 格式)的 OSGB 格式文件,这种格式的模型在浏览过程中,不同层级之间过渡平滑,没有突跳感,如图 5.14 所示。如果生成的倾斜三维模型质量不满足要求,还需要结合地面实拍照片对三维模型进行精修处理。

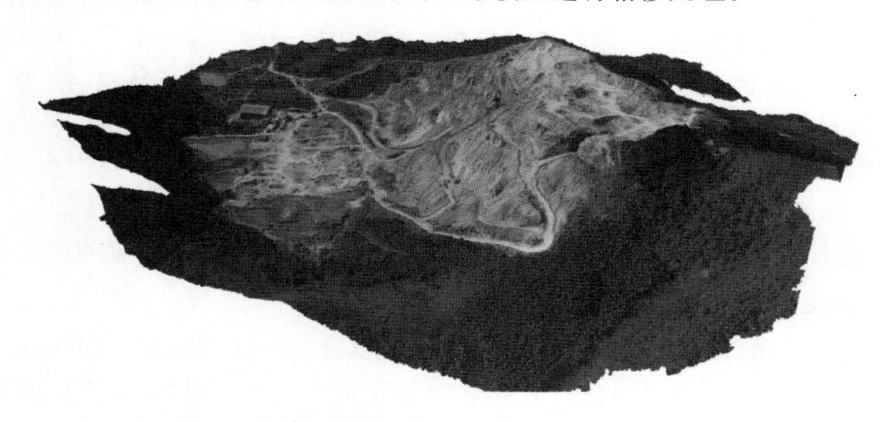

图 5.14　经过数据预处理后形成的矿区倾斜三维模型

4. 质量检查

质量检查主要涉及外业控制点和检查点成果使用正确性检查、相机检定参数和航摄参数检查、各项平差计算的精度检查以及提交成果(包括元数据)的完整性检查。本例中数据点位误差的统计表样本如表 5.10 所示。

表 5.10 点位误差统计表(样本)

检测坐标 X(E)	检测坐标 Y(N)	检测高程	原坐标 X(E)	原坐标 Y(N)	原高程	ΔX(E)	ΔY(N)	ΔS	ΔH
494933.112	3378852.082	16.250	494933.352	3378852.103	16.242	−0.240	−0.021	0.241	0.008
494950.600	3378864.073	17.360	494950.545	3378864.035	17.404	0.055	0.038	0.067	−0.044
494935.827	3378884.590	16.176	494936.031	3378884.838	16.168	−0.204	−0.248	0.321	0.008
494909.570	3378885.851	26.369	494909.440	3378885.859	26.522	0.130	−0.008	0.130	−0.153
494921.663	3378930.921	21.495	494921.825	3378930.990	21.477	−0.162	−0.069	0.176	0.018
494988.273	3379465.373	12.630	494988.007	3379465.474	12.426	0.266	−0.101	0.285	0.204
495000.693	3379440.119	23.606							
494947.559	3379438.913	21.358	494947.588	3379438.930	21.347	−0.029	−0.017	0.034	0.011

实际在该矿区共设置了 64 个点，有 1 个关联不上，占比 1.6%，原因可能是免棱镜模式下点位打在了遮挡物上。代入平面、高程中误差公式计算，所有点位的平面中误差为 0.132，高程中误差为 0.065，平面和高程中误差均未超限，数据的位置精度符合要求。

参考文献

[1]Pettit C J, Lieske S N, Leao S Z. Big Bicycle Data Processing: from Personal Data to Urban Applications[C]//ISPRS Annals of Photogrammetry, Remote Sensing and SPalial Inforation Science Czech, 2016.

[2]吴翌琳，房祥忠. 大数据探索性分析[M]. 北京：中国人民大学出版社，2016.

[3]陈燕，李桃迎，张金松. 非结构化数据处理技术及应用[M]. 北京：科学出版社，2017.

[4]王振武. 大数据挖掘与应用[M]. 北京：清华大学出版社，2016.

[5]韩京宇，徐立臻，董逸生. 数据质量研究综述[J]. 计算机科学，2008，35(2):1-5.

[6]刘金晶，曹文洁. 大数据环境下的数据质量管理策略[J]. 软件导刊，2017，16(3)：176-179.

[7]张良均，云伟标，王路等. R 语言数据分析与挖掘实战[M]. 北京：机械工业出版社，2015.

[8]李学学. 基于数据预处理和回归分析技术的数据挖掘算法及其应用研究[D]. 兰州：兰州交通大学，2014.

[9]April Reeve. 大数据管理：数据集成的技术、方法与最佳实践[M]. 北京：机械工业出版社，2014.

思考题

1.数据预处理的方法有哪几类？

2.什么是噪声数据？处理噪声数据有几种方式？

3.对于数据集:5、10、11、14、15、20、35、38、46，分别按平均值、按中值、按边界值对其进行分箱处理。

4.聚类技术可以应用于哪些数据预处理方法中？分别用于处理哪种类型的数据问题？

5.进行数据规格化处理时，最小—最大规范化、零均值规范化、小数定标规范化的值域各是什么？

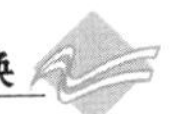

6 数据共享与交换

一般而言，企业内部信息系统相对复杂，不同生产部门之间存在不同的系统，可能不同时期从不同公司购买或由不同公司开发，一个部门的系统可能要用到另一个部门的数据，不同部门的数据需要整合到一起以便实现更大的目标。在政府部门之间也存在与企业类似的问题，各个政府部门为提高服务效率，其信息系统需要相互协同，而数据共享与交换是其中的一个关键性问题，需要开展数据资源采集、处理、交换与共享。另外，不同企业之间，企业与政府部门之间也会存在数据共享与交换的需求。要实现数据共享与交换，需要解决规范标准、数据所有权和使用权、开放尺度等一系列问题，本章不打算在众多方面展开论述，而仅仅关注数据共享与交换的方法与技术。为便于理解，本章以政务数据共享与交换为例来论述。

6.1 数据共享与交换概述

广义上，数据共享就是不同地方使用不同计算机、不同软件的用户能够读取他人的数据并进行各种操作。数据交换是数据共享的一种形式，主要指一对一的形式。

6.1.1 电子政务数据共享与交换应用

不同电子政务信息系统存在异构性，不仅在数据结构上，而且在语义上也存在差异。大量数据存放于信息系统中，信息系统间碎片化、零散化、低效率的数据交互和分析普遍存在。业务部门之间的协同需要数据共享与交换，数据资源只有在共享与交换中才能实现增值和创造价值。政府部门内部及部门之间互联互通、数据共享与交换，依据管理难度和技术难度可分为三种类型：部门内共享与交换、平级跨部门共享与交换、跨层级和跨区域的共享与交换。

为了对需要调用电子政务公共数据开放共享平台信息资源的政府部门应用系统进行有效管理，解决方案之一是面向各类电子政务应用，统一标准规范，制定相关的数据规范和信息交换标准，建设统一的应用支撑平台，通过用户管理、应用管理、服务管理等核心组件，对接入系统进行有效管理，实现统一认证及单点登录、统一消息服务，使政府各部门业务系统依托统一的开放平台进行数据共享与交换。

6.1.2 数据交换流程

下面用一个例子来说明业务部门之间为共享数据而进行的典型数据交换流程，如图6.1所示。假设某业务部门（称为数据资源使用方）需要用到另一业务部门（称为数据资源提供方）的数据，两者之间发生的数据交换需要经历以下流程：

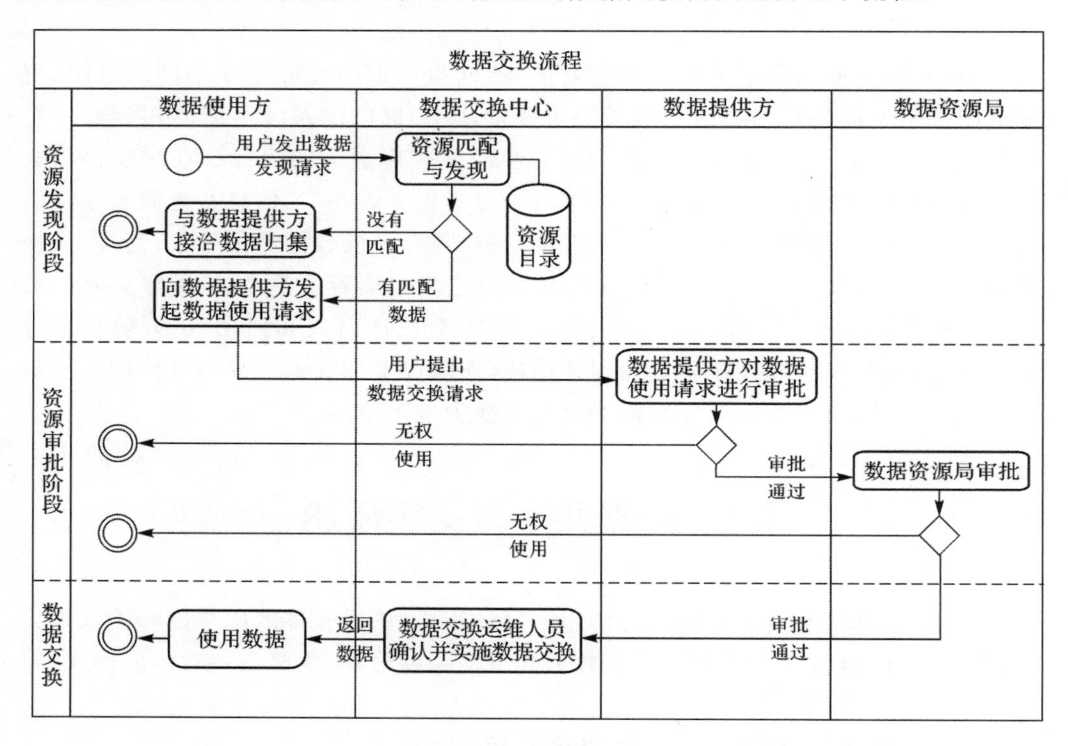

图6.1 数据交换完整流程

第一步：数据资源使用方向数据交换中心提出数据发现请求，该请求描述可以包括数据所在业务部门、数据的属性与特征等。

第二步：数据交换中心解释数据使用方的请求，进行数据资源的匹配与发现，将结果告知数据资源请求方。

第三步：数据资源请求发起方若收到数据交换中心没有发现所需资源的反馈，则直接与数据资源业务主管部门（数据资源提供方）接洽，并由数据资源局协调实施后续数据归集的工作；若数据交换中心发现了所需资源，数据资源请求发起方向数据资源提供方发出数据交换申请。

第四步：数据资源提供方对数据交换申请进行审核，若审核通过，则告知数据资源管理局并由数据资源管理局审批。

第五步：数据资源管理局对数据资源提供方的数据交换审批结果进行审核，若审核通过则转至数据交换中心，交给数据交换中心运维人员确认并组织实施数据交换。

从以上流程可知，要达成数据共享与交换，应涉及技术与管理两方面的问题。技术方面涉及数据资源的发现与匹配、数据共享与交换方式和方法、数据共享与交换的标准、数据共享与交换系统的构造等。后续章节将介绍技术方面的问题。

数据存取与安全管理是数据共享与交换中的重要方面。安全管理涉及不同的层面，包括物理介质、网络、服务器、应用、数据存储等。在不同应用之间以及不同机构之间的传输需要额外的安全防范以防止非授权访问，比如在传输的发送端加密、接收端解密，在传输中的数据保密、隐私保护等防范措施。数据共享与交换中故障恢复是另一个议题，包括故障中允许丢失多少数据和故障后多长时间完成恢复。这些内容不在本章讲述。

6.2　数据共享、集成与交换基础理论

业务部门的协同需要实现数据的互操作，即实现业务部门间的数据共享。下面依次介绍数据共享、数据集成、数据交换、模式映射和模式匹配等概念及相关技术。

6.2.1　数据共享、集成与数据交换

定义 1　数据共享：在不同地方使用不同计算机、不同软件的用户能够读取他人数据并进行各种操作，如运算和分析。

从上述定义可知，数据共享实际上指的是远程数据可访问性，即一方可以访问另一方的数据。数据共享具体有两种形式：数据集成与数据交换。

定义 2　数据集成：将在全局模式上构建的用户查询重构为针对数据源模式的查询，数据集成不需要进行实际的数据交换，与全局模式对应的数据库是虚的。其重点强调的是查询处理。数据集成的通用场景如图 6.2 所示。

在数据集成过程中，集成系统为了将在全局模式上构建的用户查询重构为针对数据源模式的查询，需要用一种机制来表示数据源模式和全局模式之间的关系，典型机制有 GAV 和 LAV 两种，其中 GAV 机制是将全局模式作为数据源模式的视图，是以全局模式为中心的机制，而 LAV 机制则是将数据源作为全局模式的视图，是以数据源为中心的机制。集成的途径可以是通过合成、扩展、特化或改造已有模式来重建新模式，也可以是把多个模式合并成统一的单个模式。

定义 3　数据交换：给定源模式与目标模式之间联系的规格说明，找到目标模式实例，把数据从源模式重构为目标模式或通过目标模式进行存取。数据交换的通用场景如图 6.3 所示。

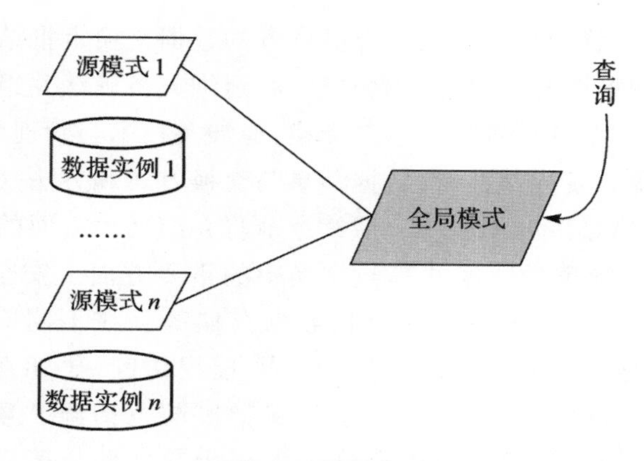

图 6.2　数据集成

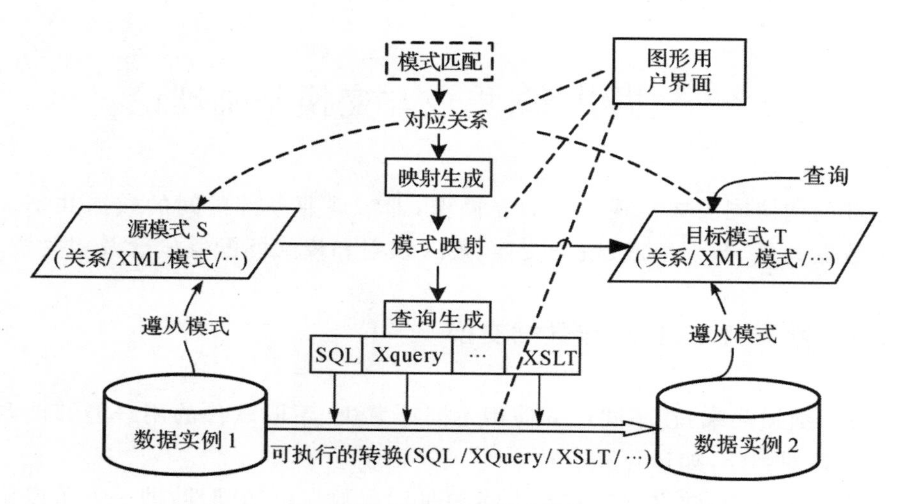

图 6.3　通用数据交换

数据交换把数据物化在目标模式下，在目标模式的约束下，目标实例应当正确表述来自于源实例的信息，并且允许以与元数据语义一致的方式在目标实例上查询。数据交换是一个老问题，在几十年前就存在了，在电商应用中经常出现各种格式数据交换。目前这方面的需求愈发增多。在从一组数据源抽取、变换、装载到数据仓库的工作流中用到数据交换，在 XML 消息传递或旧版本到新版本的模式演化中需要数据交换，甚至出现在数据库重构中。

下面我们举一个数据交换的例子。

假设我们想创建一个目标数据库 T，它包含三个关系：

```
Routes(flight＃,source,destination)
Info_Flight(flight＃,departure_time,arrival_time,airline,airline)
Serves(airline,city,country,phone)
```

目标数据库的数据可以来源于已有数据源。假设已有源数据库 S，通过一定的数据转化变为我们想要的数据。源数据库 S 有两个关系：

```
Flight(source,destination,airline,departure_time)
Routes(city,country,pop)
```

在从数据库 S 到数据库 T 移动数据之前，我们需要先指定数据库 S 模式和数据库 T 模式之间存在的模式映射关系，如图 6.4 所示，图中箭头代表了不同模式间的属性关系。

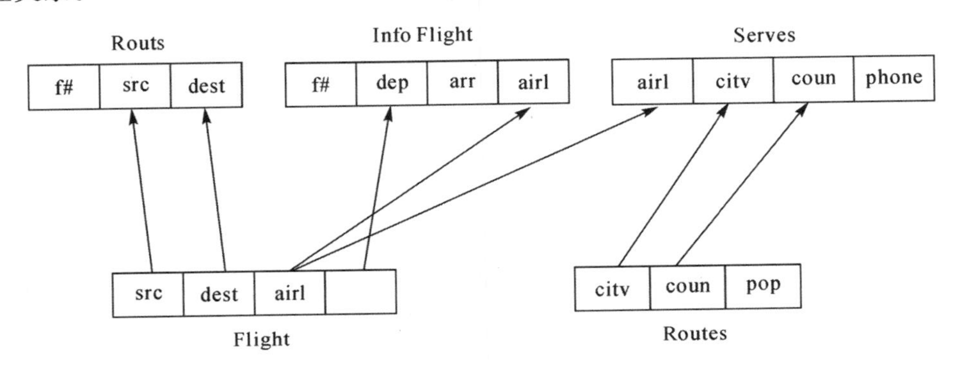

图 6.4　模式映射：简单图表达

6.2.2　模式映射与模式匹配

无论是数据交换还是数据集成，必须建立目标/全局模式与源模式之间的映射或关联。整合多个数据源的首要任务是源模式到目标模式/全局模式的精确模式映射规范。映射是两个模式中有特定关系的规则集合，表示一个模式中某些特定的元素与另一个模式中某些特定的元素的对应关系。一个映射关系包含两个部分：映射的元素和元素之间的关系的描述。

定义 4　模式映射 M：M 是一个三元组(S，T，Σ)，其中 S 为源模式，T 为目标模式，Σ 是用来说明 S 与 T 之间联系的一个高层描述性断言的集合。

对于数据交换而言，就是把源模式 S 对应数据实例 I 转换成目标模式 T 对应的数据实例 J，其中 $\langle I,J\rangle$ 满足断言 Σ。Euzenat 把一个映射的断言集合 Σ 定义成一个 5 元组 $\Sigma=(\text{eid},e,e',c,R)$，其中 eid 是给定映射元素唯一标识符；$e$ 和 e' 分别是源模式和目标模式的实体，如可以是表、XML 元素、特性、类等；c 是 e 和 e' 之间对应程度的一个数学置信度；R 表示 e 和 e' 之间存在的关系(如相等、泛化、不相交、相交)。[4]

模式映射通常由数据架构师来完成，其核心工作之一是模式匹配。模式匹配是在不同模式的元素(词、字段名等)之间建立一组对应关系。

定义 5　模式匹配：是指给定的两个模式，利用一些相关信息，找到分布在两个模式中的元素之间的某种映射关系(语义、结构对应关系)。

模式匹配将两个模式作为输入参数,其输出结果是它们之间的映射关系,即匹配结果;匹配结果中的每个元素都表示一个输入模式中的某些元素和另外一个输入模式中的某些元素存在逻辑上的对应关系。模式匹配过程可以用一个函数 f 来表示:

$$f:(S,S',A,p,r)\rightarrow A' \text{ 或 } A'=f(S,S',A,p,r)$$

其输入参数是:待匹配/比对的两个模式/本体 S、S';一个待完成的匹配/比对 A;匹配/比对算法中用到的需要人为设置的参数集 p,如权重系数、阈值等;需要用到的外部资源 r:$A'=f(S,S',A,p,r)$。如图 6.5 所示。

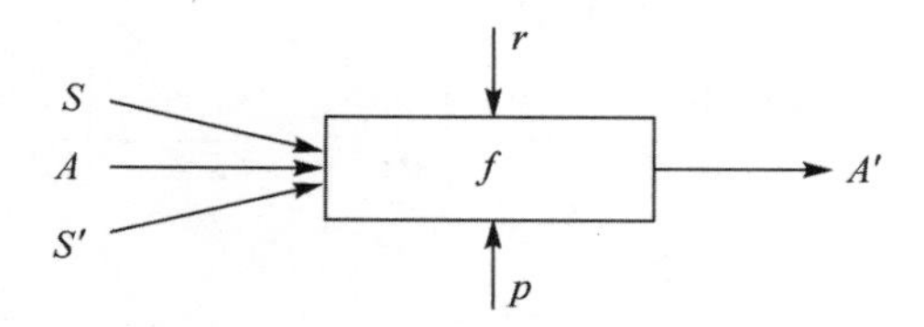

图 6.5 模式匹配函数表示

模式匹配的关键是寻找匹配方法。理想的匹配方法是能够自动、精确、广泛适应地匹配不同的模式。然而,匹配方法难以用数学公式或者数学方法来对两个模式之间的对应关系进行准确计算,只能利用模式本身具有的结构、所蕴含的语义以及该模式的实例数据等信息来寻找两者之间的对应关系。

模式匹配在传统的应用中是一项重要的操作,如信息集成、数据仓库、分布式查询处理等。现在,模式匹配更显重要,模式匹配几乎已成为每个数据密集型分布式应用的一项基本任务,涉及的应用包括企业信息集成、电子商务、Web 服务协同、基于本体的代理通信、Web 目录集成以及基于模式的 P2P 数据库系统。它在数据集成中用于识别模式之间的相互关系;在数据仓库中用于发现数据源模式与数据仓库模式之间的映射关系,以完成对数据源数据的抽取和转换;在电子商务中用于不同消息模式的转换;在语义网中用于建立不同本体概念之间的语义对应关系;在 XML 数据聚类中用于确定 XML 数据之间的语义相似性;等等。此外,在语义查询处理、深网的查询接口集成、数据抽取、实体识别、结果合并等方面也有模式匹配的需求。

由于模式匹配的复杂性,模式匹配需要使用各种技术来弥补信息的不足,如利用名字相似性、字典、公共模式结构、相交的实例数据、公共值分布、重用过去的映射结果、约束、与标准模式的相似性、常识推理。

模式匹配的目标是找出模式中实体之间的对应关系。通常,这些关系通过实体之间的相似度来发现。这里介绍计算实体之间相似度和发现实体之间关系的基本方法。

基于名称的方法是通过术语字符串的比较计算名称、标签以及实体注释的相似度。比较模式实体名称及标签之间相似性的主要问题是存在同名异义、异名同义的问题。主要有两类方法来比较术语:基于字符串的方法和基于语言学知识的方法。

基于字符串的方法主要利用字符串的结构，把字符串看作字母序列，常用的方法主要有：规范化（大小写、去除读音符号如 é→e、空白规范化、去除连接符、数字、标点符号）、编辑距离、路径标签序列的相似性。基于语言学知识的方法是把字符串看作字符序列，从文本中提取有意义的术语以及注释。

基于结构的方法主要考虑实体内部结构以及关系结构。内部结构，如名称注释、特性及数据类型等，也即实体本身的定义；关系结构即各实体之间的关系。基于内部结构的方法通常也被称为基于约束的方法，这些方法主要基于实体的内部结构，利用实体的属性集、属性范围、集的势或者多重性、属性的传递性和对称性计算实体之间的相似度。常用的有属性比较和关键字、数据类型比较、域比较、多重性和属性比较。基于内部结构的方法易于实现但不能够提供足够的信息，比如不同类型的对象具有相同数据类型的属性，它通常组合其他的一些方法一起使用。基于关系结构的方法目前主要考虑三种类型的关系：分类关系，如 is-a 子类关系；整体—部分关系，如 part-of 关系；所有其余可能涉及的关系。

基于个体实例的匹配方法，大致可以分为三类：使用共同实例集的实例识别技术、基于实例集的异质性统计法、基于相似度的外延比较方法等。

基于语义的方法的主要特征是采用模型论语义来判断结果，因此是演绎的方法。通常使用的语义方法有命题可满足性技术、模态可满足性技术，以及基于描述逻辑的方法。目前基于语义的方法并不多，该方法面临的一个主要挑战就是如何集成这些演绎方法，计算比对和发现不一致性是其中一个关键步骤。

模式匹配分类体系如图 6.6 所示。模式匹配中可以用到的信息如下。

（1）模式与实例：基于模式的匹配方法仅仅考虑模式的信息，而没有利用实例数据。可利用的模式信息包括模式元素的一些属性，如元素名、描述、关系类型、约束和模式结构等。基于实例的匹配方法利用了实例数据，利用元数据和统计数据对数据实例特征进行提取分析，这个过程常用机器学习方法。实例数据表明了模式元素所表示的内容和含义，在可用的模式信息非常有限的情况下，显得尤为重要。借助实例数据可以手动或自动地构造模式。

（2）元素与结构匹配：元素级匹配方法是单独对模式实体或实体的实例进行分析来计算对应关系，忽略了这些实体之间存在的联系。对于第一个输入模式的每个元素，基于元素的匹配方法在第二个输入模式中确定其对应的匹配元素。在最简单的情况下，仅考虑最底层元素，也叫作原子层，如 XML 模式中的属性或关系模式中的列；元素级匹配方法也可应用于高层（非原子层）元素，包括文件记录、实体、类、关系表和 XML 元素。元素级匹配方法主要有基于字符串的方法、基于语言学（自然语言）的方法、基于约束的方法、语言资源（字典、专业领域词典等）方法、比对重用方法、顶层本体和领域本体方法。和元素层匹配方法不同，结构层匹配方法通过分析实体或其实例如何一起出现在一个结构中来计算它们的对应关系。其主要方法有基于图的方法、基于分类的方法、结构库（用于粗筛）、基于模型的方法、数据分析和统计学方

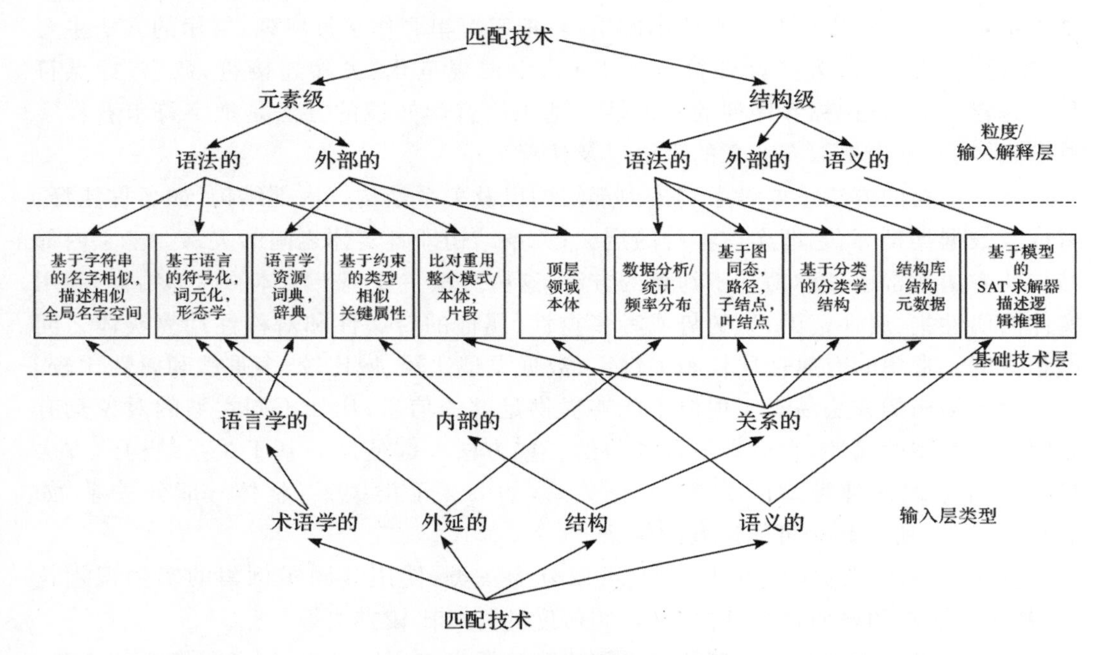

图 6.6　模式匹配技术逻辑分类

法、机器学习方法等。

(3)语言与约束：基于语言的匹配应用名字和文本(如单词或句子)来挖掘语意上相似的模式元素，主要方法有基于名字的匹配和描述匹配。基于名字的匹配是通过等价或相似的名字来匹配模式元素的；描述匹配是通过对模式语言上的描述来确定模式元素之间的相似度。模式对于定义数据类型、值的取值范围、唯一性、可选性等通常都会有一些约束。基于约束的匹配方法可以有助于限制候选匹配的数量来提高匹配的精确度。

(4)匹配基数：指明实体集中的一个实体能同另一个实体集相关联的实体数目。通常有四种情况：$1:1$，$1:N$，$M:1$ 和 $M:N$ 匹配。

(5)辅助信息：大多的匹配器不仅依赖输入模式，还依赖辅助信息，比如数据字典、已知的匹配结果和用户输入等。

(6)合成的匹配技术主要有两种方式：一种是混合匹配器(Hybrid Matcher)，它基于多个标准和信息源，综合了多种匹配技术来确定匹配候选；另一种是复合匹配器(Composite Matcher)，合并了每个匹配器独立执行的匹配结果(包括混合匹配器)。

关于模式匹配目前已有多种商用工具和研究原型可以借鉴，如图形用户界面可借鉴 Clio，高层描述语言说明模式映射可参考，操纵模式映射的算符研究、模式映射中使用数据实例来设计和理解。

6.3 数据共享与交换技术

按照《政务信息资源目录体系》和《政务信息资源交换体系》国家标准，政务信息资源共享交换体系包括信息资源目录体系与信息资源交换体系两部分。通过目录体系可以实现对信息资源的有序化组织管理，各部门可以了解和掌握信息资源的基本概况，发现和定位所需要的信息资源。通过交换体系可以获取到所需要的信息资源，两部分互相协作，从而实现信息资源的共享和交换。数据共享与交换是在两方之间建立数据交换通道，并借此在两方之间传输数据，交换的信息需要打包、转换、传递、路由、解包等过程，需要一系列技术支撑。

6.3.1 数据共享与交换协议

在数据共享与交换平台中，信息交换需要有相应交换协议支撑。

数据交换中心建议采用的数据交换协议如图 6.7 所示。

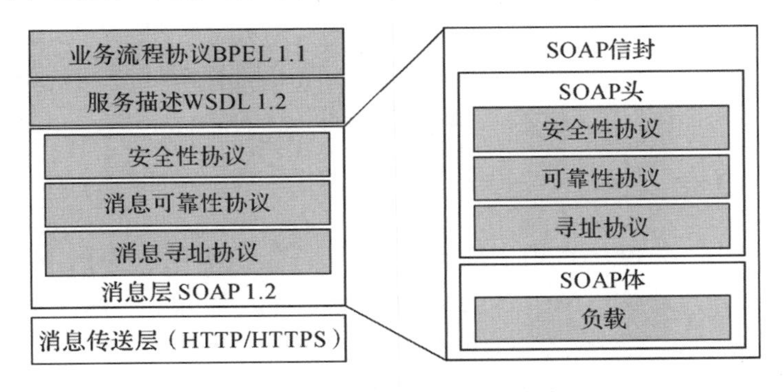

图 6.7 交换体系信息交换协议

消息传送层应采用 HTTP/HTTPS，实现消息的信息传送。邮件、文件传输可选择 JMS、SMTP、FTP 等作为信息传送协议。

消息层应基于 XML 进行消息传递，并采用 SOAP（Simple Object Access Protocol，简单对象访问协议）作为 XML 消息传递协议。消息寻址协议规定了定位服务地址所需要处理的属性和操作行为。消息可靠性协议是可选的，在需要可靠消息传输时应遵循该协议规范，该协议的基本目标是在应用程序产生异常、系统发生崩溃、网络出现故障时消息能够不丢失。安全性协议是可选的，包含 XML 消息签名、XML 消息加密以及安全的扩展。安全性协议规定了在消息处理中安全部分的格式框架。

服务描述是用于描述信息交换的一方提供的业务功能和接口，以便其他功能组件调用该服务。服务描述采用 WSDL(Web Services Description Language)规范作为描述语言,通过 WSDL 定义了服务交互的接口和结构。

当需要支持工作流机制时,需要用标准的描述语言定义业务流程中的活动、事件、变量等要素及其关系,应采用业务流程执行语言(BPEL)作为流程描述语言进行定义。

消息中间件和 Web 服务可支持相同的传输协议(如 HTTP/HTTPS),可采用相同的消息封装协议(如 SOAP),因此消息传送层和消息层所规定的协议既适用于基于 Web 服务的交换方式,也适用于基于消息中间件的方式。服务描述协议和业务流程协议主要适用于基于 Web 服务的交换方式。

目前常用协议有如下几种。

6.3.1.1 XML

可扩展的标记语言 XML(Extensible Markup Language)是 Web Service 平台中表示数据的基本格式。XML 既与平台无关,又与厂商无关。XML 是由万维网协会(W3C)制定,其中 XML Schema XSD 定义了一套标准的数据类型,并给出了一种语言来扩展这套数据类型。Web Service 用 XSD 作为数据类型,当用某种语言(如 Java)来构造一个 Web Service 时,为了符合 Web Service 标准,所有使用的数据类型都必须转换为 XSD 类型。Web Service 希望实现不同的系统之间能够用"软件—软件对话"的方式相互调用,实现"基于 Web 无缝集成"的目标。

6.3.1.2 SOAP

简单对象访问协议 SOAP 用于实现在不同平台和不同软件的不同组织间传递数据对象,它是用于交换 XML 编码信息的轻量的、简单的、基于 XML 的协议。SOAP 是 Web Service 三要素之一,用来描述传递信息的格式。SOAP 可以和现存的许多 Internet 协议和格式结合使用,包括超文本传输协议(HTTP)、简单邮件传输协议(SMTP)、多用途网际邮件扩充协议(MIME)。它还支持从消息系统到远程过程调用(RPC)等大量的应用程序。SOAP 使用基于 XML 的数据结构和超文本传输协议(HTTP)的组合定义了一个标准的方法来使用 Internet 上各种不同操作环境中的分布式对象。SOAP 协议包括四个方面:SOAP 封装为描述信息内容和如何处理内容定义了框架;SOAP 编码规则将程序对象编码成为 XML 对象的规则;SOAP RPC 表示执行远程过程调用(RPC)的约定;SOAP 绑定定义 SOAP 交换信息的协议,HTTP/TCP/UDP 协议均可。

6.3.1.3 WSDL

Web 服务描述语言 WSDL 是为描述 Web 服务发布的 XML 格式,用机器可读方式提供的一个正式描述文档,用于描述 Web Service 及其函数、参数和返回值,所以

WSDL 既是机器可阅读的，又是人可阅读的。WSDL 是 Web Service 三要素之一，用来描述如何访问具体的接口。WSDL 文档可以分为两部分：顶部分和底部分。顶部分由抽象定义组成，而底部分则由具体描述组成。WSDL 元素基于 XML 语法描述了与服务进行交互的基本元素：Type（消息类型）、Message（消息）、Part（消息参数）、Operation（操作，包括单向、请求—响应、要求—响应、通知）、Port Type（端口类型）、Binding、Port、Service。

6.3.1.4 UDDI

UDDI（Universal Description Discovery and Integration）是一套基于 Web 的、分布式的、为 Web Service 提供的、信息注册中心的实现标准规范，同时也包含一组使企业能将自身提供的 Web Service 注册，以使别的企业能够发现的访问协议的实现标准。UDDI 是 Web Service 三要素之一，用来描述、管理、发现、分发、集成、查询 Web Service，是 Web Service 协议栈的一个重要部分。通过 UDDI，企业可以根据自己的需要动态查找并使用 Web 服务，也可以将自己的 Web 服务动态地发布到 UDDI 注册中心，供其他用户使用。UDDI 技术规范主要包含三个部分的内容：UDDI 数据模型是一个用于描述商业组织和 Web Service 的 XML Schema；UDDI API 是一组基于 SOAP 的用于查找或发布 UDDI 数据的方法；UDDI 注册服务数据是 Web Service 中的一种基础设施且对应着服务注册中心的角色。

6.3.2 数据共享与交换模式

数据共享与交换是建立在部门内原有业务应用系统基础上的，这主要表现在两个方面：一是部门间的共享数据来源于各部门采集的业务数据；二是经过交换平台交换获得的数据最终为部门的业务服务。部门的业务应用系统分别部署在网络上，因此部门间的数据共享与交换可看作是网络上的分布式系统间的数据共享与交换。

分布式系统间可采用三种数据共享与交换模式：

（1）集中交换模式，即把共享数据集中存储在统一的数据库中，数据的提供者和使用者通过访问集中数据库实现数据的共享，适用于数据共享程度广泛或数据一致性要求高的应用。

（2）分布交换模式，即需要共享的数据存储于数据提供者和数据使用者各自的数据库中，系统间通过数据交换协议将数据从提供者系统定向传输到使用者系统中，适用于数据提供与需求确定的应用中。

（3）混合模式，即集中与分布相结合的模式，适用于各类跨部门应用需求，支持多种业务模式，实现基础数据的“一数一源，一源多用”的基本结构。

对于混合模式，根据系统的实际情况，可通过集中式的共享数据库实现数据交换，如人口、法人数据资源集中存储于共享的数据库中，该数据资源提供者或使用者通过访问共享数据库实现交换；也可以直接访问或通过中心交换结点实现数据交换，即数据资源分散存储在各部门应用业务数据库中，数据资源提供者和使用者通过交换结点（各部门的前置服务器和中心的交换服务器）提供的交换服务实现两者之间的数据定向传送。

混合交换模式的概念模型如图 6.8 所示，它由中心交换结点和端交换结点组成。端交换结点接收和发送部门的交换数据；中心交换结点管理交换域内端交换结点的数据交换服务，根据需求形成共享数据库。

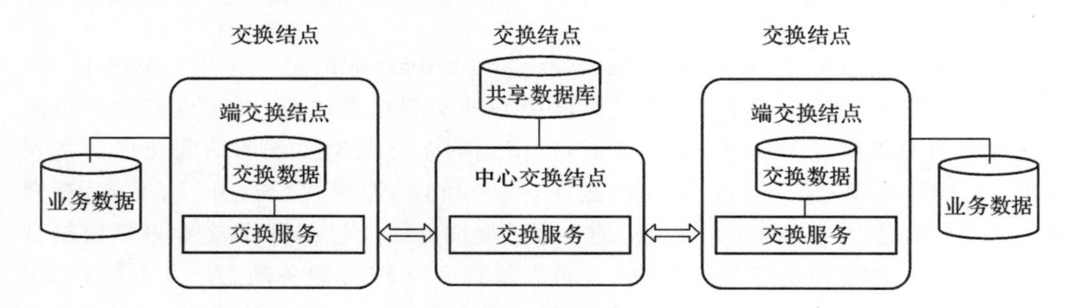

图 6.8 混合模式交换的概念模型

其中，业务数据是由各部门产生和管理的政务数据；交换数据是端交换结点用于存储参与交换的政务数据，即部署在各部门前置服务器上的数据；共享数据库是可以为多个端交换结点提供一致的政务数据的集中存储区。任意一个端交换结点可以按照一定的规则访问共享数据库；端交换结点是政务数据交换的起点或终点，完成业务数据与交换数据之间的转换操作，并通过交换服务实现政务数据的传送和处理；中心交换结点主要为交换信息提供点到点、一点到多点的信息路由、信息可靠传送等功能；交换服务是为特定业务交换信息资源而实现的一组操作集合，通过不同交换服务的组合支持不同的服务模式。它可以部署在提供者的前置环境或交换中心环境中。交换服务可以访问交换数据库、主题共享库或基础数据库，通过前置交换或交换中心的交换平台提供给使用者调用。交换服务能够被提供者部署与发布，被使用者发现、定位和集成。

交换结点应至少提供数据传送和数据处理服务。数据传送是指根据选定的传送协议完成数据的接收或发送功能，可通过 HTTP/HTTPS、FTP、SMTP、RMI、JMS 等技术进行数据传送。数据处理是指完成对消息包的封装或解析功能，并根据需要实现格式转换、信息可靠性保证、信息加密等功能。

6.3.3 数据交换方式

数据交换方式按交换数据量可以分为批量交换、少量或单条记录交换。按数据交换实时性可分为实时交换、非实时交换。

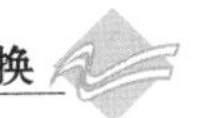

批量数据交换用于源到目标的数据成批定期发送的情形，例如每天、每周或每月发送。在过去，系统之间的大多数接口都是周期性地将一个大文件(数据)从一个系统传递到另一个系统进行数据交换，发送方和接收方对文件格式达成一致。这种由发送方将数据传递到目标接收方的数据传递方式称为“点对点传送”。接收系统可在收到数据后的某个时间点处理数据文件，不必即时处理，因此，这种接口是“异步接口”，发送系统不需等待处理确认。批处理方法也适合于大数据量的交互，如数据转换或将数据快照加载到数据仓库。批处理方法属于紧耦合方法，因为数据文件的格式必须在系统之间达成一致，并且发生变化时两个系统同时知晓才能实现交换。紧耦合需要协调多个系统，保障接口不“破裂”，代价较高。在管理大型应用系统之间的协调时，最好使用松耦合的系统接口，一个应用的变更不需要对其他应用同时做出变更调整，不会马上破坏其他系统的协同。

有的业务需要即时进行。实时数据交换用于交换少量数据，经常以“消息”的形式发送。大多数发送方与接收方之间的实时交换接口仍然是点对点紧耦合的工作方式，双方对数据格式有具体的要求时，双方必须同时对格式变化做出响应，并且是同步的。

根据数据交换服务部署访问方式可以分为轮询方式、订阅发布方式和调用方式三种，以实现信息资源交换，将交换的信息资源存放在交换信息库。轮询方式是使用者定期或定时访问提供者服务。订阅发布方式是使用者向提供者发起一次性内容订阅，提供者分批向使用者发布。调用方式是使用者业务系统通过其前置交换环境访问提供者前置环境，提供者前置环境再访问其业务系统，获得政务信息资源。通过轮询、订阅发布或调用方式，使用者根据业务需求，与提供者进行数据交换，交换到交换信息库，以实现跨部门的信息资源共享。在多部门政务协同中，根据各自部门的需求，开发与部署交换服务。

6.3.4 数据共享与交换接口

按照数据共享与交换接口可以将数据共享与交换分为三种：基于消息中间件的数据共享与交换、基于异构数据库访问的数据共享与交换和基于 Web 服务的数据共享与交换。

6.3.4.1 基于消息中间件的数据共享与交换

基于消息中间件的共享与交换方式是通过使用现有的消息中间件产品，实现异构数据库之间的数据共享与交换。这类中间件产品在底层以 XML 技术为基础，利用适配器、端口、管道等技术实现数据提供者与数据使用者之间的实时数据共享与交换。该数据共享与交换方式适用于数据量较大、对效率要求较高的场合，但由于直接操作在数据层，存在一定安全风险，灵活性较差。

6.3.4.2 基于异构数据库访问的数据共享与交换

在分布式系统中，由于子系统的建设时间、建设目标和建设者的不同，跨系统的数据访问难以实现。其系统的异构性主要表现在：数据库管理系统的不同；数据库设计结构的不同；数据字段的语义和表示方面的差异。数据库管理系统的差异，可通过ODBC、JDBC等通用数据库接口屏蔽。数据库设计结构的不同，可以通过实现具有一组统一接口的、标准的数据库访问服务来屏蔽。访问过程由数据访问客户端和数据访问服务器端的交互操作实现，客户端向服务器发送规范的数据访问请求，服务器接收数据访问请求并通过调用底层数据库访问接口完成服务请求处理，并将处理结果返回客户端。服务器端提供的访问服务应用WSDL描述，以实现客户端应用程序的调用。

6.3.4.3 基于Web服务的数据共享与交换

基于Web服务的数据共享与交换是采用Web Service技术进行组件和应用系统的包装，将系统的数据展示和需求都看作一种服务，通过服务的请求和调用实现系统间的数据交换与共享。该方式无须在数据库层面相互连接，具有较好的安全性。该交换与共享方式适合于对可扩展性和灵活性要求较高的场合，以及那些工作流驱动的、数据量不大的交换。采用该方式进行数据交换与共享，系统应保证交换服务的接口不变。

Web Service就是一个应用程序，它向外界展示了一个能够通过Web进行调用的API。Web Service定义了应用程序如何在Web上实现互操作的一套标准，通过SOAP在Web上提供软件服务，使用WSDL文件进行说明，并通过UDDI进行注册。Web Service是一种新的Web应用程序分支，它们是自包含、自描述、模块化的应用，可以在网络(通常为Web)中被描述、发布、查找以及通过Web来调用。Web Service便是基于网络的、分布式的模块化组件，它执行特定的任务，遵守具体的技术规范，能与其他兼容的组件进行互操作。它可以使用标准的互联网协议，像超文本传输协议HTTP和XML，将功能体现在互联网和企业内部网上。Web Service定义了一套协议来实现分布式应用程序的创建、数据表示方法和类型系统。要实现互操作性，Web Service就要提供一套标准的类型系统，用于沟通不同平台、不同编程语言和组件模型中的不同类型系统。

6.4 数据共享与交换实例

6.4.1 数据共享与信息资源目录

随着政府职能从管理型转向服务型,实践执政为民的理念,各地政府推动政务大厅“一站式”服务、“最多跑一次”改革,各个部门之间业务协同、各种政务系统集成成为必然。电子政务系统在政府各部门的普及过程中产生了大量数据,公共服务机构的系统在履职过程中也形成了大量的数据资源,为“用数据说话、用数据决策、用数据管理、用数据创新”决策机制的形成提供了物质基础。然而,政务数据分散在各个部门的系统中,由于管理体制、法律法规、历史惯性以及部门间利益等方面的原因,存在“条块分割,各自为政”的状态,不同区域、不同领域、不同部门之间电子政务系统之间互不融通,成为众多“信息孤岛”。数据资源的有效使用将助力政府职能的转变。数据资源可以交叉复用,是属于“取之不尽,用之不竭”的可持续利用的资源。

信息资源是指信息内容的总体,也就是可以作为人类生存发展的基础而利用的信息集合,包括各种来源、各种载体、各种表示形式的信息内容。政务信息资源是指由政务部门或者为政务部门在履行管理职能过程中采集、加工、使用、处理的信息资源,包括:政务部门依法采集的信息资源、政务部门在履行职能过程中产生和生成的信息资源、政务部门投资建设的信息资源、政务部门依法授权管理的信息资源。

政务信息资源目录和交换体系在国家电子政务业务系统总体框架中作为基础设施存在,足见目录和交换体系的重要性,为国家电子政务各级各部门之间的数据共享和分析提供了数据保障。

政务信息资源目录可以划分为四级。第一级也是最大的一级,划分为基础信息资源类、主题信息资源类和部门信息资源类三大类。由第一级向外延伸出来第二级信息资源目录,主要包括基础信息资源类向外延伸出来的人口信息资源库等、主题信息资源类向外延伸出来的公共服务事项等和部门信息资源类延伸出来的国务院等。然后由第二级又向外延伸出来第三级目录。第三级以后的层级统称为第四级。政务信息资源目录如图 6.9 所示。

在图 6.1 数据交换完整流程的描述中,资源目录匹配过程可通过查找交换所需资源目录和接口服务目录来实现。以某市“最多跑一次政务信息资源共享与交换平台”为例,抽取其中批量数据交换和单条数据交换的案例如下。

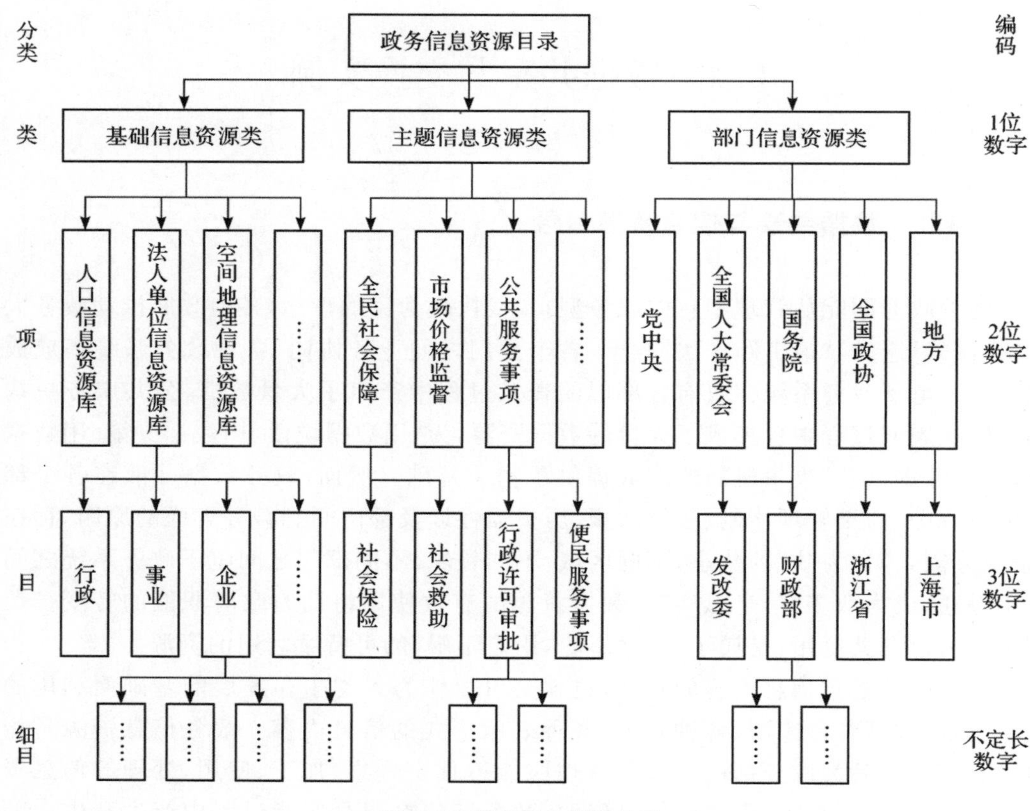

图 6.9　政务信息资源目录

6.4.2　批量数据交换

6.4.2.1　案例背景

部门与部门之间的企业信息批量交换，主要用于解决各部门业务系统中涉及企业信息部分的验证和使用，如信用办中企业信用考核、公安公章刻制业务系统中企业信息查询等。

6.4.2.2　数据交换情况概况

企业信息批量数据交换采用基于 Web 服务的数据共享和交换，所以数据交换协议包括消息层 SOAP 协议和服务描述层 WSDL 协议，且该数据交换遵循 J2EE 规范而且完全支持 XML 数据格式。企业信息批量数据交换模式采用分布式数据交换模式，即企业信息分布存储在不同部门的业务系统中。

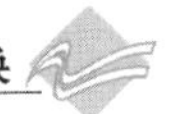

6.4.2.3 数据交换流程

某省工商厅把企业信息数据提供给省数据资源管理局由其归集，然后数据资源管理局把数据共享给市市场监管局，再由市数据资源管理局将这部分涉及企业信息的数据进行归集，并将数据存放在数据资源管理局中心库中，批量数据交换如图6.10所示。当有部门或者区县需要这部分数据时，在市公共数据共享和交换工作平台中申请交换资源并填写相应的需求信息、数据库信息，源头部门(即市场监管局)审批通过之后，由省/市数据资源管理局将这一企业信息数据交换至相应部门的前置机数据库。这里的前置机数据库指的是存在于部门业务系统交换平台的数据存储组件。无论是省工商厅和市区县电子政务业务系统进行企业数据交换还是市区县电子政务系统之间进行企业数据交换，都需要进行批量传送企业信息数据用于验证企业信息。

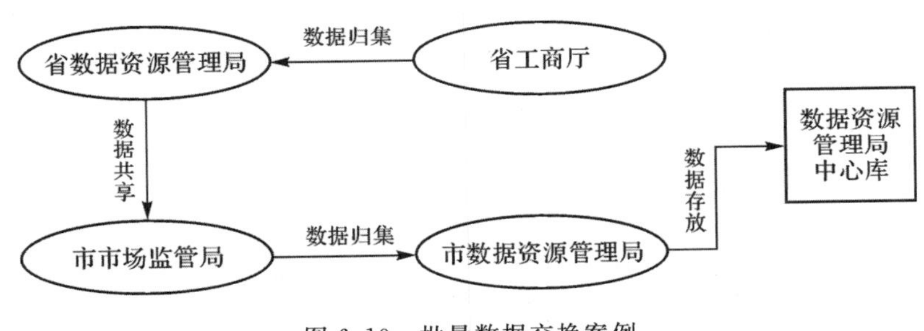

图6.10 批量数据交换案例

6.4.2.4 数据交换应用场景推广

部门与部门之间的企业信息批量交换，可用于企业投资验证企业信息、区县企业登记信息查询等。批量数据交换方式可以推广到更多的应用场景中使用，如企业税务信息查询和验证、企业数据批量汇总和分析等场景。对数据进行批量请求，则需要将放在不同部门之间的数据进行批量交换。

6.4.3 单条交换(共享请求)的案例

6.4.3.1 案例背景

为加快打通部门信息孤岛，方便群众办事，推行可信性电子证照证明类数据共享，某市率先推出“社保参保证明材料”的共享使用，做到全市统一部署，要求凡是涉及使用社保参保证明材料的办事事项，均通过共享调用方式获取社保参保证明材料，不再要求申请人提供纸质证明材料。

6.4.3.2 数据交换情况概况

市区县人力社保局参照标准的参保证明材料格式开发相应的服务接口，统一采用接口服务模式，不同层级的人力社保局为满足获取单条数据共享的请求需求可以采用不同协议，比如市主城区可以使用 SOAP 协议，区县社保局可以使用 HTTP 协议。通过个人身份信息查询参保证明（个人专用），接口返回参保证明的 PDF 文件。数据交换流程如图 6.11 所示。

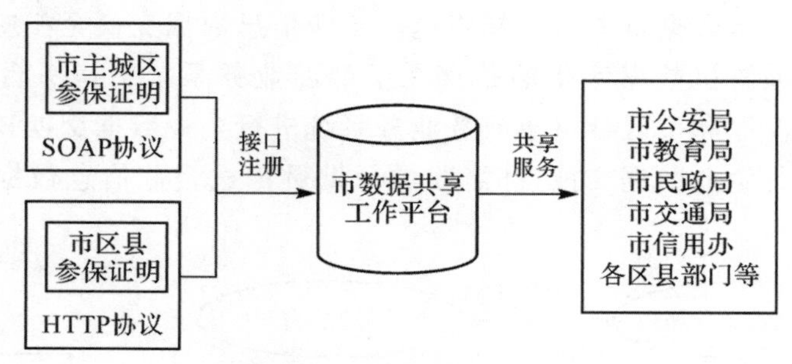

图 6.11 单条数据交换案例

6.4.3.3 数据交换应用场景推广

在不动产登记、个人事项办理中，通过 PDF＋电子签章技术，实现了社保参保证明带签章数据全市共享，社保参保证明接口日均调用量 3 万多次，节约了市民去社保大厅打印社保的时间，减少了纸质文件的提交，节省了很多政务资源。

参考文献

[1] S Chawathe, H Garcia-Molina, J Hammer, et al. The TSIMMIS Project: Integration of Heterogeneous Information Sources. Proc. of IPSJ Conference, 1994:7-18.

[2] A Y Levy, A Rajaraman, J J Ordille. Querying Heterogeneous Information Sources Using Source Descriptions. VLDB Conference, 1996:251-261.

[3] J Euzenat. An API for ontology alignment. Proc. of the Int. Semantic Web Conference(ISWC), 2004:698-712.

[4] M EReddy, B E Prasad, P GReddy. A Methodology for Integration of Heterogeneous Databases. IEEE TKDE, 1994, 6(6):920-933.

[5] E Rahm, P A Bernstein. A Survey of Approaches to Automatic Schema Matching. The VLDB Journal, 2001, 10(4):334-350.

[6] Marcelo Arenas. Pablo Barceló, Leonid Libkin, and Filip Murlak. Relational and XML Data Exchange. Morgan & Claypool Publishers.

[7] R Fagin, P G Kolaitis, R J Miller, et al. Data exchange: semantics and query answering. Theor. Comp. Sci., 336: 89-124, 2005. The subject of data integration has also received much attention, see, for example,

[8] L Haas. Beauty and the Beast: the theory and practice of information integration. In Proc. 11th Int. Conf. on Database Theory, 2007:28-43

[9] G De Giacomo, D Lembo, M Lenzerini, et al. On reconciling data exchange, data integration, and peer data management. In Proc. 26th ACM SIGACT-SIGMOD-SIGART Symp. on Principles of Database Systems, 2007:133-142.

[10] L M Haas, M A Hernández, H Ho, L Popa, and M. Roth. Clio Grows Up: From Research Prototype to Industrial Tool. In ACM SIGMOD, 2005: 805-810.

[11] L Popa, Y Velegrakis, R J Miller, et al. Translating Web Data. In VLDB, 2002:598-609.

[12] P A Bernstein. Applying Model Management to Classical Meta-Data Problems. In CIDR, 2003:209-220.

[13] B Alexe, B ten Cate, P G Kolaitis, et al. Characterizing schema mappings via data examples. ACM TODS, 2011, 36(4):23.

[14] B Alexe, B ten Cate, P G Kolaitis, et al. Designing and refining schema mappings via data examples. In ACM SIGMOD, 2011:133-144.

[15] B Alexe, B ten Cate, P G Kolaitis, et al. Eirene: Interactive design and refinement of schema mappings via data examples. PVLDB (D)emonstration, 2011, 4(12):1414-1417.

[16] L Qian, M J Cafarella, H V Jagadish. Sample-driven schema mapping. In ACM SIGMOD, 2012:73-84.

思考题

1. 数据共享与交换的流程包括哪几步?
2. 什么是数据共享、数据集成和数据交换?
3. 什么是模式映射和模式匹配?
4. 模式匹配主要包括哪几类方法?
5. 模式匹配可用信息有哪些?
6. 数据共享与交换的协议包括哪几层? 请举例。
7. 数据共享与交换的模式包括哪几种?
8. 数据交换方式有哪些?
9. 按照数据共享与交换接口分,数据共享与交换有哪几种方式?

7 数据分析

为了提取数据中的有用信息，我们需要用适当的方法对收集来的大量数据进行分析和详细研究并概括总结，形成数据分析报告。通过对已有数据进行分析，我们最终可以达到最大化挖掘数据的功能以及发挥数据作用的目的。通过数据分析工作，开展分析研究，透过事物的表面现象深入事物的内在本质，由感性认识阶段上升到理性认识阶段，实现认识运动的质的飞跃，从而揭示事物的现状及其内在联系和发展规律，不仅有利于领导和有关部门客观全面地认识经济活动的历史、现状及其发展趋势，促进管理水平的提高，而且有利于制订正确的决策和计划，以充分发挥数据分析促进管理、参与决策的重要作用。

7.1 数据分析概述

7.1.1 数据分析的类型

数据分析有四种不同类型的分析模式，即描述型、诊断型、预测型和指导型。这四种类型相互依赖，就像一个金字塔，每个类型之间相互支持。金字塔的最底层是描述型分析，即报告发生了什么事。这是数据分析很常见的一种类型，它通过对过去发生的数据进行描述，以达到对现有情况的初步了解。在这一过程中，可以利用可视化工具充分展示描述型分析所要描述的信息。在实际业务中，它向数据分析师提供业务的重要衡量标准的概览。比如天猫超市通过描述型分析报告了解上个月不同类别商品的市场销售情况。金字塔的倒数第二层是诊断型分析，即为什么发生，事件发生的原因，它通过评估描述型分析的结果，诊断分析问题产生的核心原因，揭示哪些因素对目标存在积极的影响。比如天猫超市的描述型分析报告显示某项商品的销售额下降，那么诊断结果可能会显示这是因为营销支出减少了。金字塔的第三层是预测型分析，即预测将来可能会发生什么。预测型分析主要是进行预测，预测某件事情在将来发生的可能性，即预测一个可以量化的值或者是估计某个事件可能发生的某个时间点。比如天猫超市希望增加某项商品的销售量，通过预设分析得到的预测报告

显示更高的营销支出将增加商品的销售量。金字塔的最顶端是指导型分析，即告诉我们需要做什么。指导型分析基于前三个阶段，即在认识到发生了什么、为什么会发生以及未来可能会发生什么的基础上，帮助用户确定要采取的最优措施。比如指导型分析可以指导天猫超市的营销人员在最新的营销方案中准确推出某项商品的促销价格。

根据数据分析的作用不同，数据分析可以分为现状分析、原因分析、预测分析。另外，数据分析按实际问题的需求，还可以分成以下三种类型。

7.1.1.1 操作型数据分析

操作型数据分析处理涉及数据的增、删、改、查，对事务完整性和数据一致性要求非常高，其计算相对简单，一般只有少数几步操作组成，比如修改某行或某列。例如12306网站火车票交易系统、超市POS系统等都属于操作型数据处理系统。

7.1.1.2 数据统计分析

各类企业主要应用数据统计分析方法分析企业的销售记录等日常的运营数据，为企业管理者的运营决策提供数据技术支撑。例如，企业的周报表及月报表等固定时间提供给管理人员的各类统计报表、企业的市场营销部门通过各种维度组合进行的统计分析，为企业管理者制定相应的营销策略提供依据等，这些应用场景均需要进行数据统计分析。

7.1.1.3 数据挖掘分析

数据挖掘主要是根据商业目标，采用数据挖掘算法自动从海量数据中发现隐含在海量数据中的规律和知识。数据挖掘的计算复杂度和灵活度远远超过前两类。一方面是由于数据挖掘问题具有开放性，因此在数据挖掘过程中可能会涉及大量衍生的变量计算。大量的衍生变量增加了数据预处理计算的复杂性。另一方面是很多数据挖掘算法本身就比较复杂，特别是大多数机器学习算法，都需要通过多次迭代来求最优解。

7.1.2 数据分析的意义

随着计算机技术的发展，数据分析得到了广泛的应用。对现有收集到的数据进行分析，在促进企业的发展及为企业提供决策支持方面有非常重要的作用。传统的一般数据统计调查或者报表资料通常只能反映事物的某一方面的部分情况，即使掌握大量的调查统计报表资料，如不经过加工和分析研究，也难以让人看清事物的本来面貌。为了完整、正确地反映客观情况的全貌，就必须在实事求是原则的指导下，经过对丰富的统计资料和数据进行加工制作和分析研究，才能做出科学的判断，编写成数据分析报告。这会比一般的报表数据更集中、更系统、更全面地反映客观实际，也便于阅读、理解和利用。由于数据分析部门掌握有大量丰富的统计数据及资料，比较全面、准确地掌握和了解公司经济运行的状态和发展变化情况，对数据的口径范围和来龙去脉熟悉，因而能较好地了解企业运营相关部门的方针政策的贯彻执行情况、发展规划和生产经营计划的完成情况、生产经营责任制和各项重要经济指标的完成情况。实施监督的重要方法之一就是通过数据分析，全面、客观地向企业决策层及相关部门反映情况。数据分析，就是对数据的深加工。在加工整理的过程中，可以审查数据是否符合规律，是否有大起大落、急剧增长或大幅下降的现象。有必要对畸高畸低的不正常数据进行核实、修正，维护分析数据的客观性，提高分析数据的准确性。

互联网环境下的数据来源非常丰富，类型多样，存储下来的数据体量庞大且增长迅速。这对数据分析技术的时间性和空间性能要求较高，强调数据处理方法的高效性和可用性。这些大规模海量数据中蕴藏着大量可以用于增强用户体验、提高服务质量和开发新型应用的知识和模式，而能否准确高效地发现这些知识和模式并加以利用，很大程度上决定了互联网企业在激烈竞争的市场环境中的位置。对智慧城市的管理者和参与者而言，有效利用数据分析技术获取数据中隐藏的价值，对于改善城市管理、提升服务质量和提高整体竞争力至关重要。要知道，现有的数据分析的要求已不仅仅是要数据量大，而且需要对现有的大量数据进行分析，只有通过分析才能获取很多智能的、深入的、有价值的信息。越来越多的应用涉及大数据，这些大数据的属性，包括数量、速度、多样性等，都呈现了大数据不断增长的复杂性。所以，数据的分析方法在大数据领域就显得尤为重要，可以说是决定最终信息是否有价值的决定性因素。

大数据具有复杂性、海量化、低密度和快速生成四个显著特点，使得必须对大数据进行深度分析才能获得有用的信息或情报。随着人类社会进入移动互联网时代，移动多媒体通信技术、在线社交网络技术、移动电子商务、传感器技术和基于位置的服务技术日益普及，各种结构化与非结构化数据汇聚成大数据洪流，其增长速度对存储和处理技术提出了新的挑战。大数据洪流中蕴藏着巨大的潜在价值，正如维克托·迈尔-舍恩伯格教授所说："大数据的真实价值就像漂浮在海洋中的冰山，第一眼只能看到冰山的一角，绝大部分都隐藏在表面之下。"传统数据分析方法通常无法处理如此大量而且又不规则的非结构化数据，对大数据的处理需要新的方法。通过大数据分析方法对大数据进行分析、预测，会使得决策更为精确，释放出更多数据隐藏价值。

在大数据时代，无论是新兴的互联网企业还是传统型企业，都需要进行数据分析。数据分析的目的是在看似没有规律的数据中寻找所隐藏的信息，并提炼总结出所研究数据的内在运行规律。只要企业拥有一定量的数据并且需要决定一些方向或者推出某种新产品，他们就需要利用数据分析将现有的数据进行整合汇总分析，从而为企业决策提供支持。比如，企业管理者需要通过对现有市场的情况进行分析与研

究，了解企业生产的产品在未来的市场动向，从而制定符合市场发展的合理的产品研发和销售计划，完成这个任务必须依赖数据分析。

7.1.3 数据分析的流程

数据分析比较典型的应用场景是针对企业数据的分析，我们需要对企业现有的销售数据、用户数据、运营数据、产品数据等进行分析。数据分析的一般流程总体来说有以下几个步骤：问题分析、数据获取、数据预处理、数据分析与建模、数据可视化与数据报告的撰写。为了提升数据的应用价值，在开始数据分析之前我们首先需要明确自己的分析目的，确定要分析的问题是什么，即我们需要从这些数据中获得哪些有用的信息，从而对制定策略进行有效的指导。比如王者荣耀手机游戏的玩家的用户画像是什么样的，经常消费的是哪类人；企业生产环节中影响产能和质量的核心指标是什么等。为了更好地对现有业务问题进行描述，我们可能需要对企业的现有业务进行深入了解，并在这个过程中获得一些对后续分析有帮助的经验。对问题的精确定义，可以在很大程度上提升数据分析的效率。

在明确了数据分析的目的之后，我们就需要利用数据采集技术获得相关的数据，然后利用数据存储技术保存相关数据，再结合数据处理技术对原始数据进行处理，形成可以进行数据分析的完整数据。数据准备完成后，我们需要根据数据分析的目的应用数据分析方法建立数据分析模型。每一个分析模型的建立都需要经历反复的模型验证与参数调整两个基本步骤，直到达到较为理想的效果为止。由于每一种分析方法都有一定的特点与局限性，因此在建立分析模型的过程中，我们可以选择多种不同的分析方法对数据进行反复的探索性分析，并依此得出数据分析结论。数据分析模型建立之后，我们需要对分析结果进行可视化操作，数据可视化过程就是将数据分析结果展示给业务员的过程，它可以通过表格和图形的方式来呈现。常用的数据图表包括饼图、柱形图、条形图、折线图、气泡图、散点图等，更进一步地，我们也可以将其加工整理成我们所需要的图形，如金字塔图、矩阵图、漏斗图、帕雷托图等。最后根据数据分析的目的从数据采集开始到数据可视化结束的基本流程撰写数据分析报告。一份数据分析报告需要有好的分析框架，并且图文并茂，层次明晰，它不仅可以使分析结果直接呈现，还可以让阅读者对相关情况有一个全面的认识。

7.2 数据分析研究现状

近年来，随着互联网技术的高速发展，人类进入了信息爆炸式增长的时代，每个人的生活都充满着结构化和非结构化的数据。大数据已风靡全球，大数据时代已经到来，数据分析在近几年也应势发展得如火如荼，渗透到社会的各个层面，遍布商业、医疗、教育、交通等各个行业，发挥了不可替代的作用。据中商产业研究院发布的《2018—2023年中国大数据产业市场前景及投资机会研究报告》数据显示，2017年中国大数据产业规模达到4700亿元，同比增长30%。其中，大数据硬件产业的产值为234亿元，同比增长39%。随着大数据在各行业的融合应用不断深化，预计2018年中国大数据市场产值将突破6000亿元，达到6200亿元。在这种背景下，如何对现有数据进行有效的存储以及如何充分高效地分析利用变得越来越迫切。而在这过程中，数据分析能力的高低直接决定了大数据中价值发现过程的好坏与成败。

7.2.1 分析即服务的出现

数据分析是大数据时代的关键任务，在巨大的数据量驱动下，社会面临着对数据分析的强大的潜在需求，而数据分析也细分成一种专业分工类型，甚至在实践中孕育出了首席数据官这一管理职务。分析即服务，是商业领域近年来兴起的概念，模型管理的复杂性、开发基于服务的分析模型和模型之间的交互接口使得分析即服务成为信息技术努力解决的一大挑战。数据分析正在成为一种新的服务内容和服务方式。美国著名知识管理学者达文波特在2013年12月《哈佛商业评论》上发表"Analytics 3.0"一文，提出将分析嵌入产品生产与服务的过程中便是对这一趋势的权威预测。

7.2.2 数据分析技术的发展趋势

数据分析是整个数据处理流程的核心，数据中所隐藏的价值主要是在数据分析的过程中产生的，并为用户提供指导性对策。近年来，人们获得信息的速度非常快，为了更好地满足用户的需求，数据分析方法也需要与时俱进，因而在进行数据分析时其研究方法也要体现出实时性的特征。例如网站的在线个性化推荐、股票交易数据处理、实时路况信息等数据分析的时间必须要在几分钟甚至几秒内。因此，兼具实时性是数据分析方法的研究趋势，从而时刻保证数据应用的时效性。更进一步来说，由于数据量的急剧增长，大量的数据不能简单地利用传统的结构化数据库进行存储。随着云计算技术的发展，云计算的应用范围越来越广。云计算为数据分析的发展提供了可扩展的基础设施支撑环境和数据服务的高效模式，将分布式数据分析方法的实现变成可能。

数据分析的作用日益凸显，面向复杂系统研制过程，必须找到一种集成的、全面的数据解决方案，不仅要解决图形、模型等非结构化数据的处理问题，还要将功能扩展到海量研制数据（如试验数据、仿真数据、故障诊断数据等）的存储、多专业的数据分布式采集和交换、海量研制数据的实时快速访问、统计分析与挖掘和商务智能分析等方面，这就需要新的架构、新的技术途径来给予支撑。

在大数据时代，数据的模式多样、关联关系繁杂、质量良莠不齐，使得数据的感

知、表达、理解和计算等多个环节面临着巨大的挑战。这导致了传统全量数据计算模式下时空维度上的计算复杂度激增，传统的数据分析与挖掘任务变得异常困难。因此，如何简化数据的表征，获取更多的知识是数据分析面临的一个重要问题。

数据样本量充分，内在关联关系密切且复杂，价值密度分布极不均衡，这些特征对研究数据的可计算性及建立新型计算范式提供了机遇，同时也提出了挑战。例如，大样本数据计算不能像小样本数据集那样依赖于对全局数据的统计分析和迭代计算，需要突破对数据的独立同分布和采样充分性的假设。在求解大样本数据的问题时，需要重新审视和研究它的可计算性和求解算法，研究分布式的、并行的、流式的计算算法，形成通信、计算复杂性融合优化的大数据计算框架。

大量现有的数据分析的研究是基于 MapReduce 计算模型将传统的数据挖掘算法进行并行化，主要解决了利用 Hadoop 平台的分布式文件系统将海量数据进行存储，将算法所需要的输入和输出转化为 MapReduce 计算的格式，将挖掘任务改造成 MapReduce 计算任务。另外，现有的研究从多个角度对并行化算法进行了效率提升，主要从减少 MapReduce 的任务数、减少并行节点之间的通信量等方面对当前算法的效率进行提升。从数据分析在国际上的发展来看，数据分析的研究重点现已从提出概念和发现方法转向系统应用和方法创新上，研究注重多种发现策略和技术集成，以及多种学科之间的相互渗透。数据分析迫切需要系统科学的理论体系作为其发展的支撑。

大数据引领着新一波的技术革命，数据的查询和分析的实用性对于人们能否及时获得决策信息非常重要，决定着数据分析应用的成败。传统数据分析工具通常仅为 IT 部门熟练使用，缺少简单易用、让业务人员也能轻松上手实现自助自主分析，即时获取商业动态的工具。因此，数据可视化分析技术正逐步成为数据分析的重要组成部分。

7.3 数据分析技术

数据分析是发挥数据价值的重要途径，数据挖掘是数据分析的核心。数据挖掘常见的方法有分类、关联规则以及聚类等，其重点旨在寻找数据的模式和规律。下面我们将着重介绍数据分析中的常见方法。

7.3.1 操作型数据分析

操作型数据分析即对数据库中的数据进行操作型处理，它通常实现的是对现有数据库中的数据进行联机操作处理。当企业需要对事件进行响应或对日常的商务活动进行处理时，就需要用操作型数据分析来协助处理。操作型数据分析通常是事件驱动且面向应用的，最常见的处理方式有对一个或一组记录的增、删、改以及简单查询等。操作型数据分析的应用程序和数据紧紧围绕着所需要管理的事件，它要求能支持日常事务中的大量事务处理，并且能满足用户对数据的高频率与高速的存取操作。

7.3.2 数据统计分析

数据统计分析是指对数据进行整理归类并进行解释的过程，它一般针对小样本数据，其分析过程基于已有的假设，且着重于验证假设。数据统计分析按其功能不同可以分为统计描述与统计推断。数据的统计描述通常指的是对现有数据的特征及其分布规律进行描述，即用统计特征、统计图与表等方法对数据的变化趋势、离散程度以及相关性进行描述。这里的统计特征包括均值、标准差和相关系数等。数据的统计推断通常指的是如何判断现有数据的特征是否存在某种关系以及如何用样本的统计特征来推测总体特征的一种统计方法。在大数据时代，由于采集到的数据通常数量很大，因此我们需要对总体的数据样本进行随机采样，然后再应用统计推断方法完成对总体数据的定性或定量分析。数据的统计分析方法的运用依赖于数据本身的性质以及用户对统计方法的理解，如果统计方法选择不当，往往会导致错误的分析结论。

数据的统计推断方法主要包括参数估计和假设检验。其中参数估计根据不同的实际情况可以分成两种。第一种是数据的总体分布类型是已知的，但这个分布的参数是未知的，我们需要确定这些参数。另一种是我们不知道数据的总体分布类型，我们只需要关注数据总体的某些数字特征，如均值和方差。根据得出结论的方式不同，参数估计可以分为点估计和区间估计。

点估计是借助总体的一个样本来估计总体数据的未知参数的问题，这里数据总体的分布形式是已知的，只是分布的一个或多个参数是未知的。点估计的常见方法有矩估计和最大似然估计。矩估计是用样本的各阶矩估计总体的各阶矩，并建立含有待估计参数的方程，通过求解该方程求出需要估计的参数。最大似然估计是另一种普遍用到的点估计法，假设我们取自总体的密度函数为 $f(x;\theta)$ 的样本数据 x_1，x_2，…，x_m，这里的每一个样本数据之间是相对独立的，θ 是待估计的参数。最大似然估计法的目标是找出使样本数据 $x_1,x_2,\cdots,x_m$ 发生的概率最大时的参数 θ。由于样本数据 $x_1,x_2,\cdots,x_m$ 相对独立且来自同一个分布总体，因此我们容易求出样本 x_1，x_2，…，x_m 发生的概率

$$L(x_1,x_2,\cdots,x_m)=\prod_{i=1}^{\mathrm{m}} f(x_i;\theta)$$

通过求得使上式最大化所对应的那个 θ，我们得到参数 θ 的估计值。在实际应用中，针对不同的总体分布的密度函数，最大似然估计求解参数 θ 的计算方法有所差别。对于总体数据中的未知参数，我们有时还需要估计未知参数的范围。这样的范围

通常以区间的形式给出，同时还需要给出该区间包含参数 θ 真值的可信程度，这种形式给出的估计称为区间估计，得到的参数 θ 的区间称为置信区间。

统计推断的另一类重要的问题是假设检验问题。假设检验是在总体的分布函数完全未知或只知其形式但不知其参数的情况下验证总体分布的一些数字特征的正确性的方法。假设检验是做出决策的过程，我们要根据样本数据对所提出的假设做出接受还是拒绝的决策。假设检验有三个基本步骤。第一步，提出假设检验的原假设和备择假设，并设定假设检验的检验水平。第二步，选择合适的统计方法，计算出统计量的大小。根据总体数据的类型和特点，我们可以选择 t 检验、u 检验、秩和检验与卡方检验等。第三步，根据样本数据计算出来的统计量的大小是确定假设检验的原假设成立的概率，如果计算出来的概率小于预先设定的检验水平，则拒绝原假设，接受备择假设；如果计算出来的概率不小于预先设定的检验水平，则接受原假设。

7.3.3 数据挖掘分析

7.3.3.1 回归方法

回归是一类非常重要的数据分析技术，它的输出预测目标是连续型数值。例如企业需要对产品的下个月销售量进行预测，从而为采购部门等决策者提供指导意见。

变量和变量之间的关系一般分为函数关系（确定性关系）和相关关系（非确定性关系）。函数关系即 $Y=f(X)$，在给定 X 的取值时，变量 Y 的取值通过函数关系式可以明确得到，X 的取值相同时，Y 的取值也是相同且不变的，如自由落体运动中位移和时间之间的关系：

$$S=\frac{1}{2}gt^2 \tag{7.1}$$

而相关关系是指变量 X 的取值与变量 Y 的取值之间具有某种趋势，但是不是函数关系，在给定 X 的取值时，Y 仍然是一个随机变量，其取值不能明确得到。而我们通常所说的相关关系是指线性相关关系，也就是变量 X 的取值与变量 Y 的取值之间具有线性相关趋势。例如人的体重（Y）和身高（X）之间的关系，身高越高则体重有越重的趋势，但是身高相同的人体重也会有不同且是随机的。

图 7.1 显示的是变量之间的一种函数关系，图 7.2 显示的则是变量之间的线性相关关系。

线性模型是最简单的数学模型，同时也是应用最广泛的模型，任何非线性的模型最终都可以通过线性的形式来进行近似刻画。在变量之间具有线性相关趋势的情况下，线性回归模型假设变量之间具有如下关系：

$$Y=\beta_0+\beta_1X+\varepsilon,\varepsilon\sim N(0,\sigma^2) \tag{7.2}$$

其中，ε 是服从均值为 0，方差为 σ^2 的正态分布的随机变量；X、Y 分别被称为自变量和因变量。因而在自变量 X 给定且已知的情况下，Y 的取值仍然是随机的且服从正态分布，线性主体部分是因变量的条件期望值，即：

$$E(Y|X)=\beta_0+\beta_1 X \tag{7.3}$$

并以此作为给定 X 取值的情况下，对因变量 Y 取值的预测。

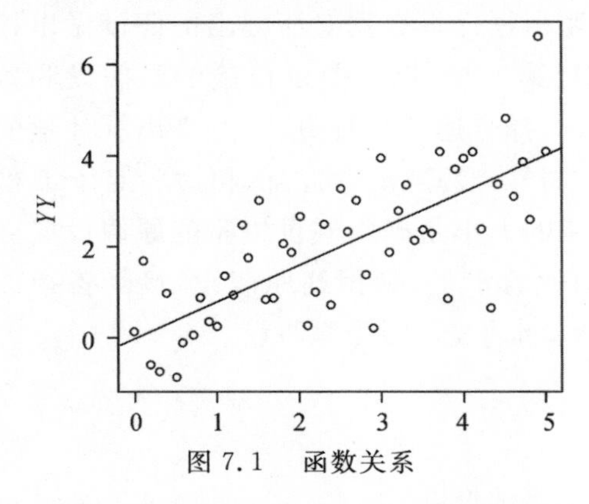

图 7.1　函数关系

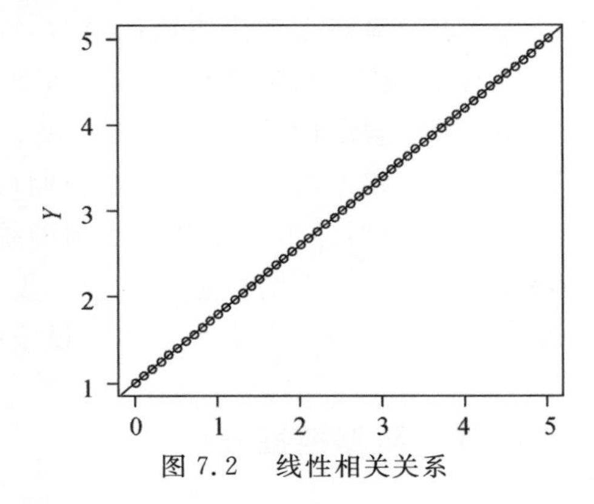

图 7.2　线性相关关系

当有 n 组满足式(7.2)的独立观测样本 $O_i=(X_i,Y_i)$，$i=1,2,3,\cdots,n$ 时，则有

$$Y_i=\beta_0+\beta_1 X_i+\varepsilon_i, i=1,2,3,\cdots,n \tag{7.4}$$

其中，$\varepsilon_i(i=1,2,3,\cdots,n)$ 是相互独立且分布相同的正态随机变量，且均值为 0，方差为 σ^2。

接下来的任务就是根据观测数据对回归系数 β_0 和 β_1 进行估计，得到其估计值$\hat{\beta}_0$和$\hat{\beta}_1$，进而得到在给定自变量取值时因变量的估计值(或称为拟合值、预测值)$\hat{Y}=\hat{\beta}_0+\hat{\beta}_1 X$，该线性方程被称为回归方程，因变量的估计值与观测值之差 $e_i=Y_i-\hat{\beta}_0+\hat{\beta}_1 X_i$ 称为回归残差，回归残差 e_i 可以看成是回归模型中随机误差ε_i 的估计。我们估计回归系数的常用方法是最小二乘估计(OLSE)，即选择使残差平方和最小化的参数值，即：

$$\sum_{i=1}^{n}(Y_i-\hat{\beta}_0-\hat{\beta}_1 X_i)^2=\min_{\beta_0,\beta_1}\sum_{i=1}^{n}(Y_i-\beta_0-\beta_1 X_i)^2 \tag{7.5}$$

运用微积分中的极值知识，可以对式(7.5)进行求解，得到回归系数的最小二乘估计：

$$\hat{\beta}_0=\overline{Y}-\hat{\beta}_1\overline{X}, \hat{\beta}_1=\frac{\sum_{i=1}^{n}(X_i-\overline{X})(Y_i-\overline{Y})}{\sum_{i=1}^{n}(X_i-\overline{X})^2} \tag{7.6}$$

其中，$\overline{X}$、$\overline{Y}$ 分别为自变量和因变量的观测样本的平均值。

需要注意的是，通过样本数据建立的回归模型方程并不能立即用来对实际问题进行预测，因为回归系数的估计值依赖于观测样本的数据，所得到的回归方程只是对变量之间如式(7.2)反映的回归关系的一种估计，这种估计是否合理有效还需要进行相关的统计检验。检验的方法通常包括拟合优度 $R2$ 评价、回归系数 t 检验以及模型

F 检验。t 检验对每个回归系数分别进行检验，原假设是对应的回归系数等于 0，在原假设成立的假设下根据回归系数的估计值以及估计量的标准差构造服从 t 分布的检验统计量进行检验，判断相应的回归系数是否显著有效。而 F 检验是对所有的回归系数是否同时显著不等于 0 进行检验，基于方差分析构造在原假设下服从 F 分布的统计量来完成检验。在一元回归下，t 检验和 F 检验的结果相同，但是在多元回归下两者的侧重点有所不同。t 检验侧重于对单个变量的回归系数显著性进行检验，而 F 检验偏重于对回归模型全局显著性的检验。

我们称 $\sum_{i=1}^{n}(Y_i-\bar{Y})^2$ 为总平方和 SST，$\sum_{i=1}^{n}(\hat{Y}_i-\bar{Y})^2$ 为回归平方和 SSR，$\sum_{i=1}^{n}(Y_i-\hat{Y}_i)^2$ 为残差平方和 SSE，于是有 SST ＝ SSR ＋ SSE，而

$$R^2 = \frac{\text{SSR}}{\text{SST}} \tag{7.7}$$

被称为决定系数，其取值在 0 到 1 之间，R^2 的取值越大则线性模型对样本数据的拟合效果越好，反之则拟合效果越差。R^2 如果等于 1，则表明所有的样本点都恰好落在同一条直线上面，即回归直线。R^2 评价为我们提供了一种关于回归模型对样本数据拟合效果的直观评价，是模型检验之外关于模型评价的一种补充参考，但是不能用它作为回归模型预测能力的评价依据。

此外，我们还要通过对残差进行分析来检验回归模型关于随机误差独立同分布于均值为 0 的正态随机变量这一假设是否成立进行验证。我们可以绘制残差序列的 Q-Q 图，观察散点是否基本处于一条直线周围来验证残差的正态性，如果残差 Q-Q 图散点基本处于一条直线周围则大致可认为随机误差服从正态分布。当然，我们也可以用 Shapiro-Wilk 检验等假设检验的方法来检验随机误差的正态性。

如果随机误差满足模型假设，则绘制出的残差图中残差散点应该表现为围绕在零轴周围(0 均值假设) 没有任何趋势的白噪声。通过对残差图进行分析可以分析回归模型的前提假设是否满足，回归结果是否可信。

图 7-3(a) 中的残差图是正常的残差图样式。图 7-3(b) 中的残差图显示随机误差的方差并不相同，存在异方差的情况。图 7-3(c) 中显示的残差图则显示自变量和因变量之间仍然存在着非线性的趋势关系，或者数据存在自相关性。

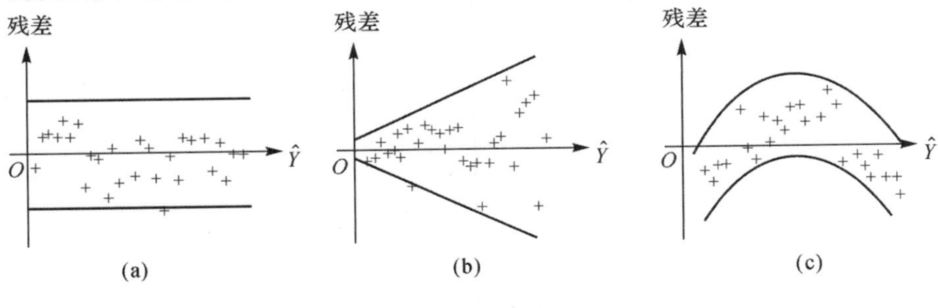

图 7.3　残差

式(7.2)中的自变量只有一个,此模型也被称为一元线性回归,当自变量的个数超过一个时,则相应的回归模型称为多元线性回归,回归方程如下:

$$Y = \beta_0 + \beta_1 X_1 + \beta_2 X_2 + \cdots + \beta_p X_p + \varepsilon, \varepsilon \sim N(0, \sigma^2) \tag{7.8}$$

当有 n 组满足模型(7.8)的独立观测样本 $O_i = (X_{i1}, X_{i2}, \cdots, X_{ip}, Y_i), i = 1, 2, 3, \cdots, n$ 时,我们记:

$$\boldsymbol{Y} = \begin{bmatrix} Y_1 \\ Y_2 \\ \vdots \\ Y_n \end{bmatrix}, \boldsymbol{X} = \begin{bmatrix} 1 & x_{11} & x_{12} & \cdots & x_{1p} \\ 1 & x_{21} & x_{22} & \cdots & x_{2p} \\ \vdots & \vdots & \vdots & & \vdots \\ 1 & x_{n1} & x_{n2} & \cdots & x_{np} \end{bmatrix}, \beta = \begin{bmatrix} \beta_1 \\ \beta_2 \\ \vdots \\ \beta_p \end{bmatrix}, \varepsilon = \begin{bmatrix} \varepsilon_1 \\ \varepsilon_2 \\ \vdots \\ \varepsilon_n \end{bmatrix} \tag{7.9}$$

则回归模型(7.8)的矩阵表示形式为:

$$\boldsymbol{Y} = \boldsymbol{X}\beta + \varepsilon \tag{7.10}$$

同样,我们假设随机误差独立同分布于0均值的正态分布。和一元回归模型一样,我们依然可以采用最小二乘估计来对回归系数进行估计,即最小化目标损失函数:

$$J(\theta) = \sum_{i=1}^{n} (Y_i - \beta_0 - \beta_1 X_{i1} - \beta_2 X_{i2} - \cdots - \beta_p X_{ip})^2 \tag{7.11}$$

得到回归系数的最小二乘估计为:

$$\hat{\beta} = (X'X)^{-1} X'Y \tag{7.12}$$

得到回归的估计方程后,并不能直接拿来用,仍然需要对回归模型进行 t 检验、F 检验和拟合优度 R^2 评价。然后再根据残差分析等方法来检验是否违背模型假设。如果数据违背模型假设,那么最小二乘估计得到的回归系数估计量则不会具有如最小方程、无偏等优良性质,基于独立同分布的正态假设得到的模型检验结果也会失真,那么估计的方法则需要改进。例如,数据存在异方差性时,我们可以采用加权最小二乘法、Box-Cox 变换法等来消除异方差的影响。

多元线性回归会遇到一些常见的问题,其一是变量选择。建模前,我们并不知道各自变量与因变量之间的真实关系,在探索性建模时可能会引入较多的自变量来进行建模,其中可能有些自变量和因变量之间的关系较弱,解释能力较差,另外一些自变量之间包含的解释信息可能会有重叠,这样便会出现一些自变量的回归系数的 t 检验不显著,这时就需要对变量进行选择,从而使得模型更加紧凑稳健。

增减变量的一个准则是删减一个变量后的模型解释能力和原模型相比解释能力不能有显著性的减弱,否则不能从模型中删减该变量;增加一个变量后的模型的解释能力和原模型相比解释能力必须要有显著性的增强,否则不能增加引入该变量。我们可以通过方差分析来检验两个回归模型之间解释能力是否存在差异性。基于此准则我们可以使用筛选变量的逐步回归法来验证。

逐步回归的基本思想是将变量逐个引入模型,每引入一个解释变量后都要进行 F 检验,并对已经选入的解释变量逐个进行 t 检验,当原来引入的解释变量由于后面

解释变量的引入使解释能力变得不再显著时，则将其删除，以确保每次引入新的变量之前回归方程中只包含显著性变量。这是一个反复的过程，直到既没有显著的解释变量选入回归方程，也没有不显著的解释变量从回归方程中剔除为止，以保证最后所得到的解释变量集是最优的。

逐步回归法选择变量的过程包含两个基本步骤：一是从回归模型中剔出经检验不显著的变量；二是引入新变量到回归模型中。常用的逐步筛选变量的方法有向前法、向后法、逐步回归法。

(1) 向前法：其思想是变量由少到多，每次增加一个，直至没有可引入的变量为止。

(2) 向后法：与向前法正好相反，它事先将全部自变量选入回归模型，然后从中选择一个最不重要的变量进行删除，直至没有变量能够在不显著的影响模型解释能力的前提下被删除为止。

(3) 逐步回归法：结合了向前法和向后法，有进有出。具体做法是：每次如果有可能，增加一个可以显著提高模型解释能力的变量并删掉一个对模型解释没有显著帮助的变量。

此外，筛选变量的准则还有赤池信息量(AIC)准则、C_p 统计量准则、自由度调整复决定系数准则等。其中

$$\mathrm{AIC} = -2\ln L(\hat{\beta}_L, Y) + 2p \tag{7.13}$$

其中，$L(\hat{\beta}_L, Y)$ 为在最大似然估计下具有 p 个自变量时的样本似然函数；$\hat{\beta}_L$ 是回归系数的最大似然估计。

$$C_p = (n-m-1)\frac{\mathrm{SSE}_p}{\mathrm{SSE}_m} - n + 2p \tag{7.14}$$

其中，SSE_p 是具有 p 个自变量的回归模型的残差平方和；SSE_m 是全模型的残差平方和；n 为数据中包含的观测个数；m 为全部变量的个数。

$$Adj-R^2 = 1 - \frac{n-1}{n-p-1}(1-R^2) \tag{7.15}$$

然后我们需要针对全部自变量的所有子集分别与因变量 Y 建立回归模型，AIC 准则就是在所有变量子集的回归模型中选择 AIC 值最小的模型作为变量选择后的模型，其中对应的变量子集则为变量筛选的结果。C_p 统计量准则类似，是寻找 C_p 值最小的回归模型，而自由度调整复决定系数准则却是要在所有变量子集中寻找 $Adj-R^2$ 值最大的变量子集。

多元线性回归经常出现的另一个需要注意的问题是多重共线性问题。通常，回归模型中自变量相互之间具有很强的关联性，于是就会存在多重共线性问题。当自变量之间存在完全的线性相关关系时，$(X'X)^{-1}$ 将会不存在，因而回归系数的 OLSE 估计式(7.12) 也就不存在了。自变量之间很少会出现完全的线性相关关系，更常见的是近似共线性的情况，此时回归系数的 OLSE 估计虽然存在，但是回归系数 OLSE 估计

量的方差将会很大，于是即使 OLSE 估计是无偏的估计精度也会比较低，回归方程也就不具有参考价值了。关于多重共线性诊断，通常有方差膨胀因子（VIF）、特征根、条件数等常见的衡量指标。如果存在多重共线性，由于上述的原因，普通 OLSE 估计就不再适用了。为了消除多重共线性，我们可以剔除一些不重要的解释变量或者增加观测样本或者牺牲回归系数的无偏性来降低系数估计的方差以提高回归系数估计量的稳定性。如对普通 OLSE 估计进行改进后的主成分回归、岭回归、LASSO 等。

（1）主成分回归：主成分回归是一种多元统计模型，主要是对数据进行正交变换，变换后得到的正交变量称为主成分，可以根据方差贡献率标准来进行数据降维。这里我们用正交变换后的主成分替代原有的自变量与因变量进行普通 OLSE 回归分析，便可避免多重共线性的影响。

（2）岭回归：在牺牲参数估计无偏性的前提下降低了参数估计量的方差，回归系数的岭回归估计为 $\hat{\beta}(k) = (X'X + kI)^{-1}X'Y$，$k > 0$ 为岭参数，当 $k = 0$ 时岭回归即普通 OLSE 估计。岭回归的损失函数在普通 OLSE 回归的损失函数基础上加上了回归参数的 L^2 范数作为惩罚项，即

$$J(\theta) = \frac{1}{2n}\sum_{i=1}^{n}(Y_i - \beta_0 - \beta_1 X_{i1} - \beta_2 X_{i2} - \cdots - \beta_p X_{ip})^2 + k\sum_{j=0}^{p}\beta_j^2 \tag{7.16}$$

当损失函数中引入的惩罚项改为 L^1 范数时则为 LASSO 回归，此时的损失函数形式为

$$J(\theta) = \frac{1}{2n}\sum_{i=1}^{n}(Y_i - \beta_0 - \beta_1 X_{i1} - \beta_2 X_{i2} - \cdots - \beta_p X_{ip})^2 + k\sum_{j=0}^{p}|\beta_j| \tag{7.17}$$

7.3.3.2　分类方法

分类是非常重要的数据预测技术，它有着非常广泛的应用，实际的应用例子也非常多。例如，银行征信部门可以利用信用卡的历史记录以及用户的基本信息，来判断用户是否具有良好的信用。所谓分类，就是在已有数据集上学习一个分类函数或者构造一个分类模型，也就是构造一个分类器，该分类器能将集中的数据映射到给定的类别，从而实现数据的预测目的。分类预测输出的是离散型值，它需要通过计算对目标进行预测。

数据分类是一种有监督的学习，根据已知分类的训练样本数据训练出分类规则来根据数据的属性值进行分类判别，常见的分类模型有 Logistic 回归、贝叶斯定理、KNN（k 邻近）模型、决策树等方法。

Logistic 回归适用于只有两个分类类别的数据（$y = 0$ 或者 $y = 1$），Logistic 回归对 Y 的取值概率进行建模，令 $p = P\{y = 1 | x;\theta\}$，Logistic 回归的表达式为

$$p = Pr\{Y = 1 | x;\theta\} = \frac{1}{1 + \mathrm{e}^{-(\theta_0 + \theta_1 x_1 + \cdots + \theta_n x_n)}} \tag{7.18}$$

此时，回归系数不能用最小二乘法来进行估计，但是可以运用最大似然方法来进行估计。通过最大似然函数估计出回归系数 θ 后，未知分类的样本数据可以根据自变

量 x 的取值代入式(7.18),最终得出该样本的分类预测概率的估计值,再根据 p 预测值的大小来决定数据的分类。一般情况下当 $p > 0.5$ 时未知样本的类别归属可以被预测为$y = 1$,否则预测为 $y = 0$。当数据的已知类别超过两类时,可以对 Logistic 回归做适当的改进,如使用多项式回归以及有序回归进行改进。

KNN 模型主要是通过计算不同特征之间的距离来进行分类。它的主要思想是:如果所有数据中与一个样本距离最近的 k 个数据中属于某一个类别的占大多数,那么该样本就属于这个类别,在这里k通常取不大于20的整数。为了避免对象之间的匹配问题,KNN 算法通过计算不同数据对象之间的欧氏距离或曼哈顿距离来作为各个对象之间的非相似性指标。总体来讲,KNN 模型方法就是在训练集中数据标签已知的情况下,针对输入的测试数据,通过计算待测试数据与训练集中的所有数据之间的距离,从而找到训练集中与待测试数据最为相似的前 k 个数据,那么该测试数据就被分类为这 k 个最近距离数据中出现次数最多的那个类别。KKN 算法具体流程描述如下:

(1) 计算待测试数据与训练集中各个数据之间的距离。

(2) 将得到的距离按递增关系进行排序。

(3) 选择距离最小的 k 个数据点。

(4) 计算 k 个最近距离的数据点对应的各个类别的出现频率。

(5) 返回k个最近距离的数据点中出现频率最高的类别,并将它作为待测试数据的预测分类。

KNN 算法非常简单易懂,且易于实现,它不需要估计参数,也不需要进行训练。同时,它同样适合于对稀有事件进行分类,特别适合于多分类的问题。当 $k = 1$ 时,KNN 算法属于最近邻算法,它可以直接根据最近邻点的类别判定待分类样本的类别。但是当数据样本不平衡时,如一个类的样本容量很大,而其他类的样本容量很小时,就有可能导致当输入一个新样本时,该样本的 k 个邻居中大容量类的样本占多数,从而导致小容量样本的类别无法预测准确。另外,KNN 算法的计算量较大,因为它需要对每一个待分类的文本都要计算它到全体已知样本的距离,才能求得它的 k 个最近邻点。

决策树是应用非常广泛的一种分类方法,它利用树结构进行决策,每一个非叶子节点是一个判断条件,每一个叶子节点是一条规则。每一个样本从根节点开始,经过多次判断得出结论。决策树的构建是数据逐步分裂的过程,构建的步骤如下:

步骤 1:将所有的数据看成是一个节点;

步骤 2:从所有的数据特征中挑选一个数据特征对节点进行分割;

步骤 3:生成若干子节点,对每一个子节点进行判断,如果满足停止分裂的条件,进入步骤 4;否则,进入步骤 2;

步骤 4:设置该节点是子节点,其输出的结果为该节点数量占比最大的类别。

当树的当前节点内的数据已经完全属于同一类别或者到达节点内的数据样本数

低于某一阈值或者所有属性都已经被分裂过时，决策树将停止生长。任何一个决策树算法的核心步骤是确定一个属性进行分裂，即选择哪个属性将当前数据集分成若干个子集，从而形成若干个子节点。ID3 是最有影响力的决策树算法之一，它采用“信息增益”来选择分裂属性。首先我们把一个事件的不确定程度叫作“熵”，熵越大表明这个事件的结果越难以预测。当一个数据集中的所有数据都属于同一类时，这时候的熵就为 0，因为这时没有不确定性。信息增益的衡量标准是看特征能够为分类系统带来多少信息，带来的信息越多，则说明该特征越重要。对一个特征而言，系统有它和没它时信息量将发生变化，而这时前后信息量的差值就是这个特征给系统带来的信息量。所谓信息量，就是熵。系统原先的熵是 $H(X)$，在条件 Y 已知的情况下系统的熵（条件熵）为 $H(X|Y)$，信息增益就是这两个熵的差值。

ID3 是一个典型的决策树分类算法，它的优点是计算时间与数据规模线性相关，因而能比较快地构造决策树。然而由于具有更多取值的属性的信息增益相对较大，因而选择信息增益作为属性分裂准则的一个问题是它更偏向于选择具有更多取值的属性作为节点分裂属性。另外，ID3 算法只能处理类别型的属性，不能处理数值型的属性；它生成的是一棵多叉树，树的分支个数由分裂属性的不同取值个数决定；它也不会对树的分支进行修剪优化。为了克服这些问题，C4.5 算法在 ID3 的基础上进行了改进，以信息增益率作为属性分裂的准则，并能对连续型属性进行处理，增加了对属性值有缺失值的情况的处理以及对树进行了剪枝优化处理。

信息增益率指的是信息增益与属性熵的比值。某一属性熵可以用来称量该属性分裂数据集的均匀性和广度，如果样本数据在该属性上的取值分布越均匀则该属性的属性熵的值越大。因此，属性熵可以克服倾向于选择属性值较多且分布比较均匀的属性作为分裂属性的问题。

针对连续型属性，C4.5 算法首先将连续型属性按该属性的取值从小到大排序，然后分别选择其中的某一值作为阈值将数据集分割为两部分，形成两个分支。计算每一种可能的划分方案下的信息增益，并选择信息增益最大的所对应的那个阀值作为该属性的最优阀值。在这一过程中我们可以看到，对一个连续型属性进行处理时需要多次计算信息增益，因而需要一定的计算代价。

C4.5 算法也能处理样本数据不完整的情况，当某个样本中某个属性有缺失值时，它根据样本中已知的该属性的值来计算该样本属于各个类别的概率，这个有缺失值的样本可以属于任意一个类，只是概率不同而已。有了该样本属于各个类别的概率就可以计算各个类别的数量，从而可以计算信息增益。

决策树算法需要考虑算法的泛化能力，在样本数量有限的情况下，当决策树的规模超过一定量之后，其训练集的错误率减小，但测试集的错误率会增加，即出现过拟合的情况。C4.5 算法采用后剪枝的方法对生成的决策树进行剪枝，它分别计算每个节点分裂之前和之后的最坏情况下的误分类概率，如果该节点分裂后的误分类概率没有降低，则考虑剪掉这棵子树。

朴素贝叶斯分类算法是应用中最为广泛的一种基础贝叶斯算法，该方法简单，运算速度快。它基于两个假设条件，即任意两个属性之间相对独立；每个属性同等重要。朴素贝叶斯分类算法是在贝叶斯公式的基础上提出的，是一种利用概率统计知识进行分类的算法。该分类算法在先验概率与类条件概率已知的情况下，通过贝叶斯定理计算一个类别未知的给定样本属于各个类别的概率，并且选择其中概率最大的类别作为该样本的确定类别。但因为贝叶斯定理的成立依赖于严格的属性值独立性假设前提，而此假设前提在实际应用中常常是错误的，因此这种分类算法的准确率会降低。

7.3.3.3 聚类分析

当数据集中的标签未知时，聚类分析通过计算数据集内数据的相似性，从而将数据集划分为多个类别，其目的是使得属于同一类别内的数据具有较大的相似度而属于不同类别间的数据有较小的相似度。例如，移动公司利用客户的历史记录数据发现不同的用户群，并且用不同的行为模式来刻画不同群组的特征。另外，聚类分析还可以应用在欺诈探测中，聚类分析中的孤立点就可能预示着该数据对应的用户是存在欺诈行为的。聚类分析是数据分析中的重要内容，是一种无监督的学习方法。所谓无监督学习，指的是数据没有类别标记，事先不知道类别的个数和结构。

在进行聚类分析过程中，我们需要刻画数据之间的相似度，常见的有以下几种数据之间相似度的计算方法。为了描述更方便，我们用 $x^i = (x_1^i, x_2^i, \cdots, x_n^i)$ 来表示数据集中的第 i 条记录。第一种相似度的计算方法是闵可夫斯基距离，也叫作 p 范数，其定义如下：

$$\mathrm{dist}(x^i, x^j) = \left(\sum_{k=1}^{n} |x_k^i - x_k^j|^p\right)^{\frac{1}{p}}$$

当 $p=2$ 时，闵可夫斯基距离就是常见的欧式距离；当 $p=1$ 时，闵可夫斯基距离就是常见的曼哈顿距离；当 $p=\infty$ 时，闵可夫斯基距离就是常见的契比雪夫距离。另一种计算相似度的方法是用数据之间的相似系数来表示数据之间的距离，比较常见的有余弦相似度距离。当数据中第 k 个属性是离散型属性时，闵可夫斯基距离的计算有如下方式给出：当 x_k^i 与 x_k^j 属于同一个类别时，$|x_k^i - x_k^j| = 0$；当 x_k^i 与 x_k^j 属于不同的类别时，$|x_k^i - x_k^j| = 1$。因此，为了消除量纲对距离计算的影响，我们在对数据进行聚类之前，一般需要对数据进行归一化处理，以消除量纲对聚类结果带来的影响。

下面介绍几类常见的聚类算法：K-means 算法、最大期望算法、DBSCAN 算法以及 OPTICS 算法。

K-means 算法，通常也被称为 $k-$ 平均或 $k-$ 均值算法，它是一种应用非常广泛的聚类算法。K-means 算法是一种基于划分的聚类方法；基于划分的聚类方法的核心思想是对一个给定的有 m 个对象的数据集，划分聚类技术将构造数据的 k 个划分，每一个划分代表一个簇，$k \leqslant n$。也就是说，聚类将数据划分为 k 个簇，而且这 k 个划分要满足每一个簇至少包含一个对象，且每一个对象属于且只能属于一个簇。对于给定的k，为了得到数据集的一个划分，算法首先针对数据集给出一个初始的划分方法，然后通过反复迭代更新的方法改变划分，使得每一次更新之后得到的划分方案都较前一次更好。

K-means算法的具体计算过程介绍如下：首先随机地选择数据集中的k个数据对象，并将每个数据对象作为一个簇的平均值或中心的初始值。然后分别计算每个数据对象到各个簇中心的距离，通过计算比较并将每个数据对象赋予与它距离最近的中心点所对应的簇。最后根据已经标好的簇的所有数据重新计算每个簇的平均中心。这个过程不断重复迭代，一直到准则函数收敛。在K-means算法中通常使用平均平方误差作为准则函数。

K-means算法是一种经典算法的解决聚类问题的方法，它的优点是算法能简单快速地计算求解，因此K-means算法对处理大数据集能保持一定的可伸缩性和高效率。而且当最终的结果簇是密集的，它的聚类效果也是较好的。但是K-means算法是只能在簇的平均中心可以定义的情况下才能使用，因而它可以不适用于某些应用。另外，为了得到聚类结果，我们必须事先给出k(要生成的簇的数目)，而且K-means算法的聚类结果是对初值敏感的，对于给定的不同的初始值，它可能会得到不同的聚类结果。K-means算法对噪声和孤立点数据也是敏感的，因而它也不适用于要发现非凸面形状的簇或者大小差别很大的簇的聚类问题。

在对实际数据进行聚类时，我们往往不知道每一数据的分布情况，也不知道它所属分布模型的参数值。因此，在进行聚类时，我们需要对这些参数进行初始猜测，然后在这些猜测参数的基础上计算每一数据的聚类概率，然后用这些概率再对参数进行重新估计，重复该过程。这种方法就是期望最大化法，即最大期望算法。

最大期望算法首先将数据集看成一个含有隐含变量的概率模型，然后在概率模型中寻找参数的最大似然估计或最大后验估计。由于含有隐含变量和模型参数，因此不能直接用极大化对数似然函数得到模型分布的参数。最大期望算法首先猜测隐含变量(E步)，然后基于观察数据和猜测的隐含变量一起来极大化对数似然函数，求解模型参数(M步)。

假定有包含m个独立样本的训练数据集$\{x^1, x^2, \cdots, x^m\}$，我们希望从中找到该组数据的分布模型$p(x,z)$的参数。为了建立参数的最大似然估计，我们给出如下目标函数：

$$\ell(\theta) = \sum_{i=1}^{m} \log p(x^i;\theta) = \sum_{i=1}^{m} \log \sum_{z^i} p(x^i, z^i;\theta)$$

其中，z是隐随机变量。由于上述公式含有隐藏随机变量，因而我们直接找到参数的估计是很困难的。退一步来讲，对每一固定的参数值，我们的方法是建立函数ℓ的下界，并且通过求该下界的最大值获得参数θ的估计值；重复执行这个过程，直到收敛到局部最大值。设$Q_i(z^i)$是一个分布，则利用Jensen不等式，我们有：

$$\begin{aligned} \ell(\theta) &= \sum_{i=1}^{m} \log p(x^i;\theta) = \sum_{i=1}^{m} \log \sum_{z^i} p(x^i, z^i;\theta) \\ &= \sum_{i=1}^{m} \log \sum_{z^i} Q_i(z^i) \frac{p(x^i, z^i;\theta)}{Q_i(z^i)} \\ &\geqslant \sum_{i=1}^{m} \sum_{z^i} Q_i(z^i) \log \frac{p(x^i, z^i;\theta)}{Q_i(z^i)} \end{aligned}$$

上述不等式仅当$\frac{p(x^i, z^i;\theta)}{Q_i(z^i)} = c$，$c$ 是常数时成立。又由于 $Q_i(z^i)$ 是一个分布，所以$\sum_z Q_i(z) = 1$。因此，我们有 $Q_i(z^i) = \frac{p(x^i, z^i;\theta)}{\sum_z p(x^i, z;\theta)} = \frac{p(x^i, z^i;\theta)}{p(x^i;\theta)} = p(z^i \mid x^i;\theta)$。从而，当 $Q_i(z^i) = p(z^i \mid x^i;\theta)$ 已知时，我们求得 $\ell(\theta)$ 的下界，通过求解极大化下界值，求得参数 θ 的值。

综上所述，对输入的数据集$\{x^1, x^2, \cdots, x^m\}$与联合分布 $p(x, z;\theta)$ 以及条件分布 $p(z \mid x;\theta)$，最大期望算法的整体流程如下：

(1) 随机产生模型参数 θ 的初值 θ^0。

(2) 重复执行如下步骤直至收敛：

①E 步：对每一个 i，计算联合分布的条件概率：

$$Q_i(z^i) = p(z^i \mid x^i;\theta)$$

②M 步：计算模型参数：

$$\theta = \arg\min_{\theta} \sum_{i=1}^{m} \log \sum_{z^i} Q_i(z^i) \frac{p(x^i, z^i;\theta)}{Q_i(z^i)}$$

另外一种常见的聚类方法是基于密度的聚类。基于密度的聚类方法的核心思想是，只要某一个区域内点的密度大于某个给定的阈值，我们就把它加到与之相邻近的聚类簇中去。基于密度的聚类算法能克服基于距离的聚类算法只能发现“类圆形”的聚类簇的缺点，它可发现任意形状的聚类簇，而且对噪声数据是不敏感的。但由于密度单元的计算复杂度较大，因而我们需要建立空间索引来降低总体计算量。

DBSCAN 算法是一个比较有代表性的基于密度的聚类算法。与基于划分的聚类方法不同，它将聚类簇定义为密度相连的点的最大集合。DBSCAN 算法能够把数据集中具有足够高密度的数据区域划分为一个簇，并且可在有“噪声”的数据集中发现任意形状的聚类簇。为描述方便，我们称一条数据为一个对象，下面我们介绍 DBSCAN 算法中几个重要的相关概念。

对象的 ε 临域：与给定对象的距离小于等于 ε 的所有对象的集合。

核心对象：也称为核心点，指的是该对象的 ε 临域至少包含最小数目 MinPts 个对象。

边界点：该对象落在某个核心对象的邻域内，但不是核心对象。

噪声点：既不是核心点，也不是边界点的任何对象。

直接密度可达：对给定一个的对象集合 $\boldsymbol{D}$，p 与 q 是集合 $\boldsymbol{D}$ 中的对象。如果 p 是在 q 的 ε 邻域内，而 q 是一个核心对象，我们说对象 p 从对象 q 出发是直接密度可达的。

密度可达：对给定一个的对象集合 $\boldsymbol{D}$，如果存在一个对象链 $p_1, p_2, \cdots, p_n, p_1 = q, p_n = p$，对 $p_i \in \boldsymbol{D}$，$(1 \leqslant i \leqslant n)$，$p_{i+1}$ 是从 p_i 关于 ε 和 MinPts 直接密度可达的，则对象 p 是从对象 q 关于 ε 和 MinPts 密度可达的。

密度相连：如果对象集合 $\boldsymbol{D}$ 中存在一个对象 o，使得对象 p 和 q 是从 o 关于 ε 和 MinPts 密度可达的，那么对象 p 和 q 是关于 ε 和 MinPts 密度相连的。

噪声：一个基于密度的聚类簇是基于密度可达性的最大的密度相连对象的集合，我们称不包含在任何簇中的对象为“噪声”。

DBSCAN 算法需要计算数据集中每个对象的 ε 邻域，并基于对象的 ε 邻域来寻找聚类结果。如果一个对象 p 的 ε 邻域包含的对象个数多于 MinPts 个，则创建一个 p 作为核心对象的新簇。然后，DBSCAN 算法反复地搜索寻找与这些核心对象直接密度可达的对象，在这个过程中可能会涉及一些密度可达簇的合并。当没有新的点可以被添加到任何簇时，该过程结束。

DBSCAN 算法伪代码如下：

```
输入：数据集 D，参数 ε 与 MinPts，输出：簇集合。
首先将数据集 D 中的所有对象标记为未处理状态
for 数据集 D 中每个对象 p do
  if  p 已经归入某个簇或标记为噪声 then
    continue;
  else
    检查对象 p 的 ε 邻域；
    if 对象 p 的 ε 邻域包含的对象数小于 MinPts then
      标记对象 p 为边界点或噪声点；
    else
      标记对象 p 为核心点，并建立新簇 C，并将 p 邻域内所有点加入 C
      for 对象 p 的 ε 邻域中所有尚未被处理的对象 q  do
        检查其对象 q 的 ε 邻域，若对象 q 的 ε 邻域包含至少 MinPts 个对象，则将
      对象 q 的 ε 邻域中未归入任何一个簇的对象加入 C；
      end for
    end if
  end if
end for
```

从 DBSCAN 算法的计算流程，可以看出它的基本时间复杂度是 O(N× 找出 ε 领域中的点所需要的时间)，N 是数据点的个数，最坏情况下的时间复杂度是 $O(N^2)$。

在低维空间数据中，有一些数据结构如KD树，可以有效地检索特定点给定距离内的所有点，使得可以将DBSCAN算法的时间复杂度降低到$O(N\log N)$。DBSCAN算法在低维或高维数据中，空间复杂度都是$O(N)$，它对于每个点都只需要维持少量的数据，即聚类簇的标号和每个点的标识(核心点或边界点或噪声点)。

DBSCAN算法是基于密度定义的聚类算法，它能处理任意形状和大小的聚类簇，而相对抗噪声。但是当簇的密度变化太大时，它会遇到麻烦，特别是对于高维数据的聚类问题，其密度定义会给DBSCAN算法的聚类带来麻烦。

由于在DBSCAN算法中，变量ε、MinPts是全局统一的，因此当聚类数据集的密度不均匀、聚类间的距离相差很大时，DBSCAN算法的聚类质量较差。而且许多现实中获得的数据集，其内在的聚类结构不能够通过全局单一的密度参数来刻画，因而我们需要针对数据集中的不同区域数据的聚类采用不同的局部密度。

尽管DBSCAN算法能够根据给定的输入参数ε和MinPts得到聚类结果，但是它需要用户给出能产生可接受的聚类结果的参数值，即把困难留给了用户，这是许多其他算法都存在的问题。但是对于高维数据而言，给出一个比较准确的参数往往是非常困难的，而且参数设置稍有不同都有可能导致聚类结果的差别很大，因而全局的密度参数不能很好地刻画数据集内在的聚类结构。

OPTICS聚类分析方法也是一种基于密度的聚类方法，它克服了在DBSCAN聚类算法中使用一组全局密度参数的缺点。设p为数据集$\boldsymbol{D}$中的对象，对于给定的ε和MinPts，下面给出算法中相关的两个概念：

p的核心距离：使得对象p成为核心对象的最小半径ε'，即ε'是使p能成为核心对象所需要的最小半径。若p的ε邻域包含的对象数小于MinPts，即p不是核心对象，则此时核心距离没有定义。

对象q关于对象p的可达距离：p的核心距离和p，q的距离之间的较大值，这里对象p必须是核心对象且q在p的邻域内，即若p的ε邻域包含的对象数小于MinPts，即p不是核心对象，则对象q关于对象p的可达距离没有定义；否则，对象q关于对象p的可达距离定义为Max(核心距离，p、q的距离)。对象q关于对象p的可达距离是使对象q从对象p密度可达的最小半径。

OPTICS算法在计算过程中并不是直接产生数据及聚类的结果，而是输出簇的一个排序。这个排序是所有分析对象的线性表，它代表了数据基于指定密度的聚类结构，使得较稠密的聚类簇中的对象能在簇的排序中相互靠近，这个排序等价于从较广泛的参数设置中得到基于密度的聚类。基于此，OPTICS算法不需要用户提供特定的密度阈值，这个簇排列可以被用来提取最基本的聚类信息，从而导出数据集的内在聚类结构，当然这个簇排列也可以提供聚类的可视化。

OPTICS算法计算给定数据集中的所有对象的排序，并且存储每个对象核心距离和相应的可达距离。OPTICS维护一个称作order seeds的表来产生输出排列，order seeds中的对象按到各自的最近核心对象的可达距离排序，即按每个对象的最小可达距离排序。OPTICS 算法首先计算出数据集的点排序序列，然后根据得到的有序种子队列，计算最终的聚类结果。这两个步骤的基本情况如下所述。

OPTICS 算法通过点排序识别聚类结构的流程如下：

(1)有序种子队列初始为空，结果队列初始为空。

(2)如果所有点处理完毕，算法结束；否则选择一个未处理对象(即不在结果队列中)放入有序种子队列。

(3)如果有序种子队列为空，返回步骤(2)，否则选择种子队列中的第一个对象 p 进行扩张。如果 p 不是核心节点，转步骤(4)；否则，对 p 的 ε 邻域内任一未扩张的邻居 q 进行如下处理。

①如果 q 已在有序种子队列中且从 p 到 q 的可达距离小于旧值，则更新 q 的可达距离，并调整 q 到相应位置以保证队列的有序性。

②如果 q 不在有序种子队列中，则根据 p 到 q 的可达距离将其插入有序队列。

(4)从有序种子队列中删除 p，并将 p 写入结果队列中，返回步骤(3)。

给定有序结果队列，OPTICS 算法输出结果流程如下：

(1)从结果队列中按顺序取出点，如果该点的可达距离不大于给定半径 ε，则该点属于当前类别，否则至步骤(2)。

(2)如果该点的核心距离大于给定半径 ε，则该点为噪声，可以忽略，否则该点属于新的聚类，跳至步骤(1)。

(3)结果队列遍历结束，则算法结束。

7.3.3.4 关联分析

关联规则分析是数据分析中的重要热点领域之一，它反映的是一个对象与其他对象之间的相互关联的相互关系，如果多个对象之间存在相互关联，则可以通过对象之间进行预测。关联规则分析起源于购物篮分析、货物摆放，它的目的是寻找这些相应货物(变量)之间的关联关系，用以指导市场规划、广告策划等。在商店或超市中，由于大量条码机和 POS 机的广泛使用，顾客的购买数据被记录下来，这些店和超市积累了大量的数据。为了使商店经营得更好，人们开始分析数据，发现购买某些商品的人同时可能会购买另外一些商品。例如，购买计算机和打印机的人，还会同时购买科技书籍。利用关联规则分析，我们可以从数据中分析出形如“由于某些事件的发生而引起另外一些事件的发生”之类的规则。例如，“70%的顾客在购买面包的同时也会购买牛奶”，因此通过面包和牛奶货架的合理摆放或捆绑销售可提高超市的服务质量和效益。经典的“啤酒与尿不湿”的故事就是一个典型的关联规则分析的案例。后来关联规则分析也逐渐扩充到其他相关领域，成为一种比较常用的方法。

为了更好地介绍关联规则分析的基本过程，下面介绍关联规则相关的简单术语。

1. 项目

项目指的是一个具体的物品，如面包、牛奶等，用 i 表示。

2. 项目集

项目集指的是一组项目的集合，在这里我们用 $\boldsymbol{I}=\{i_1,i_2,\cdots,i_n\}$ 来表示。

比如 $\boldsymbol{D}$={面包，水果，牛奶，鸡蛋，蔬菜，猪肉，黄油，鱼，牛排，鲤鱼，鸡，白菜，大米，花生油}。

3. 一个事物

一个事物指的是一次购物记录，用 T 表示，例如 T_1={面包，水果，牛奶，鸡蛋}。

4. 支持度

支持度指的是在数据集中的某类项目集数目占数据集中的记录总数的比例。

5. 置信度

在某类项目集中，同时还存在另一些项目集。置信度指的是另一些项目集的数目占某类项目集的数目的比例。例如，存在{面包}的数目为5，存在{面包，牛奶}的数目为3，3占5的比例为60％，即置信度为60％，就是说买面包的人也是有人不买牛奶的。

6. 频繁项目集

频繁项目集指的是支持度超过用户定义的支持度阈值的那些项目集。例如，支持度阈值设定为30％，那么上面例子中的频繁项目集为{面包，牛奶}，{面包}，{牛奶}。

7. 关联规则

在这里，关联规则是用蕴含式规则的形式来表示的，例如：

{面包}→{牛奶}，其支持度为37.5％，置信度为60％。

{面包，水果}→{牛奶}，其支持度为12.5％，置信度为50％。

8. 强关联规则

强关联规则指的是支持度和置信度都超过给定阈值的关联规则。

9. 1-项目集和 k-项目集

只有一个项目的项目集称1-项目集，有 k 个项目的项目集称 k-项目集。例如，1-项目集 $\{i_1\}$，$\{i_2\}$，$\{i_k\}$；2-项目集 $\{i_1,i_2\}$，$\{i_1,i_3\}$，$\{i_1,i_4\}$；k-项目集 $\{i_1,i_2,\cdots,i_k\}$。在数据库 $\boldsymbol{D}$ 中，如果一个1-项目集的支持度超过给定的最小支持度，则称该1项目集为1-频繁项目集，用 L_1 表示。在数据库 $\boldsymbol{D}$ 中，一个 k-项目集的支持度超过给定的最小支持度，则称该 k 项目集为 k-频繁项目集，用 L_k 表示。

传统的关联规则分析通常需要经历两个步骤：一是寻找频繁（大）项目集，即寻找支持度大于最小支持度的项集；二是在频繁项目集中寻找强关联规则，即寻找支持度大于最小支持度和置信度大于最小置信度的关联规则。第二个任务目前已经基本解决，现在关于关联规则挖掘的研究工作大多为寻找频繁项目集的各种算法。

Apriori 算法是第一个关联规则挖掘的算法，它是由 Agrawal 等人于 1993 年提出的关联规则方法。这一方法奠定了关联规则的理论基础，它作为一个数据挖掘领域最有创意的新概念，被广泛使用，成为数据挖掘中一个最有影响的独立方法，也使得 Agrawal 本人成为 Data Mining 界最权威人士之一。Mannila 等人于 1994 年也独立提出了类似于 Apriori 的算法，从此 Apriori 算法作为关联规则分析的典范，很多人围绕它进行了大量的研究。

Apriori 算法总体基于一个基本的 Apriori 性质，即频繁项目集的非空子集都是频繁项目集。也就是说，如果 $T=\{i_1,i_2,i_3,i_4\}$ 为频繁项目集，即项目集 T 的支持度大于给定最小支持度，那么 $\{i_1,i_2,i_3\}$，$\{i_1,i_3,i_4\}$，$\{i_2,i_3,i_4\}$，$\{i_1,i_2\}$，$\{i_2,i_3\}$，$\{i_3,i_4\}$，…，$\{i_1\}$，$\{i_2\}$，$\{i_4\}$ 的支持度也都大于给定最小支持度。如购买{面包，牛奶，水果，鸡蛋，蔬菜}是频繁目集，那么{面包，牛奶，水果}肯定是频繁项目集。反过来，如果{面包，牛奶，水果}不是频繁目集，那么{面包，牛奶，水果，鸡蛋，蔬菜}肯定不是频繁项目集。

Apriori 算法就是利用这个基本的 Apriori 性质来建立关联规则的。算法首先寻找频繁项目集的候选集，然后对候选集进行计数，如果其支持度大于最小支持度，那么它就是频繁项目集。k-频繁项目集的候选集是用 $k-1$ 的频繁项目集 L_{k-1} 来产生的。生成候选集可以分成两步来实现：第一步利用 Apriori 性质进行连接；第二步再利用 Apriori 性质进行剪枝。

Apriori 算法产生频繁项目集候选集时的连接是按如下方式进行的：用两个 $k-1$ 频繁项目集连接成 k 频繁项集候选集，$L_{k-1} * L_{k-1}=C_k$，其中 $*$ 为连接符。如果 $L_1=L_1[1]\ L_1[2]\ \cdots\ L_l[k-2]\ L_l[k-1]$，$L_2=L_2[1]\ L_2[2]\ \cdots\ L_2[k-2]\ L_2[k-1]$，当 L_1 和 L_2 的前 $(k-2)$ 项一样，则用此前 $(k-2)$ 项，再加上后面的两个 $(k-1)$ 项形成 k 项目集，这就是 C_k，即 K 频繁项目集的候选集 $L_1[1]\ L_1[2]\ \cdots\ L_l[k-2]\ L_l[k-1]\ L_2[k-1]$。例如：$\{i_1,i_3,i_4,i_6\}$ 与 $\{i_1,i_3,i_4,i_8\}$ 是 4 频繁项目集，则可以产生的 5 频繁项目集的候选集为：$\{i_1,i_3,i_4,i_6,i_8\}$。

Apriori 算法由 L_{k-1} 生成 k-频繁项目集的候选集 C_k 时，所有可能的 L_k 都在 C_k 中，但候选项目集 C_k 可能仍然很大，这就需要对 C_k 进行剪枝，再使 C_k 减小，从而得到最终的 k-频繁项目集的候选集。Apriori 算法的剪枝按如下过程进行：算法再次判断 C_k 中元素的所有 $k-1$ 子项目集是否在 L_{k-1} 中，如果存在一个 $k-1$ 子项目集不在 $k-1$ 频繁项目集中，那么这个元素就不会是 k-频繁项目集，需要从 C_k 中删除，C_k' 就会大大减小。例如，由 $\{i_1,i_3,i_4,i_6\}$ 与 $\{i_1,i_3,i_4,i_8\}$ 产生的 $\{i_1,i_3,i_4,i_6,i_8\}$，如果 $\{i_3,i_4,i_6,i_8\}$ 或 $\{i_1,i_4,i_6,i_8\}$……不在 L_{k-1} 中，则 $\{i_1,i_3,i_4,i_6,i_8\}$ 就应删去。

Apriori 算法的基本流程如下：

输入：数据集合 $\boldsymbol{D}$，支持度阈值 α。

输出：最大的 k-频繁项目集。

(1)扫描整个数据集,得到所有出现过的数据,作为候选 1-频繁项目集。$k=1$,0-频繁项目集为空集。

(2)挖掘 k-频繁项目集

①扫描数据计算候选 k-频繁项目集的支持度

②去除候选 k-频繁项目集中支持度低于阈值的数据集,得到 k-频繁项目集。如果得到的 k-频繁项目集为空,则直接返回 $k-1$ 频繁项目集的集合作为算法结果,算法结束。如果得到的 k-频繁项目集只有一项,则直接返回 k-频繁项目集的集合作为算法结果,算法结束。

③基于 k-频繁项目集,连接生成候选 $k+1$ 频繁项目集。

(3)令 $k=k+1$,转入步骤(2)。

Apriori 算法是一个很完美的方法,但它有两个额外开销:一是产生大量的候选项目集,特别是 2-候选项目集;二是为了逐渐发现各个频繁项目集,需要多次扫描数据集。

为克服 Apriori 算法在生成关联规则时的上述两个问题,韩嘉炜等人在 2000 年提出了 FP-Growth 关联分析算法。该算法采用完全不同的方法来发现频繁项目集,它采用了一种 FP 树的紧凑结构来组织数据,然后再从该树结构中提取频繁项目集。FP 树的构造需要对数据集扫描两次,该树结构包含了频繁模式挖掘所需要的所有信息。该算法和 Apriori 算法最大的不同在于:一方面不需要产生候选项目集,另一方面只需要两次遍历数据库,从而大大提高了效率。

对于输入的数据集 $\boldsymbol{D}$ 和最小支持度阈值,基于 FP-树频繁模式挖掘算法的流程如下:

①构造 FP-树:

a. 扫描数据库 $\boldsymbol{D}$ 一次,收集 1-项目集,统计出其支持度,并形式递降排序的 L 表。

b. 创建 FP-树的根结点 null,逐条取出数据集 $\boldsymbol{D}$ 的数据,对取出 T 按 L 的次序重新排序,形成[p|P],p 为第一个元素,P 为余下的表。调用 inser-tree([p|P],T)。如 T 有子结点 N,且 N. iterm－name＝p. iterm－name,则 $N=N+1$;否则建新的 N,将 N 设为 1,链接到它的父结点 T,并通过结点链将其链接到具有相同 iterm－name 的结点。如 P 为非空递归地调用 insert-tree(P,N)。

②FP-树的挖掘通过调用 FP-growth(FP-tree,null)实现。过程实现如下:

```
  Procedure FP - growth(Tree,α)
if Tree 含单个路径 p then
for 路径 p 中结点的每个组合(记作 β)
  产生模式 α∪β,其支持度 Suport = β 中结点的最小支持度;
else
```

```
for each ai 在 Tree 的头部
{
    产生一个模式 β = ai∪α，其支持度 suport = ai.suport；
    构造β的条件模式基，然后构造β的条件 FP - 树 Tree_β；
    if Tree_β ≠ ∅  then
    调用 FP - growth(Tree_β，β)；
}
```

7.3.4 数据可视化分析

数据挖掘是数据分析技术的核心，然而数据挖掘的结果要想走向实际应用，分析结果的可理解性和可解释性是至关重要的。如果分析的结果正确但是没有采用适当的解释方法，则所得到的结果很可能让用户难以理解，甚至可能会误导用户。描述和解释数据的方法很多，比较传统的方式是以文本形式输出结果或者直接在计算机终端上显示结果。这种方法在面对数据量较小的情况时是一种很好的选择。但是，大数据时代的数据挖掘结果往往也是海量的，同时结果之间的关联关系也可能非常复杂，仍然采用文字和图表方式作为分析结果的表达和展示手段就显得捉襟见肘了，而图形化的数据展示方法则有助于数据使用者观察和理解数据自身的特征和数据挖掘分析的结果。在数据挖掘领域有这样一句箴言："一图胜千言。"意思是说，如果能将复杂的数据以某种可视化手段展现在人眼可观察的二维或三维空间中，不仅有助于人们理解数据分析的结果，而且有助于人们从不同的视角观察数据，进而发现新的模式。因此在数据分析领域，应特别重视数据可视化技术。可视化技术作为解释大量数据最有效的手段之一率先被科学与工程计算领域采用。事实上在我们的日常生活中，经常会接触到这样的技术，例如在电子商务领域经常见到的标签云和交易历史流，在互联网科研领域随处可见的空间信息流等。除了研发新的数据可视化技术外，在大数据时代，为了更好地发掘和利用大数据中潜在的价值，需要用户能够在一定程度上了解和参与具体的分析过程。为此需要重视人机交互技术，利用交互式的数据挖掘过程来引导用户逐步进行分析，使用户在得到结果的同时更好地理解分析结果的由来，从而可以帮助用户追溯整个数据挖掘的过程，有助于用户理解结果。

数据可视化分析就是将经过分析的现有数据转换为视觉元素，不同的视觉元素其视觉效果往往是不同的，可视化分析要根据现有数据的特性，找到合适的可视化方法，将数据直观地展现出来，以帮助人们理解数据。比如时间信息和空间信息，它们的可视化就要用不同的方式处理。

我们获得的数据可以是离散的也可以是连续的，连续性数据的可视化和离散型数据的可视化很相似。因为就算是连续性数据，我们采集到的数据仍然是离散且有

限的。数据的可视化常见的图表类型有折线图、柱形图、散点图、饼图、面积图等。

折线图(见图 7.4)是比较常用的图表,通常用于比较每组数据的变化趋势,适用于很多业务场景。柱形图的水平轴(也就是 x 轴)表示按时间先后顺序的时间点,竖直轴(也就是 y 轴)表示对应的数值,数值的大小用柱形的高度来刻画。数值越小,柱形就越矮;数值越大,柱形就越高。柱形图还有许多丰富的应用。如堆积柱形图、瀑布图、横向条形图、横轴正负图等。柱形图非常适合用于项目和数据的比较,而且可以同时在 x 轴和 y 轴显示多组数据。散点图通常被用于表现两个变量之间的关系,它用位置来描述数值大小。你可以根据每个点的 x 轴和 y 轴坐标来观察,并且根据其他点的位置来进行相互比较。饼图是最传统的图表之一,它展示的是局部和整体之间的关系。我们用一个圆来代表整体,然后把它分成多个扇形,每一个扇形代表整体中的某一部分。面积图是看起来与折线图比较相似的图形,但是面积图的每个区域都填充上了颜色,因此它堆叠起来的视觉效果对比更加强烈。如果你希望在一段时间内进行绝对值或相对值的比较,那么可以选择面积图。

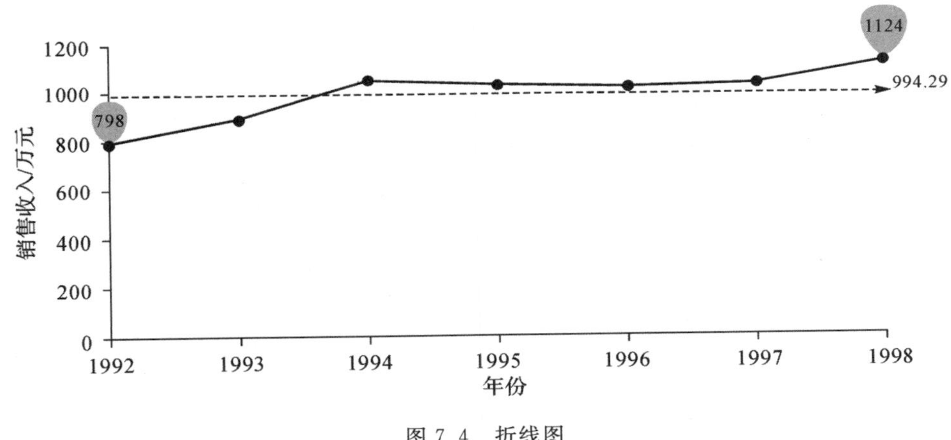

图 7.4　折线图

当我们获得的数据与要表达的主题跟地域空间有关时,我们可以选择用地图来作为大背景,让用户可以非常直观地了解数据的整体情况,同时也可以利用地理位置信息快速获得某一地区的详细数据。想要直观地展示与地域相关的数据在空间分布上的规律,我们可以对数据进行渲染,比如用折线图、柱状图、散点图、气泡图、饼图、雷达图、力导向布局图、漏斗图、热力图等来达到这一目的。

折线图就是用折线的形式来描述数据的上升或下降的增减变化趋势,它可以用来显示随时间变化的连续数据,很适用于展示时间间隔相等情况下数据的变化趋势。它一般适用于二维数据,特别是数据的发展趋势比单个数据更重要的场合。

堆积折线图(见图 7.5)可以显示多个数据系列在同一分类(或时间上)的值的总和的变化发展趋势,它一般适用于多个二维数据集之间的相互比较,如图 7.5 所示。

柱状图是用长度不等的长方形来表达数据分布情况的统计分布情况,主要用于

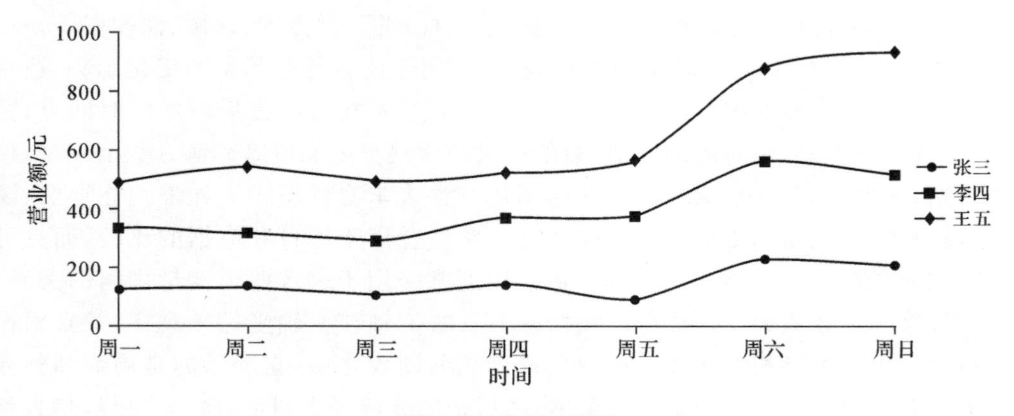

图 7.5 堆积折线图

数据的统计分析。如图 7.6 和图 7.7 所示，它一般适用于数据的某一个维度的比较，由于肉眼对高度的差异比较敏感，因此它一般用在中上小规模的数据集上的比较。

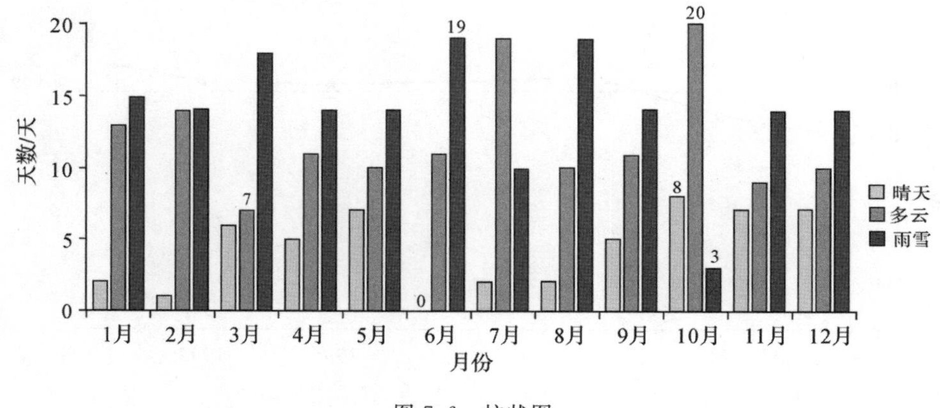

图 7.6 柱状图

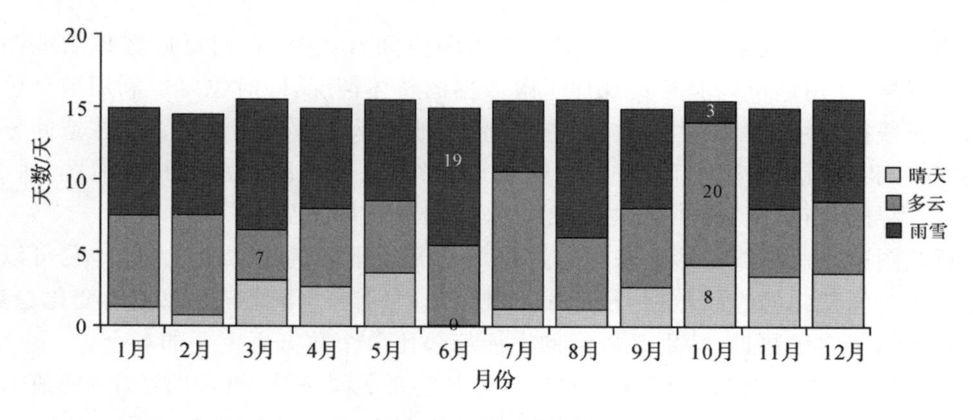

图 7.7 堆积柱状图

散点(气泡)图是根据数据中某一字段的数值大小进行渲染，数值越大，气泡圆圈

就越大。散点图适用于数据中两个维度之间的比较，显示这两个维度之间的关系，它能比较好地处理值的分布，且对于数据集中包含比较多的点，它也能很好地处理，如图 7.8 和图 7.9 所示。

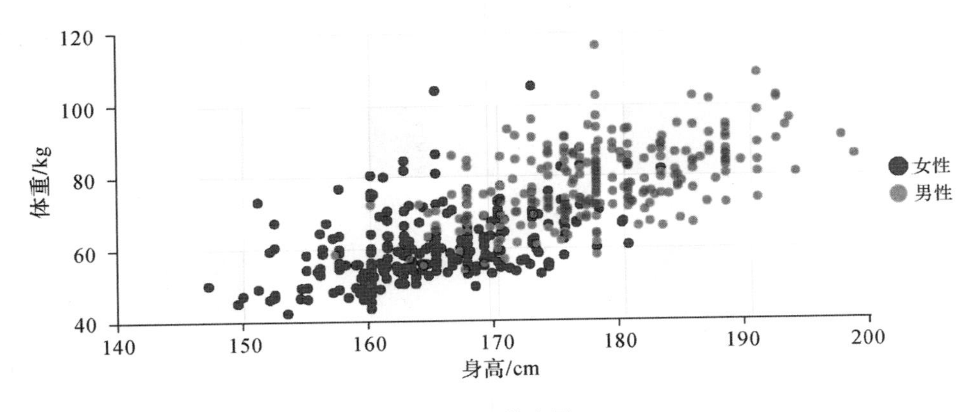

图 7.8 散点图

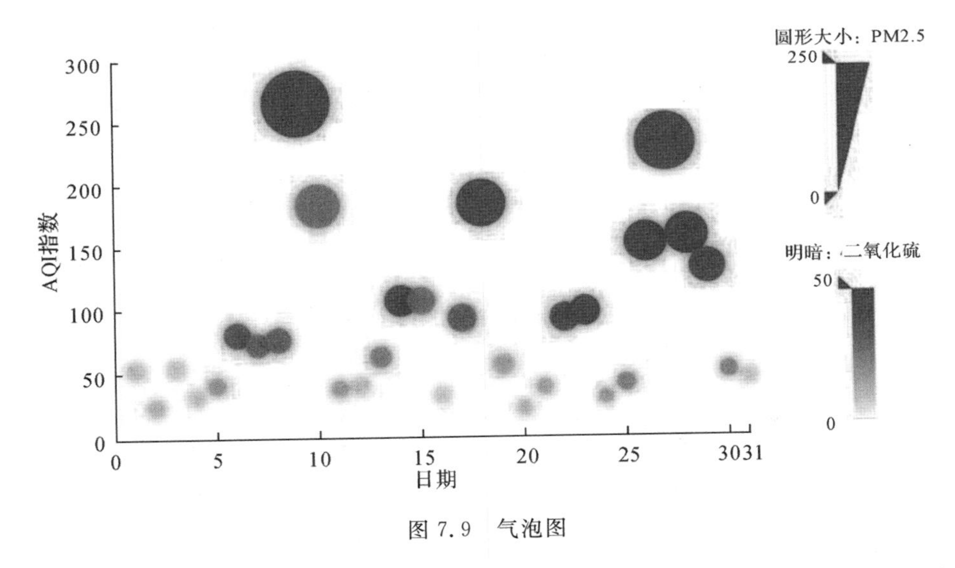

图 7.9 气泡图

饼图展示一个数据系列中各项值占各项总和的比例情况，它能很好地反映各个部分占整体的比重，如图 7.10 所示。

雷达图是显示多元数据的方法的一种，它以在同一点开始的轴上显示的三个或更多个变量的二维图表的形式来展示，其中轴的相对位置和角度通常是无意义的。雷达图适用于数据维数比较多的情况，主要用来了解各项数据指标的变化情况，如图 7.11 所示。

力导向布局图是一种用来呈现复杂关系网络的图表，它将数据系统中的每个数据点都看成是一个放电粒子。这些粒子间不仅存在着某种斥力，而且这些粒子被它们之间连接的线所牵连，从而产生引力，如图 7.12 所示。

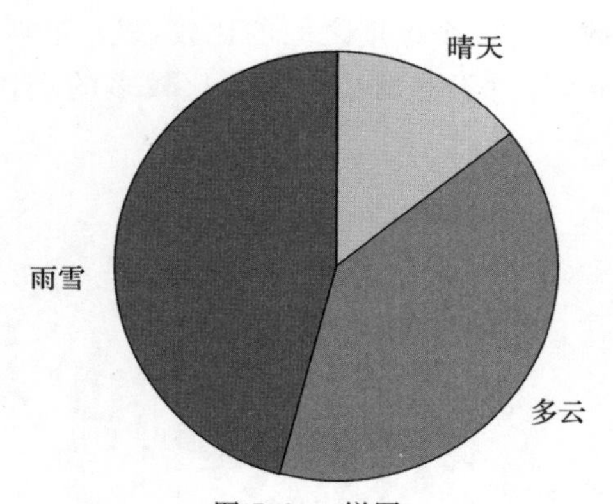

图 7.10　饼图

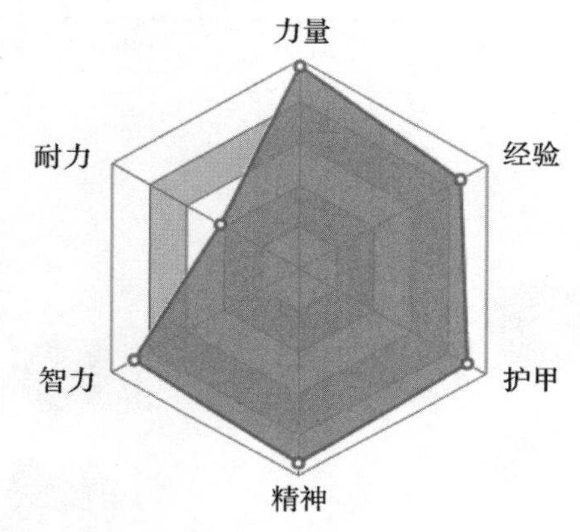

图 7.11　雷达图

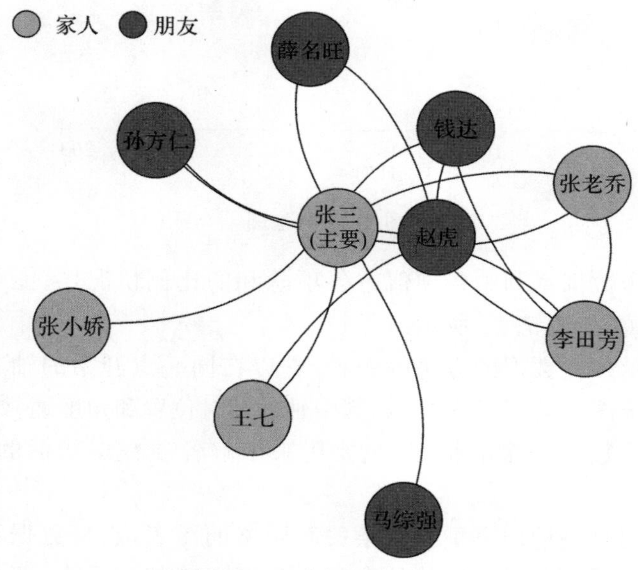

图 7.12　力导向布局图

与饼图一样，漏斗图呈现的也不是具体的数据，而是该数据相对于总数的占比，而且漏斗图不需要使用任何数据轴。漏斗图适用于对业务流程中比较大的数据进行流程分析，它能显示各个流程的转化率，如图7.13所示。

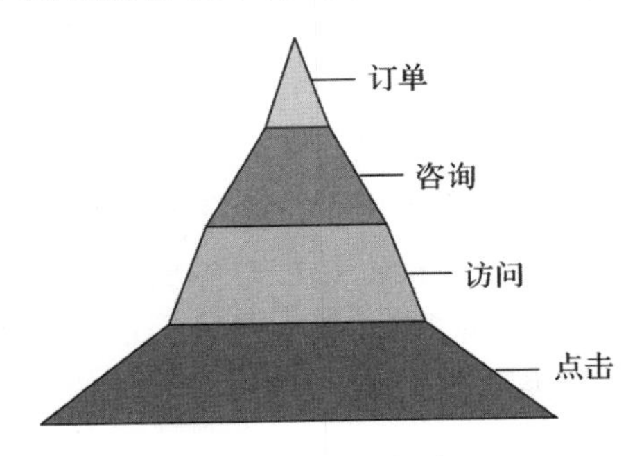

图7.13 漏斗图

热力图通过来渲染数据，它使用户能一眼就看出数据集之间的关联。热力图最大的作用是它可以突出一个点聚集的程度。热力图的点聚集得越多，说明热力值越高。

7.4 数据分析实例

7.4.1 智慧城管数据分析

随着城管信息化系统的发展，信息数据应用的发展也经历了三个阶段。

第一阶段：以业务部门为主导，以满足本部门业务管理需求为出发点建设和规划信息化系统，在这一阶段，数据主要存在于各个系统内部。例如城管办和执法局分别建设了审批权力阳光系统和执法权力阳光系统。前者负责渣土准运、养犬、户外广告的行政许可审批，后者负责违法户外广告、违章养犬、人行道违停的行政处罚工作。当时对于数据的应用主要集中在考核报表方面。

第二阶段：随着城管委的成立，业务的不断深化，业务重点开始向跨部门、跨职能联动转变，因此在这个阶段，通过数据交换满足业务联动成为建设的重要内容。例如在数字城管四期项目当中专门规划了“数字城管、数字执法业务系统对接”的建设内容，解决了一部分急迫的“两张皮”问题。但由于部分业务系统在规划时仅从自身业务需求角度出发构建基础数据，导致数据共享存在鸡同鸭讲的现象，信息共享并没有完全满足业务需求。同时，缺乏数据交换标准，导致了数据交换技术架构不统一、运维管理能力弱、后续系统无法平滑接入等问题。

第三阶段：开始建设初步的数据共享交换平台。城管委在数字城管五期当中构建了"SOA(面向服务的体系架构)服务管理平台"。通过该平台的建设,首先,系统性地梳理了当时城管委业务数据共享现状和共享需求,摸清了家底;其次,根据业务和数据的重要性,分若干个迭代周期将核心系统接入以 ESB(企业服务总线)为核心的数据交换平台。此外,还提供了统一门户对数据交换目录、调用测试用例、实施调用次数统计等信息进行归集展示,形成了业务系统数据交换接入技术规范和管理规范。

经过三个阶段的数据融合,很大程度上解决了业务数据交换的痛点问题。在接下来的文段中,我们将介绍数据分析技术在智慧城管中的应用。本应用主要基于某地区智慧城管 2011 年 9 月 21 日到 2017 年 6 月 25 日之间的案件统计数据,利用数据分析技术,建立案件小类分类预测模型。

7.4.1.1 数据描述

本应用中使用的是 2011 年 9 月 21 日到 2017 年 6 月 25 日之间某城市的案件统计数据,这个数据集共有 6 078 042 条记录,40 个属性,各个属性的名称及含义如表 7.1 所示。

表 7.1 数据属性名及含义

名称	含义	名称	含义
recid	案件标识 ID	tasknum	任务号
eventsrcid	问题来源 ID	eventsrcname	问题来源
eventtypeid	问题类型 ID	eventtypename	问题类型
maintypeid	问题大类 ID	maintypename	问题大类
subtypeid	问题小类 ID	subtypename	问题小类
eventdesc	问题描述	address	发生地址
districtid	所在区域 ID	districtname	所在区域
streetid	所在街道 ID	streetname	所在街道
communityid	所在社区 ID	communityname	所在社区
coordinatex	x 坐标	coordinatey	y 坐标
patrolid	巡查员 ID	patrolname	巡查员
patrolunitid	巡查员部门 ID	patrolunitname	巡查员部门
createtime	上报时间	reportnum	上报数
instnum	立案数	dispatchnum	派遣数
disposedepartcode	处置部门 ID	disposedepartname	处置部门
disposenum	处置数	intimedisposenum	及时处置数

续表

名称	含义	名称	含义
overtimedisposenum	超期处置数	intimetodisposenum	正常在办数
overtimetodisposenum	超期在办数	archivenum	结案数
datainsertdate	数据插入时间	dataupdatedate	数据更新时间
deleteflag	删除标记	deletedate	删除时间

在建模过程中，我们首先对异常数据进行过滤，在数据中存在 40 条记录的案件小类 ID 为空，81 条记录的案件小类 ID 为异常的 0 值，因此，我们将这些记录过滤掉。另外，对于数据中的名称字段以及几乎全部是空值的字段也过滤掉。

字段处理完成后，我们根据上报时间 createtime 构造新的字段年、月、工作日、时间段如图 7.14 至图 7.19 所示。

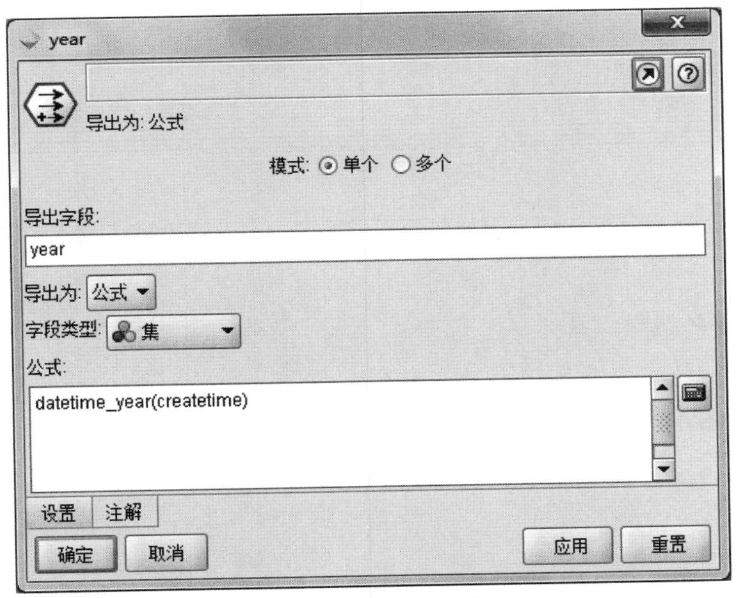

图 7.14　增加年字段

利用工作日与小时重新获得新的字段：工作日、非工作日以及上、下午和晚上字段，其中 1 表示工作日，0 表示非工作日；1 表示早上，2 表示下午，0 表示晚上。

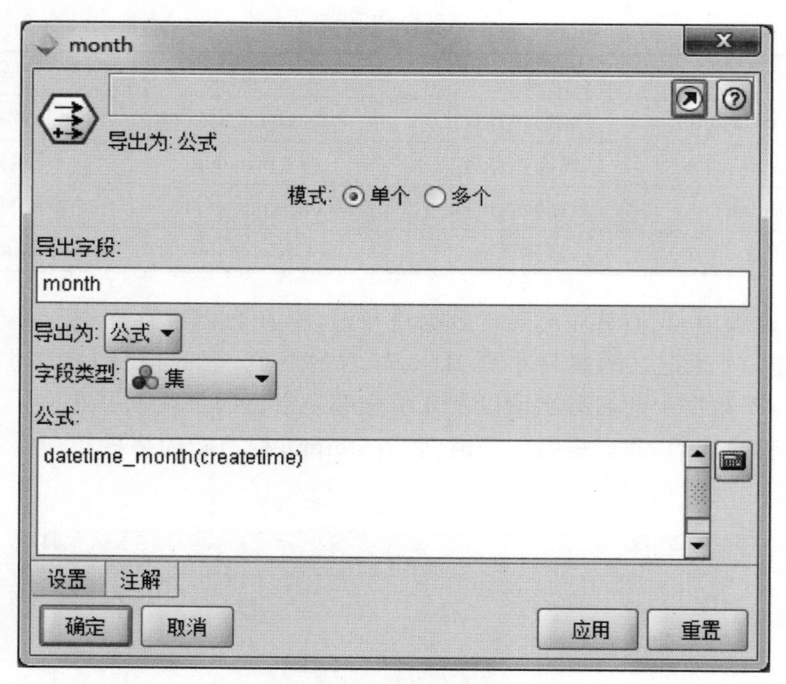

图 7.15　增加月字段

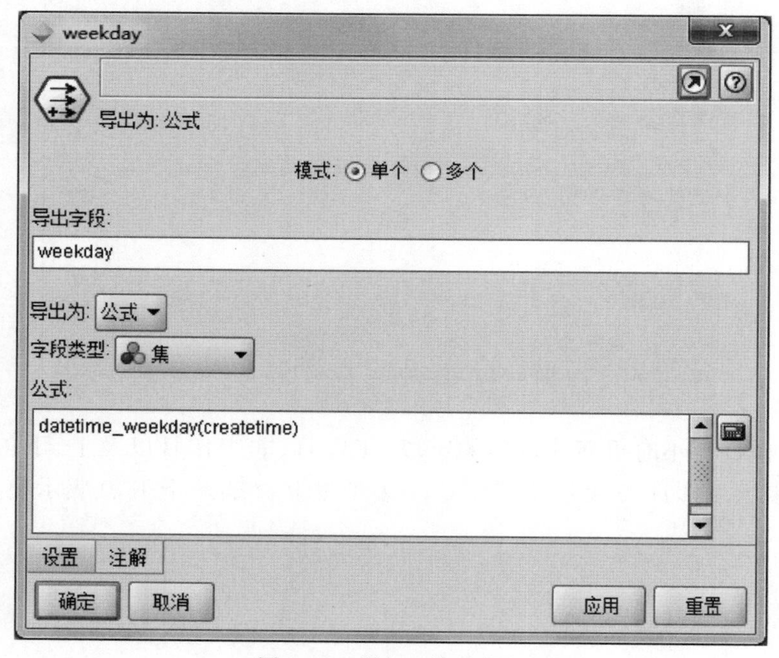

图 7.16　增加工作日字段

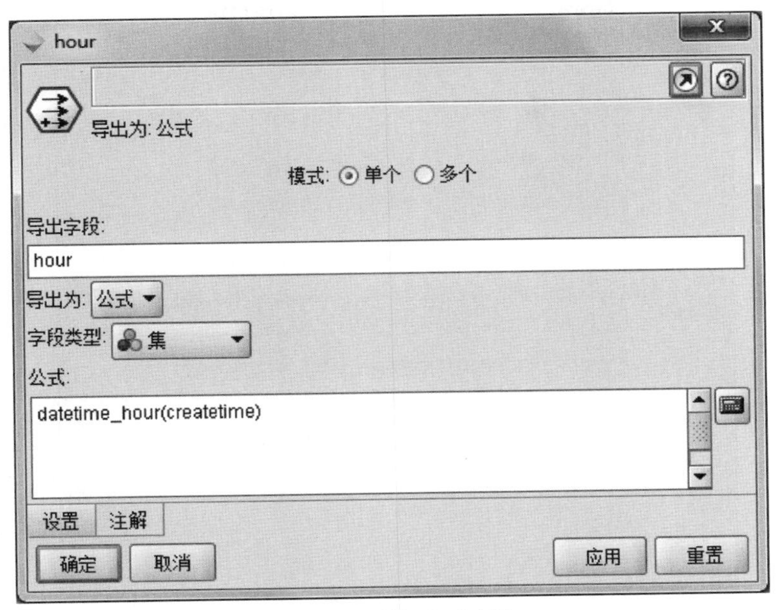

图 7.17　增加小时字段

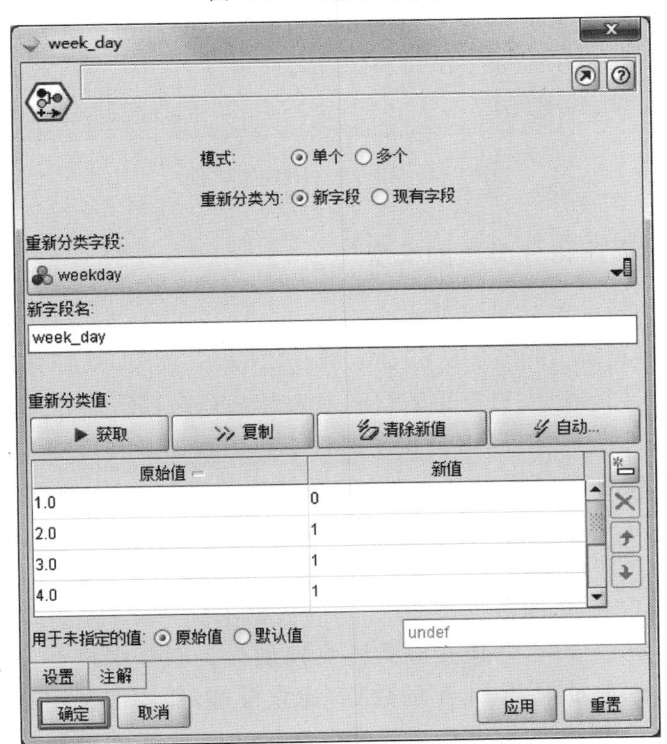

图 7.18　工作日与非工作日字段

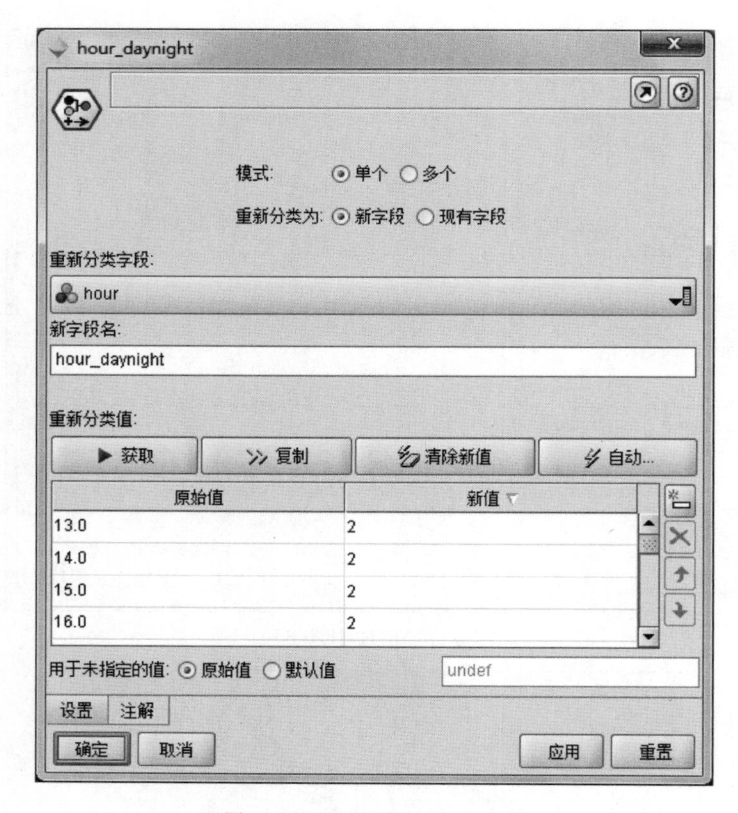

图 7.19　上、下午和晚上字段

7.4.1.2　街面序化分类预测模型

与街面序化相关的案件是案件小类 ID＝18、19、20、21、23、24、25、26、29、30、32、33、36、37、38、39、45、55、56、57、58、59、60、61、62、63、64、65、66、67、69、71、72、73、74、80、81、82、86、114、115、116、117、118、119、131、150、151、152、154、155、156、192、193、214、180、187、190、191 的案件，由于很多案件小类出现的频率非常低，为了不影响分析结果，我们这里仅对出现频率大于 1％的案件小类进行分析，而出现频率大于 1％的案件小类 ID＝59、55、19、61、36、65、58、21、23、38、43、84、184、25、57，因此我们首先选择这些 ID 相对应的案件。

一方面，由于 2011 年的数据与 2017 年的数据不到一年，因此，我们仅针对 2012 至 2016 年的数据进行分析，并建立分类预测模型与关联规则模型。另一方面，考虑到数据量比较大，因此抽取 2014 年的数据，建立模型，即我们利用 2014 年的数据建立分类模型，并以 2015 年的数据作为测试数据。2014 年案件数据的审核情况如下：利用数据审核结果我们去掉仅有 1 个值与全部为空值的字段，为保证分类模型的效果，我们需要对现有的属性进行选择，具体结果如下。

我们利用决策树 C5.0 建立分类模型，具体模型结果如图 7.20 至图 7.25 所示。

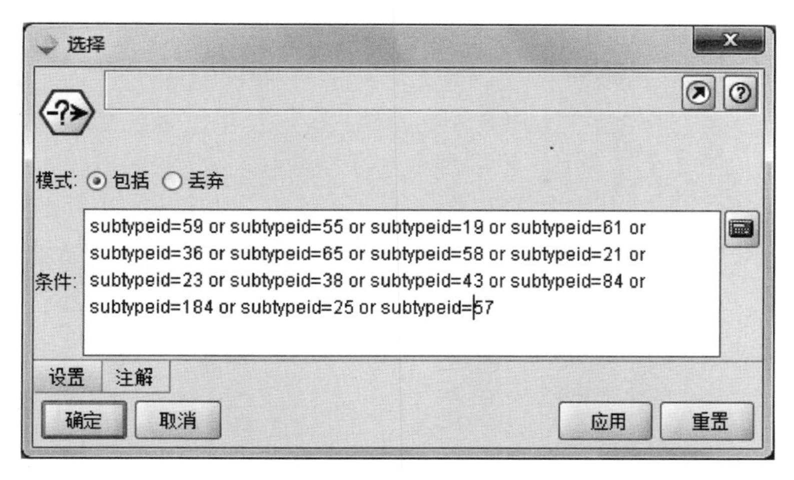

图 7.20 案件小类选择

[42 个字段] 的数据审核

字段	样本图形	类型	最小值	最大值	平均值	标准差	偏度	唯一	有效
recid		范围	7678972.0...	12544779.000	10684202.861	1505309.058	-0.532	--	1028686
tasknum		离散	--	--	--	--	--	1	0
eventsrcid		集	1.000	46.000	--	--	--	14	1028686
eventsrcname		离散	--	--	--	--	--	1	0
eventtypeid		集	1.000	294.000	--	--	--	3	1028686
eventtypename		离散	--	--	--	--	--	1	0
maintypeid		集	3.000	336.000	--	--	--	16	1028686
maintypename		离散	--	--	--	--	--	1	0

图 7.21 2014 年数据审核

从上面的建模结果可以看出，以案件小类为目标的分类模型准确率不高，其主要原因是案件小类分类过多，大多数类型所占比例很低，从而影响了分类效果。接下来我们以问题大类为目标，并以 2014 年的数据为基础，重新建立分类模型。

同理，我们首先进行特征选择（见图 7.22 至图 7.25）：

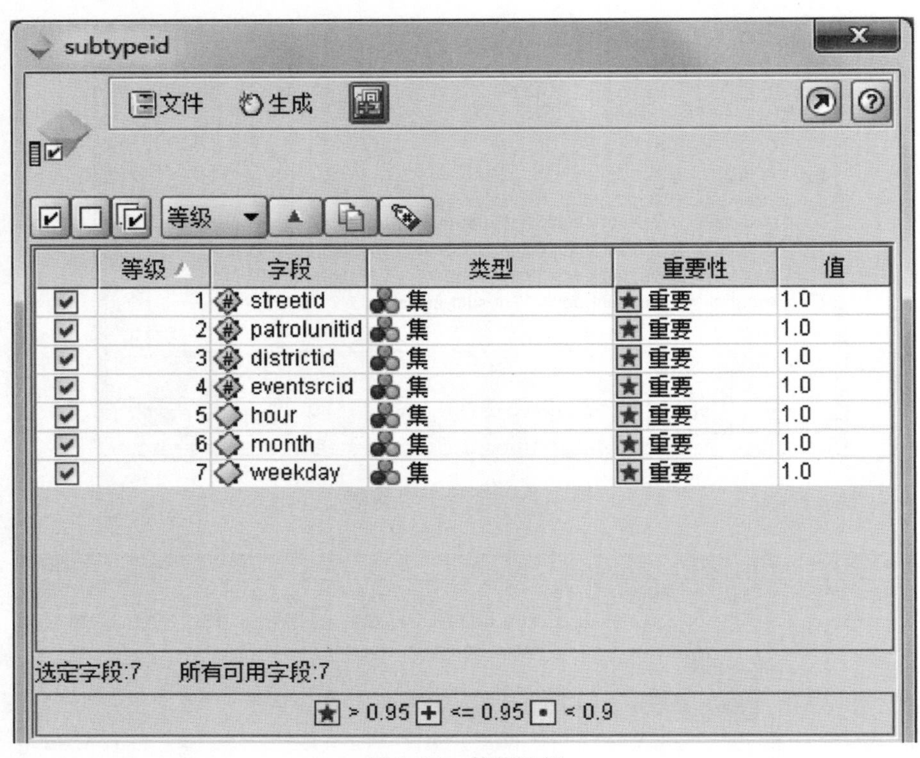

	等级	字段	类型	重要性	值
☑	1	streetid	集	重要	1.0
☑	2	patrolunitid	集	重要	1.0
☑	3	districtid	集	重要	1.0
☑	4	eventsrcid	集	重要	1.0
☑	5	hour	集	重要	1.0
☑	6	month	集	重要	1.0
☑	7	weekday	集	重要	1.0

图 7.22 特征选择

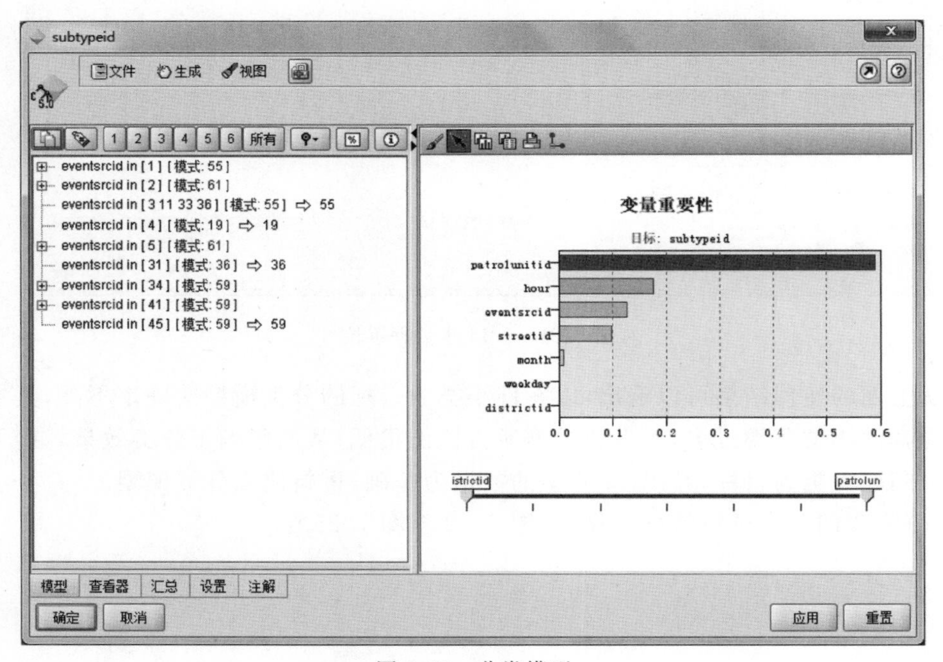

图 7.23 分类模型

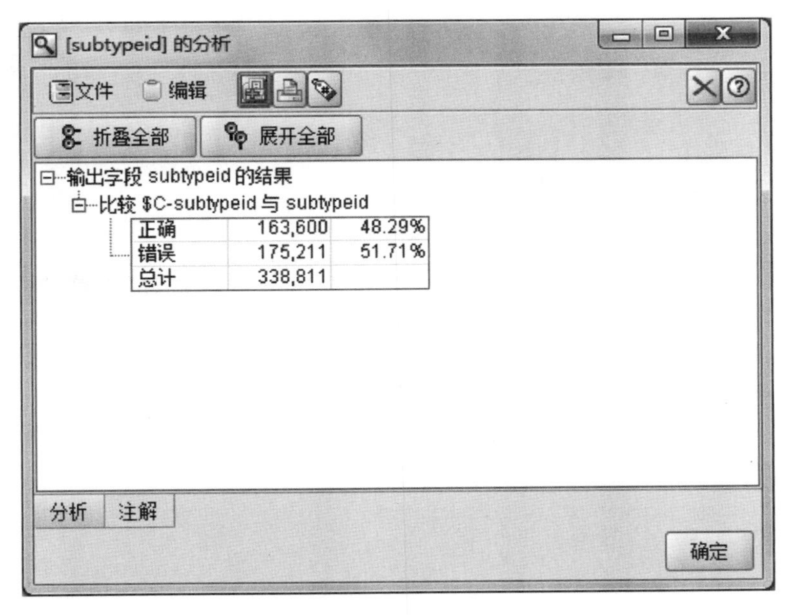

图 7.24　分类准确率

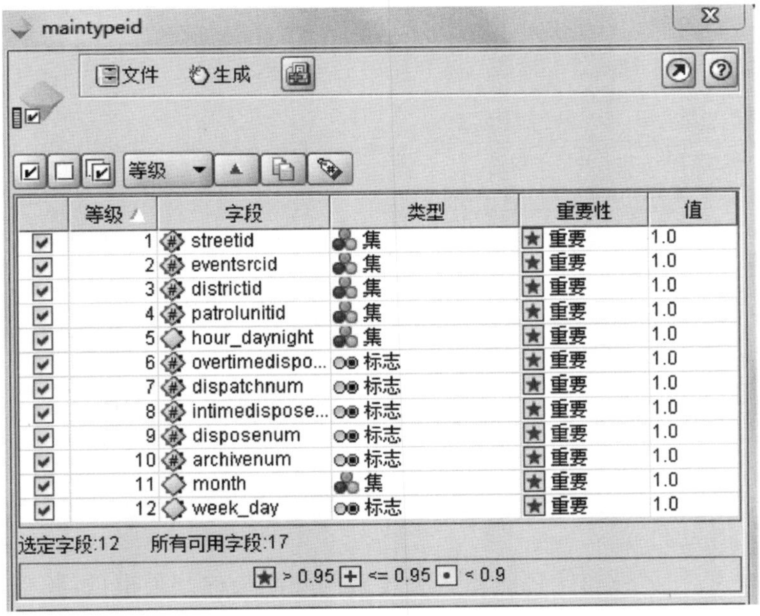

maintypeid

文件　生成

	等级	字段	类型	重要性	值
☑	1	streetid	集	重要	1.0
☑	2	eventsrcid	集	重要	1.0
☑	3	districtid	集	重要	1.0
☑	4	patrolunitid	集	重要	1.0
☑	5	hour_daynight	集	重要	1.0
☑	6	overtimedispo...	标志	重要	1.0
☑	7	dispatchnum	标志	重要	1.0
☑	8	intimedispose...	标志	重要	1.0
☑	9	disposenum	标志	重要	1.0
☑	10	archivenum	标志	重要	1.0
☑	11	month	集	重要	1.0
☑	12	week_day	标志	重要	1.0

选定字段:12　所有可用字段:17

★ > 0.95　+ <= 0.95　• < 0.9

图 7.25　特征选择

我们仍然利用决策树 C5.0 建立分类模型，具体模型结果如图 7.26 和图 7.27 所示。

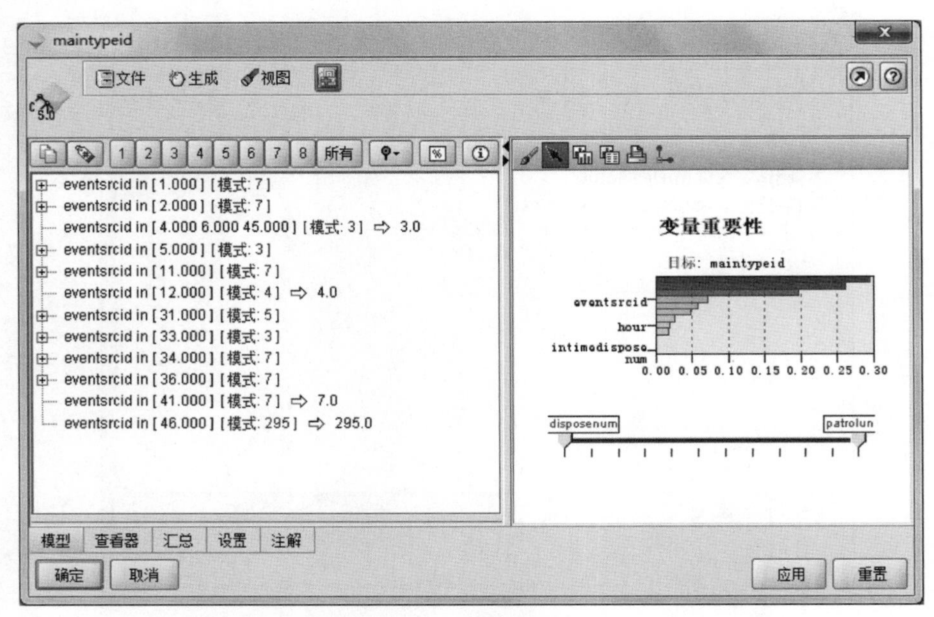

图 7.26　分类模型 1

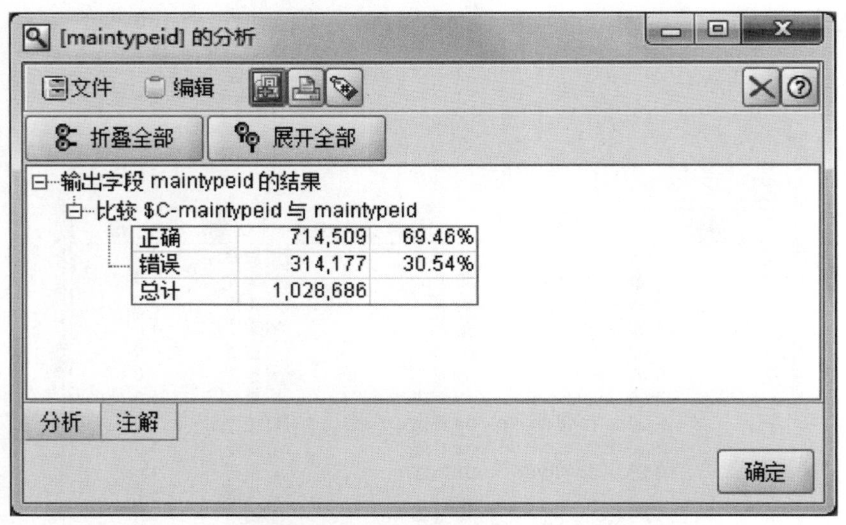

正确	714,509	69.46%
错误	314,177	30.54%
总计	1,028,686	

图 7.27　模型准确率 1

接下来，我们针对街面序化问题大类建立问题小类的分类模型，其中仍然选择比例大于 1%的问题小类即编号为 55，58，59，61，65 的问题小类，利用 C5.0 决策树生成分类模型，其生成的模型结果如图 7.28 和图 7.29 所示。

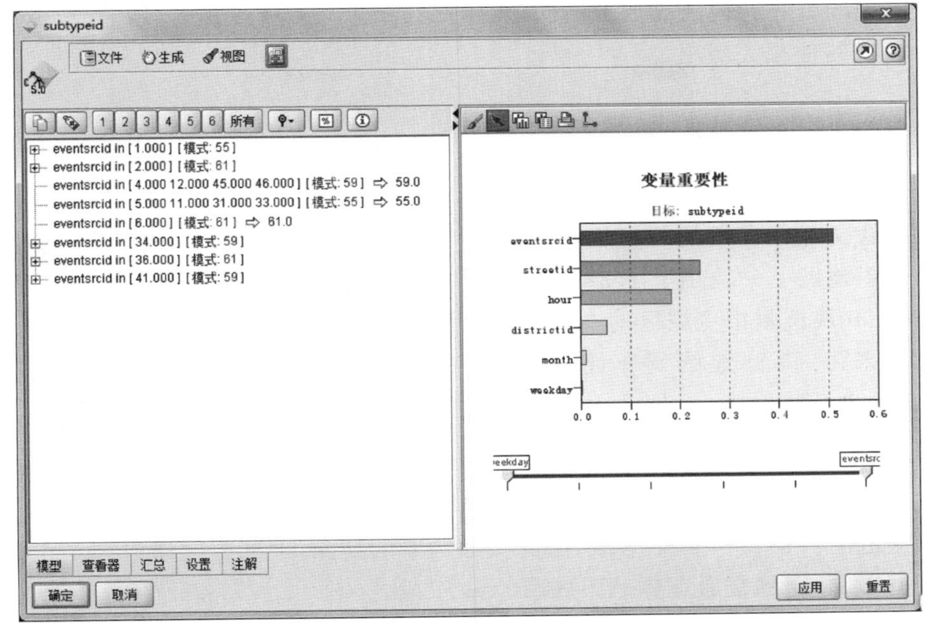

图 7.28 分类模型 2

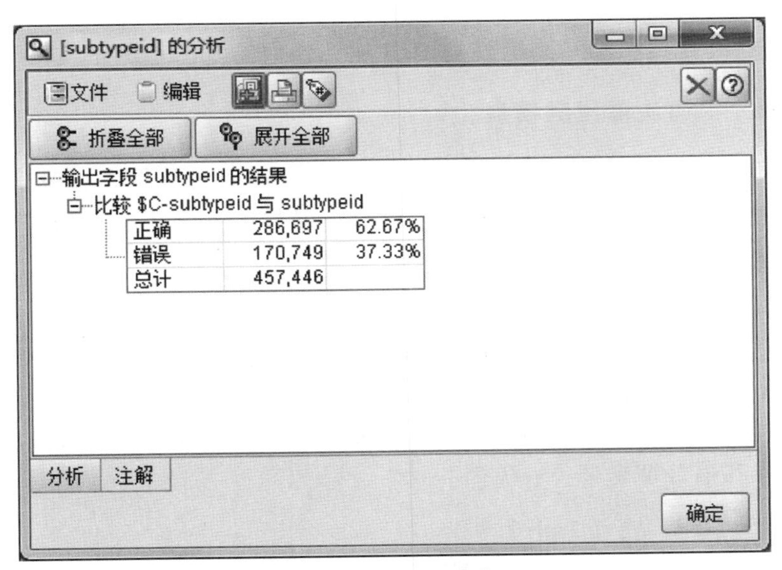

图 7.29 模型准确率 2

7.4.2 交通流量预测

道路交通有序、安全和畅通是公安交警永恒的追求目标。本案例主要利用从高德出行软件获取的数据，对某地区的交通流量做出预测，即预测出任意两地点之间未来某个时间段驾车行驶所需要的时间，其预测的结果可以用于出行、智慧感知大屏可视化分析或其他相关应用。

7.4.2.1 数据描述

1. geohash

数据含义：geohash协议将地球按照经纬度划分成矩形区域，6位字符的geohash串可以映射地图上一块小于1.22km ×0.61km的矩形区域，数据库中记录了已经划分好的2400块杭州市主城区的6位geohash块。

数据来源：高德地图驾车路径规划API，返回参数中的polyline字段，并把polyline的坐标映射成geohash块。

2. 拥塞程度

数据含义：某个时间段某块区域的交通堵塞程度。

数据范围：1、2、3、4四个等级，随着交通堵塞的加深，拥塞程度递增。

数据来源：高德交通态势API的status字段。

3. 当前预计行驶时间

数据含义：当前路段预计行驶时间。

数据来源：高德地图驾车路径规划API返回参数的duration字段。

7.4.2.2 交通流量预测模型

本案例用线性回归模型的数理统计方法处理交通历史数据。一般来说，统计模型使用历史数据进行预测，它假设未来预测的数据与过去的数据有相同的特性。基于统计方法的模型理论简单，容易理解。

我们通过高德API获取起点到目的地的一千多条路线的数据，并存储以下信息：线路号、线路名称、行驶时间(单位：秒)、总块数、总拥塞程度、线路经过的geohash块列表、每块对应的拥塞程度列表、数据所对应的时间。

接下来我们根据历史数据的geohash块数不同，建立拥塞程度与行驶时间的一元回归模型。其拟合结果如下：

1. geohash块数大于等于1，小于3时

F(x) = 1.0840152557017129 * x + 4.188965536633638，该模型的MSE = 5.35，R^2 = 0.34。

2. geohash块数大于等于4小于等于6时

F(x) = 0.47566645417096853 * x + 10.998209840651736，该模型的MSE = 10.70，R^2 = 0.08。

3. geohash块数大于等于7，小于9时

F(x) = 0.22363079962008045 * x + 18.275815432647804，该模型的MSE = 19.55，R^2 = 0.017。

4. geohash块数大于等于10，小于12时

F(x) = 0.1981616441703011 * x + 23.936634101680635，该模型的MSE = 30.46，R^2 = 0.012。

5. geohash 块数大于等于 13，小于 15 时

F(x) = − 0.37685359194810353 * x + 40.831625868206494，该模型的 MSE = 33.67，R^2 = 0 .04。

6. geohash 块数大于 15 时

F(x) = 0.2015950286863838 * x + 31.189323812411978，该模型的 MSE = 71.33，R^2 = 0.03。

这里的 MSE 表示均方误差，R^2 表示可决系数。随着块数的增加，MSE 应该是逐渐增加的。可决系数是模型解释的变差与总变差的比，取值在 0 到 1 之间，可决系数越大，说明模型解释的变差占总变差的比例越高，说明回归线与观测值越接近，模型的拟合优度越好；反之，可决系数越小，说明模型的拟合优度越差。

分析以上结果（见图 7.30）发现，可决系数 R^2 非常小，以及散点图的分布近似一个矩形区域，说明通过拥塞程度难以预测行驶时间，因此我们需要换一种方式拟合。

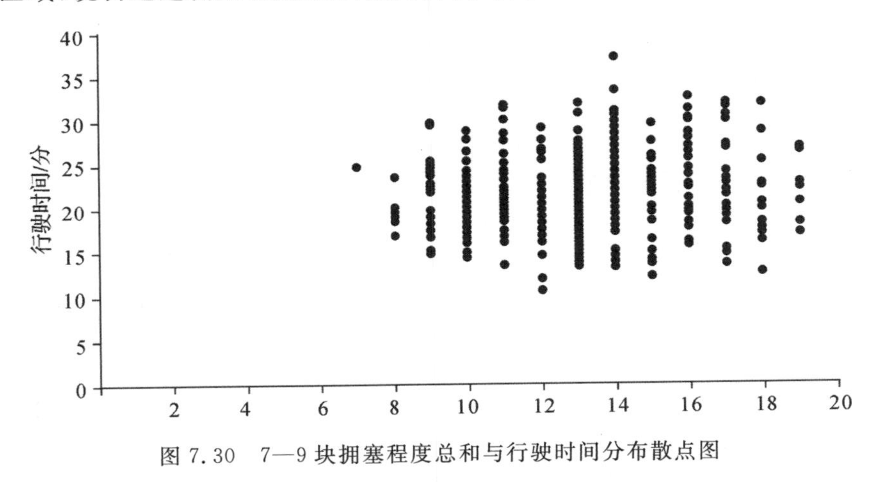

图 7.30　7—9 块拥塞程度总和与行驶时间分布散点图

针对一元线性模型的缺点，我们发现需要对路线时间做一个异常值的判断。常见的有距离检验法、密度检验法和四分位法。

此处使用四分位置法处理异常数据。四分位置法可以用来观察数据整体的分布情况，利用中位数、25％分位数、75％分位数、上边界、下边界等统计量来描述数据的整体分布情况。通过计算这些统计量，生成一个箱体图，箱体包含了大部分的正常数据，而在箱体上边界和下边界之外的，就是异常数据。其中上下边界的计算公式如下：UpperLimit＝Q3＋1.5IQR＝75％分位数＋（75％分位数－25％分位数）×1.5，LowerLimit＝Q1－1.5IQR＝25％分位数－（75％分位数－25％分位数）×1.5。

接下来，我们发现对于路线上的不同块而言，每个块的拥塞程度所导致的时间长度是不一样的。比如从拥塞程度 1 到 2 和从拥塞程度 2 到 3 所需要的时间是不同的，因此不能像一元回归一样进行求和再拟合。因此，我们选择多元回归模型进行拟合。

我们发现拥塞程度总共有 1、2、3 三种程度，行驶时间是否与每种拥塞程度的块数有关呢？我们以 x、y、z 分别表示拥塞程度 1、2、3 的块数，然后与时间 t 进行多元线性回归拟合。其拟合结果如下：

$$t=2.0652x+1.5198y+1.5757z+6.4690$$

该模型的 $RMSE=5.1087$，$R^2=0.757$，接近 1，说明选定的解释变量能够较好地解释被解释变量。

根据上述分析，可得如下建议：

(1)线性回归模型没法应付交通系统中的突发情况，如交通事故或者极端天气造成的交通阻塞。故建议充分做好出行准备，预留足够出行时间。

(2)预测的时间点距离当前时间越久，预测结果误差越大，建议出行前再次查看预测结果，合理安排出行时间。

参考文献

[1] R Agrawal, T Imielinski, A Swami. Mining association rules between sets of items in largedatabases[C]. Proceedings of the 1993 International Conference on Management of Data(SIGMOD 93), 1993:207-216.

[2] M Klemettinen, H Mannila, P Ronkainen, et al. Verkamo. Finding interesting rules from largesets of discovered association rules[J]. In Proceedings of the 3rd International Conference on Information andKnowledge Management, 1994: 401-407.

[3] J Han, J Pei, Y Yin. Mining frequent patterns without candidate generation[C]. Proceeding of ACM SIGMOD International Conference on Management of Data, 2000:1-12.

思考题

1. 数据分析的基本流程是什么？
2. 数据统计分析有哪几种类型？
3. 常见的回归方法有哪些？
4. 常见的分类方法有哪些？各有什么特点？
5. 常见的聚类分析有哪几类？各有哪些方法？
6. 列举常见的关联分析方法及其特点。

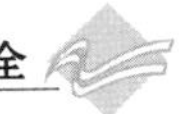

8 数据安全

随着大数据在不同场景下的深入应用，涌现了大量以数据资源保护为核心目标的数据安全新问题和新挑战。数据资源管理的全生命周期包括数据采集、传输、处理、存储、应用、销毁等环节，因此本书讨论的面向数据资源的数据安全不仅仅是一个以密码技术为核心的数据保护体系，还包括数据压缩、数据容错、数据备份等数据自身安全管理，以及数据隐私、数据访问等数据应用层面的安全管理等以数据资源全生命周期安全保护为目标的软硬件和管理准则的总和。

8.1 数据安全的重要性

8.1.1 数据安全问题的社会危害

数据是当今社会发展不可或缺的重要资源，具有普遍性、共享性、增值性、可处理性和多效用性等特性，其对于人类社会具有十分重要的意义。数据安全的实质就是要对各种信息系统或信息网络中的数据资源进行保护，以避免其受到多种类型的威胁、干扰或破坏。根据国际标准化组织的定义，数据安全性的含义主要是指数据的完整性、可用性、保密性和可靠性。

数据的重要性以及普遍性决定了它的价值，其已成为全球互联网企业和科技企业生存和发展所面对的基础性问题。数据的安全，不仅关系到个人隐私，还关系到企业发展、社会稳定。在2009年央视315晚会曝光个人信息泄露产业链时，数据安全就已经开始进入公众的视野，并引起了社会的普遍关注。进入网络时代后，我们受到的来自互联网的安全威胁日益严重，如网络数据窃取、黑客侵袭、病毒发布等。同时网络犯罪方式多样，隐蔽性强，破坏力极大，具有很大的社会危害。伴随着高科技犯罪的不断涌现，我国每年都承受了巨大的经济损失，数据安全已经成为全社会各行业信息化建设中需要面对的首要问题。

2018年，和人工智能、区块链等热门话题一样，数据安全与隐私保护成为贯穿全年的话题。这一年，Facebook一直处在用户隐私信息泄露的漩涡中。从3月份起，

Facebook数据泄露危机爆发，超过5000万的用户信息数据被泄露。随后，不断有Facebook的负面消息传出。需要指出的是，用户隐私泄露在全球范围内已经是一种普遍现象，企业应当高度重视用户隐私保护。作为数据的拥有者，互联网企业需要承担用户隐私保护的职责，Facebook也因此在该事件中以数据拥有者的身份被苛责。在用户隐私方面，Facebook一边摸索着社交营销的商业模式，一边根据用户反馈来进行调整。这种企业文化或许是造就Facebook创业传奇的关键，但也导致了Facebook在隐私方面存在着严重问题。从当下来看，根据用户的反馈来进行调整是一种落后的方式，最好的方法是参考国际隐私保护实践的通用做法——Privacy by design。在当前看来，需要设立多方参与的以隐私保护为目标的专门机构，将隐私保护融入产品设计当中，加强安全审计、定期检查；审查数据安全方面可能存在的侵权情形；定期进行隐私影响评估，即根据业务现状、威胁环境、法律法规以及标准要求等情况持续修正个人信息保护边界；改进安全控制措施，使用户信息的处理过程处于风险可控的状态，并针对相关情形制定好公关甚至战略方面的应对方案。我们应清楚认识到，企业数据信息泄露后，很容易被不法分子用于网络黑/灰产业运作并从中牟利，因此我们必须加强相关方面的预防。

随着信息技术与互联网的不断发展，数据资源的双刃剑效应日益突出。此外，伴随着网络流量需求的增大，数据安全保护工作愈加困难。据数据安全专家称，现有的搜索引擎已经有能力在15分钟内将全世界的网页存储一遍。通俗地说，就是无论使用加密账号，还是所谓的公司内网，只要你的信息已经被数据化，并与互联网接通，你将永远无法删除你的信息，并且无从保密，信息就此自动进入失控状态。特别是军工、航天、政府机关、电信、金融机构等涉密单位，其所面临的泄密风险也越来越高。数据安全问题从未让人变得如此不安，因而数据安全技术作为当今一个独特的技术领域越来越受到全社会各个行业的关注。

8.1.2 数据安全上升到国家安全

近年来，网络安全事故频发，数据安全防护让网络空间安全态势越来越复杂，我们永远不知道下一次的数据安全事故会发生在什么时候。2013年6月，美国中央情报局(CIA)前雇员爱德华·斯诺登在英国《卫报》和美国《华盛顿邮报》的爆料震惊了世界。《卫报》称从2007年开始，美国国家安全局(NSA)成立了一项代号为“棱镜”(PRISM)的绝密项目，要求电信巨头威瑞森公司(Verizon)每一天必须上交数百万用户的通话记录。此外，美国政府通过“棱镜”计划对多个国家进行着不间断监控，并通过对监控系统所获数据进行处理和分析，获得了大量的数据情报信息。毋庸置疑，在整个计划中，个人隐私安全以及国家安全受到了严重的威胁，而美国却借助大数据的便利继续维持它在国际社会，特别是网络空间领域的霸权地位。“棱镜”计划迫使我们重新审视大数据时代的数据与信息安全问题。一直以来，许多国家都以反对恐怖

主义、维护国家安全为名义，用他们的情报机构实施着监控计划。人们突然意识到，美国的监控计划已经深入普通人工作生活的每一个角落。在这个数据泛滥的时代，通过这面“镜子”，任何信息都将没有安全保证。

数据安全影响着国防军事的安全。互联网的快速普及以及云计算等技术的广泛应用，降低了分散数据的集成成本，解决了大数据无法获取的问题。随着数据资源完整性的不断增强，其功能范围也在不断提升。使用个人数据对一个人或一群人进行有针对性的心理战和信息战，指导他们采取有利于某个公司或国家的行动将在未来成为可能。一直以来，通过一系列互联网手段和信息技术，美国监控着来自世界各地的数据情报。美国先后提出了诸多战略计划，如《网络空间国际战略》《网络空间国际行动》，以确保其在网络空间和数据空间中的主导地位。在美国与伊拉克的战争中，以美军为首的联军掌握了许多伊拉克军队将领的个人信息数据，联军充分利用这些数据发动心理战，造成了大量伊拉克军事高级官员集体叛逃，战争的结局可想而知。

数据安全影响国家经济的安全。在经济活动中，数据的作用变得尤为重要，特别是在如今的数字经济时代。数据不但可以帮助人们更好地组织和规划生产生活，而且在很多情况下可以帮助人们更有效地做出预测和判断。所有这些都可以为社会创造巨大的财富，因此数据已经成为一个新的生产要素。不过，要记录经济生活中的各种情况并将其格式化为数据，需要大量软件和硬件的投入，这需要大量的劳动力和巨大的经济成本。但是一旦形成了数据，有效利用这些数据就会容易得多。

近年来，我国政府高度重视数据资源的安全发展。习近平总书记在“十九大”报告中强调，推动互联网、大数据、人工智能和实体经济深度融合，在中高端消费、创新引领培育新增长点，形成新动能；加快科技创新，建设网络强国、数字中国、智慧社会。在此之前，他曾提出“谁掌握了数据，谁就掌握了主动权”“信息掌握的多寡成为国家软实力和竞争力的重要标志”的重要观点；认为“科技兴则民族兴，科技强则国家强”，大数据精准分析有利于政府决策，大数据等信息技术推动教育改革；提倡大力实施网络强国战略、国家大数据战略、“互联网＋”行动计划，建设 21 世纪的数字丝绸之路、全国一体化的国家大数据中心；建议做好数据开放共享，依法加强对大数据的管理等诸多观点，这些观点高屋建瓴，为我国大数据产业发展指明了宏观方向。

大数据的兴起给数据安全带来了巨大威胁，因为数据安全一旦失去保证，将给国家带来不可估量的危害。其原因有三点：一是当今的人们对数据过于依赖。大数据的迅速普及和发展，导致整个国家和社会离不开数据信息。二是数据信息产生、存储和传输的特殊性和隐蔽性增加了信息泄露的风险。特别是对于一些发达国家，大数据研究起步早且技术处于垄断地位，这些国家很容易利用这样的优势入侵其他国家的数据系统并实现数据信息的窃取，而另一部分处于技术劣势的国家在数据信息被窃取后往往可能并不知情。三是数据信息量大且传输方便。当依靠纸质文件来存储或传输一定量的信息时，可能需要一辆卡车来装运并花费较长的运输时间才能将文件送达；而数据时代我们仅需要一个小小的 U 盘就可以存储相同量的信息，传输也只需要短短的几分钟甚至几秒钟即可从网络的一端传送到另一端。

8.1.3 数据安全管理的应用价值

云计算、大数据、物联网等网络新技术的不断更新迭代与广泛应用宣布了数据时代已经到来，海量数据的产生与流转已经成为常态。未来 20 年，全球联网使用人数将达到 50 亿，意味着全球数据量将呈几何式快速增长。预计到 2020 年，全球数据使用量将达到 40ZB(1ZB=10 亿 TB)，涉及经济社会、国防安全等各个领域。这些数据杂乱无章，本身的价值虽然不大，但经过大数据等信息技术的开发利用，发掘出其中蕴含的巨大潜力，不仅将深刻影响国际信息产业格局，还将极大影响一个国家的综合竞争实力。

当前，智能化已经成为第四次工业革命的核心，假设用“金字塔模型”来解释智能化，那么底层就是数据化，第二层是信息化，第三层是智能化，位于顶层的是深度学习。在数字经济时代，数据流势必引领技术流、人才流、资金流、物资流，推动生产要素的集约化整合、协作化开发、高效化利用、网络化共享，进而促成新的资源配置模式，变革传统的生产方式和经济运行机制，提升经济发展的效率和质量。

如今人们的生活已经离不开网络，同时，人们对网络的安全性和保密性要求也相应提高。数据安全技术的应用与发展，保证了人们在网络活动中对个人数据和相关资料的保密性需求，提升了网络整体的安全性和隐私性。在当今电子商务、数字货币、网络银行等各种网络业务快速兴起的时代，如何保护数据安全使之不被窃取、篡改或破坏越来越受到人们的关注，而解决这些问题的关键就是数据加密技术。用户在使用计算机网络通信的过程中，常见的数据泄露途径包括以下几种。

(1)信息窃取：在信息传输过程中，黑客利用网关、路由器等节点，能够轻易截获传输中的信息，若数据未进行加密，则极易造成信息泄露。

(2)篡改信息：将未采取加密的数据在网络上传输，入侵者在窃取信息之后将其篡改，最终数据接收方获取到错误信息。

(3)假冒授权用户：入侵者在窃取到数据信息之后修改信息而获取授权进入相关系统。

(4)恶意破坏：非授权用户侵入相关信息系统恶意破坏系统内部的数据信息。

由此可见，数据加密技术在计算机网络通信安全中具有极其重要的地位。在应用网络通信的过程中，信息采集、存储、传输等是应用过程的重要组成部分，而信息都由数据构成，数据作为信息的重要载体，对其进行加密保护，是避免信息被窃取、破坏、故意篡改的重要途径。科学地采用数据加密技术，将其应用于计算机网络通信安全的保护环节，能很好地防止数据泄露。采用数据加密技术之后，即便文件信息被入侵者窃取，若不能获取相应密钥，就无法正确地解读数据。实际场景中，不仅要在传输过程中对数据进行加密处理，在信息存储过程中，也要进行数据加密，尤其是防止

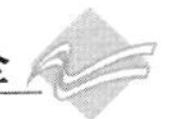

不法分子窥视关键、私密的信息，常用手段有身份认证技术，即除本人之外，其余用户无法获取信息内容。另外在信息传输过程中，在传输之前将数据转化成密文，这样在传输过程中，无论是被拦截或被窃取，信息内容也能得到保护。

在计算机网络通信中应用数据加密技术，能使数据在联网系统中的安全性与保密性获得最大限度的保护。在网络迅速发展的特殊时期，网络交易与交流越来越频繁，甚至逐渐成为人们消费与人际沟通的主要途径，网络技术丰富了人们的生活，显著提升了工作效率，但创新技术的两面性并没有被彻底消除，网络信息中存在的安全问题，是在享受网络带来的便利的过程中难以避免的风险，因此，为防止个人信息、隐私数据或企业重要文件信息被泄露，就目前的技术水平而言，采用数据加密技术是最为理想的处理办法。

8.2 数据安全涵盖的内容

8.2.1 数据安全的基本属性

8.2.1.1 数据完整性

数据完整性是指数据的精确性和可靠性。它是为了防止数据库中出现不符合语义规定的数据和防止因错误信息的输入输出造成无效操作或错误信息而提出的。数据在存储和传输的过程中会产生很多问题，进而会产生一系列破坏数据完整性的数据安全问题，主要有如下3点：

(1)事物并行性错误。一个事物重新读取了另一个未提交的并行事物写的数据；一个事物重新读取标记为已读取的数据，但该数据已被另一个已提交的事物修改。

(2)恶意篡改和破坏。数据篡改、增加或删除，造成数据破坏。

(3)偶然性破坏。非有意地修改数据或删除数据。如用户偶然操作失误、存储介质本身故障等。

8.2.1.2 数据保密性

数据保密性指的是通过加密等手段确保数据的安全，主要包括软件加密和硬件加密两种形式。

(1)软件加密：通过变换信息的表示形式来伪装需要保护的敏感信息，使非授权者不能了解被保护的信息。

(2)硬件加密：软盘加密、卡加密、软件锁加密、光盘加密。

8.2.1.3 数据真实性

数据真实性是通过数据的鉴别来实现的，即核实数据来源的过程，包括报文摘要、数字签名、数字证书等来鉴别数据。

8.2.1.4 数据容错

数据容错指的是由于计算机器件老化、错误输入、外部环境影响及原始设计错误等因素产生异常行为时维持系统正常工作的技术总和。通俗地讲，它是使系统在发生故障时仍能持续运行的技术。容错技术包括如下几种。

(1)故障诊断：利用系统中正常工作的部分测试其他部分能否正常工作。

(2)故障屏蔽：把系统中不能正常工作的那部分剔除。

(3)功能转移：将系统中不能正常工作的那部分功能转移到其他正常的部分上去。

8.2.1.5 数据备份

数据以其分散性强、流动性大、安全性更难保障的特性，要求数据备份采用与传统备份不同的方式。一个完善的网络备份应包括硬件级物理容错和软件级数据备份。

8.2.2 数据安全的基本方法

数据安全包含双重定义：首先是数据本身的安全，这主要是指通过加密算法对数据进行一系列操作，以满足对机密性、完整性和可用性的要求。手段包括使用各种加密算法、双向强化身份认证等。其次是数据防护的安全，这主要是通过一系列的现代化信息存储手段来实现的。本小节主要介绍数据本身安全的防护措施，当前使用较多的主要包括公开密钥加密(非对称式加密)体系和对称加密体系两种。本部分从数据加密解密、数据隐私保护、数据访问控制三方面展开描述。

8.2.2.1 数据加密、解密

1. 数据加密

数据加密是在数据保存和传输这两个阶段通过一系列加密算法使数据从明文转变为密文，确保数据的安全性，因此加密算法的强度是至关重要的。同时，在我们选择加密算法以及加密协议的时候，还要兼顾加密性能，不能顾此失彼。当然，我们也可以对数据进行区分处理，只对需要加密的数据进行加密，这样就可以在确保数据安全性的前提下兼顾效率。

当前主流的加密算法(方式)包括对称加密算法、非对称加密算法以及传统的MD5加密算法等，不同的加密算法有不同的特性。基于不同加密算法的不同特性，

对加密算法的选择也是多样的。比如对数据内容的加密通常采用对称加密算法，而数据库中通常采用 AES(高级加密标准)或 MD5 来进行加密，数据传输通道通常采用非对称加密算法。对不同算法的具体介绍将在 8.3.1 中展开。

2. 密钥保护

一切密钥加密技术都是基于密钥安全的前提下才成立的，一旦非对称加密中的私钥或者对称加密的密钥泄露，那么加密技术就无法保证数据的安全性。因此，如果开发人员在实际开发过程中将密钥直接写在配置文件或者源代码中，或者线下开发调试和线上配置了同样的密钥，都是极其不安全的行为。为了解决密钥的安全性问题，现主要有如下两种方案：

(1)将密钥文件和算法放在一个独立、第三方无法访问的服务器上，甚至可以制作一个专门的硬件设备来对外提供加密解密服务。这种方法有专人维护，密钥相对安全，不容易泄露；缺点就是成本较高。

(2)应用系统中存放加密解密算法，而密钥则放置在独立的服务器中。同时为了密钥的安全，在存储密钥时对其进行切片并分别加密，通过分散存储和分层保护机制将其存储在不同的位置。这样可以在兼顾密钥安全性的同时提高加密解密性能，相比于专用物理硬件加密解密来说成本更低。

3. 数据解密

数据解密与数据加密相对应，不同的加密方法需要不同的解密方法，下面分别进行介绍：

(1)针对摘要算法，理论上是无法解密的。但是我们可以利用加密结果的唯一性，进而通过顺推碰撞来获取被加密的内容。比如我们对数据 A 加密得到了摘要 X，那么我们并不需要研究如何通过 X 逆向得到 A，只需要找到同样可以生成摘要 X 的数据 B 即可，这样我们就得到了被加密的数据 A。

(2)针对对称加密算法得到的加密内容，我们只需要知道加密密钥即可，因为对称加密算法加密、解密操作使用的是同一套密码。

(3)针对非对称加密算法得到的加密内容来说，因为其加密解密使用的是不同的密钥，因此我们需要得到与加密密钥相对应的密钥才能对其进行解密。也就是说，通过公钥加密的数据，我们需要得到对应的私钥才能解密；同理通过私钥加密的内容也需要对应的公钥才能解密。

8.2.2.2 数据访问控制

通过数据访问控制可以防止未得到授权就可以访问资源，从而防止计算机系统被非法使用。它是针对越权使用系统资源的防御措施，通过限制对关键资源的访问，防止非法用户的侵入或因为合法用户的不慎操作而造成的破坏，从而保证系统资源在受控、合法的状态下被使用。访问控制的目的在于限制系统内用户的行为和操作，包括用户能做什么和系统程序根据用户的行为应该做什么两个方面。

关于数据访问控制的具体内容以及实现将在8.3.2中详细介绍。

8.2.2.3 数据隐私保护

生活在大数据时代的我们，每天都会接触并产生海量的数据。这些数据也成为科学研究的基石。当我们为购物网站、视频网站准确的内容推送功能以及各种软件精准智能的图像、语音识别功能而啧啧称奇时，殊不知这些都是使用我们产生的海量数据对算法不断迭代优化得到的。各家公司在做这些复杂的算法研究时，不可避免地需要收集、使用大量的数据，那么在这个过程中数据就不可避免地暴露在外。为了保护用户隐私，学术界提出了多种保护隐私或者对隐私进行测量判断其是否泄露的方法，如k-anonymity、l-diversity等，这些隐私保护算法将在8.3.3中展开介绍。

8.3 数据安全的技术

目前，全球大数据产业正处于发展的活跃时期，技术演进和应用创新并行推进，非关系型数据库、分布式并行计算以及机器学习、深度挖掘等新型数据存储、计算和分析关键技术应运而生并快速演进。大数据的发掘和分析在金融、电信、交通、互联网、医疗等领域创造商业和应用价值的同时，开始向传统第一、第二产业传导渗透，大数据逐步成为国家基础战略资源和社会基础生产要素。

与此同时，数据的安全问题也逐渐显露。勒索软件攻击和数据泄露的问题日益严重，全球数据安全事件频繁发生，数据因其巨大的价值和集中的存储管理模式而成为网络攻击的关键目标。因此，新型的数据安全要求推动了相关安全技术、解决方案以及新型安全产品的发展，但其与大数据在各领域中的工业发展相比还是存在着滞后现象。

8.3.1 密码技术应用

密码学是一门古老而深奥的学科，对一般人来说是非常陌生的。长期以来，密码技术只在很小的范围内使用，如军事、外交、情报等部门。计算机密码学是研究计算机信息加密、解密及其变换的科学，是数学和计算机的交叉学科，也是一门新兴学科。随着计算机网络和计算机通信技术的发展，计算机密码学得到前所未有的重视并迅速普及和发展起来。在国外，它已成为计算机安全的一个主要研究方向。

数据加密技术是网络中最基本的安全技术，主要是通过对网络中传输的信息进行数据加密来保障其安全性，这是一种主动安全防御策略，用很小的代价即可为信息提供相当大的安全保护。

8.3.1.1 常见的加密技术

“加密”，是一种限制对网络上传输数据的访问权的技术。原始数据（明文，plaintext）被加密设备（硬件或软件）和密钥加密而产生的经过编码的数据称为密文（ciphertext）。将密文还原为原始明文的过程称为解密，它是加密的反向处理，但解密者必须利用相同类型的加密设备和密钥对密文进行解密。数据加密是确保计算机网络安全的一种重要机制，虽然由于成本、技术和管理上的复杂性等原因，目前尚未在网络中普及，但数据加密的确是实现分布式系统和网络环境下数据安全的重要手段之一。

数据加密可在网络 OSI 七层协议（Open System Interconnect，OSI），意为开放系统互联。国际标准组织制定了 OSI 模型。这个模型把网络通信的工作分为 7 层，分别是物理层、数据链路层、网络层、传输层、会话层、表示层和应用层的多层上实现，所以从加密技术应用的逻辑位置看，有三种方式。

(1)链路加密：通常把网络层以下的加密称为链路加密，主要用于保护通信节点间传输的数据，加密由置于线路上的密码设备实现。根据传递的数据的同步方式又可分为同步通信加密和异步通信加密两种，同步通信加密又包含字节同步通信加密和位同步通信加密。

(2)节点加密：是对链路加密的改进。在协议传输层上进行加密，主要是对源节点和目标节点之间传输数据进行加密保护，与链路加密类似。区别在于加密算法要与依附于节点的加密模件相结合，克服了链路加密在节点处易遭非法存取的缺点。

(3)端对端加密：网络层以上的加密称为端对端加密，是面向网络层主体的。对应用层的数据信息进行加密，易于用软件实现，且成本低，但密钥管理问题困难，主要适合大型网络系统中信息在多个发方和收方之间传输的情况。

8.3.1.2 常见的加密工具

1. 加密算法

表 8.1 展示了一些常见的算法。

表 8.1 常见加密算法

算法	Key	密钥长度	是否可逆	其他
MD5	没有	16/32 位	不可逆	无
SHA	有	不定	不可逆	无
RSA	有（公钥，私钥）	不定	可逆	公钥、私钥采用不同的加密算法
DES	有	56 位	可逆	无
AES	有	128/192/256 位	可逆	无
BASE64	没有	不定	可逆	无

以上所列加密算法可以分为摘要算法、对称加密算法、非对称加密算法和编码等几个类别。

(1)MD5 和 SHA 是常用的摘要算法(散列算法)。严格来说,摘要算法并不是加密算法,因为加密算法对应的操作流程包括加密和解密两个过程,即一方通过加密算法将明文转变为密文,另一方通过密钥或者解密算法将密文重新换为明文。而摘要算法是一种单向算法,其通过散列(Hash)函数将明文转变为固定长度的输出,如MD5 生成结果是一个 128bit 的二进制串,其结果是不可逆的。以 SHA 算法常用版本 SHA-1 为例,MD5 和 SHA-1 的区别主要在于:MD5 结果是 128 位摘要,SHA-1 是 160 位摘要。因此 MD5 处理速度更快,而 SHA 加密强度更高。由于摘要算法的特性,其主要用途包含消息完整性验证、安全访问认证、数字签名等。

(2)AES(高级加密标准)和 DES(数据加密标准)是常见的对称加密算法,其特点是使用相同的密钥来完成加密和解密操作,与非对称加密相对应。对称加密的加密解密速度比较快,因此当前对称加密算法使用较多。DES 是一个分组加密算法,典型的 DES 以 64 位为分组对数据加密,加密和解密用的是同一个算法。密钥总长 64 位,但事实上是只有 56 位参与 DES 运算(第 8、16、24、32、40、48、56、64 位是校验位,使得每个密钥都有奇数个 1),分组后的明文组和 56 位的密钥通过按位替代或交换的方法形成密文。当前主要使用以 DES 为基础进行变形的 DES3 加密算法,其对数据进行了三次加密,也被称为 AES 的过渡算法。AES 是新一代标准,用来替换原先的 DES 加密算法,其加密速度更快,安全性更高,通常应该优先选择。

(3)RSA 属于非对称加密算法。非对称加密算法加密和解密时使用不同的密钥进行操作。公钥和密钥是根据大质数相乘的逆运算的复杂性的原理来取得一对密钥,如果只拥有公钥,理论上是无法破解的。但是,由于非对称加密的密钥生成麻烦,所以无法做到一次一密,而且其加密速度很慢,无法用来对大量数据加密。因此,非对称加密算法最常用的场景是数字签名验证和密码传输加密。当用来完成数字签名验证时,通常使用私钥进行加密,公钥解密,可以确保签名的唯一性;而用作加密解密功能时,使用公钥加密,私钥解密,这样可以确保数据的安全性。

(4)BASE64 编码并不属于加密算法,其设计目的是为了在邮件传送过程中添加文件或图片。其将文件和图片转化为字符形式,字符为(A－Za－z0－9＋/)。此外,也可以在数据传输中对字符串进行简单的编码来隐藏明文,这是当前的主要用途。

在综合考虑不同加密算法的特性以及适用范围的前提下,我们还要考虑以下注意事项:

相比于其他加密算法,MD5 加密是相对较容易破译的。虽然理论上 MD5 加密是不可逆的,但是可以通过大量的内容库进行顺推,尤其是当用户使用的是一些经典弱密码时可以相当轻松地通过顺推匹配到被加密的真实内容。

为了在传输的过程中使用动态 token(安全令牌)验证,就需要在服务端加入逻辑配置。这样操作之后可以有效防止重放攻击,但是并不能防止中间人攻击。可以

通过对传输通道进行加密来有效防止 token 验证无法防御的中间人攻击。

2. 密码库

为了在日常的开发过程中更便捷地集成并使用加密算法，可以通过调用第三方库来实现。当前使用的主流密码库如下：

(1)OpenSSL

OpenSSL 是一个基于密码学的安全开发包，OpenSSL 提供的功能相当强大和全面，囊括了主要的密码算法、常用的密钥和证书封装管理功能以及 SSL 协议，并提供了丰富的应用程序供测试或其他目的使用。

(2)Crypto＋＋

Crypto＋＋是开源的 C＋＋数据加密算法库，支持如下算法：RSA、MD5、DES、AES、SHA-256 等。由于它是一个纯 C＋＋实现的库，所以应用非常方便，库的结构清晰，文档也很健全。Crypto＋＋实现了很多密码学算法，可供研究者使用。

(3)MIRACL

MIRACL(Multiprecision Integer and RationalArithmetic C/C＋＋Library)是一套由 Shamus Software Ltd. 所开发的关于大数运算函数库，用来设计与大数运算相关的密码学之应用，包含 RSA 公开密码学、Diffie-Hellman 密钥交换(Key Exchange)、AES、DSA 数字签名，还包含较新的椭圆曲线密码学(Elliptic Curve Cryptography)等，运算速度快，并提供源代码。MIARCL 是当前使用比较广泛的基于公钥加密算法保护实现的大数运算函数库之一。

(4)CryptLib

CryptLib 实现了各种公开密钥算法、对称加密算法、数字签名算法、信息摘要算法以及相关的其他算法等。它采用 C＋＋语言编写而成，因为是面向对象语言，所以对于初学者来说更容易理清其结构。该库没有提供应用程序，只是作为库函数提供应用。因为基于 C＋＋面向对象的思想，其算法的剥离相对于 OpenSSL 来说可能更加容易。对于不需要涉及 SSL 协议的技术人员来说，基于该库函数提供应用是一个不错的选择。

(5)GMP

GMP 大数运算函数库是 GNU 项目的一部分，诞生于 1991 年。作为一个任意精度的大整数运算库，它包括任意精度的带符号整数、有理数、浮点数的各种基本运算操作。它是一个基于 C 语言的大数运算函数库，但是官方提供了 C＋＋的包装类，主要的应用方向是密码学、网络安全、代数系统、计算科学等。GMP 大数运算函数库的运行速度非常快，它的官方网站上称自己为地球上最快的大数库，但是 GMP 大数运算函数库所提供的只是数学运算功能，并没有密码学相关的高级功能。

8.3.2 访问控制技术

8.3.2.1 访问控制的基本要素

访问控制(Access Control)是指系统依据某种控制策略或权限对用户(组)或数据资源进行不同的授权。访问控制能阻止未授权用户访问任何资源,从而减少计算机系统被非法使用的可能性。访问控制通常用于系统管理员限制用户对服务器、文件、网络等资源的访问。访问控制是保障系统保密性、完整性、可用性和合法使用性的重要条件,是网络安全防范和资源保护的关键策略之一。

访问控制的主要目的是限制访问主体对客体资源的访问,以保障数据资源能够被合理地使用和管理。为了达到目的,访问控制需要完成两个任务:识别访问用户、确定该用户对某一系统资源访问的类型。访问控制包括三个要素:主体、客体和控制策略。

(1)主体 S(Subject):提出访问资源的具体请求,是该请求的发起者,但不一定是请求的执行者。主体可以是某一用户、进程、服务或设备等。

(2)客体 O(Object):被访问的资源。所有可以被操作的信息与资源对象都可以称作客体。客体可以是信息、文件、记录等集合体,也可以是网络上硬件设施、无线通信中的终端,甚至可以包含另外一个客体。

(3)控制策略 A(Attribution)。是主体对客体的访问规则集合,即属性集合。访问策略表现为一种授权行为,即客体对主体操作行为的许可。

8.3.2.2 访问控制与授权策略

访问控制是信息安全的关键技术之一,是通过某种途径显式地准许或限制主体对客体访问能力及范围的一种方法。访问控制是针对越权使用系统资源行为的防御措施,通过限制对关键资源的访问,防止系统因为非法用户的侵入或合法用户的不慎操作而被破坏,从而保证系统资源被受控地、合法地使用。其中主体可以是人,也可以是非人实体。操作则可以包括读、写、创建、删除、更新等。客体可能是数据、服务、可执行的应用、网络设备,或其他类型的信息技术或资源等。这些客体具有价值,并且为个人或组织机构所拥有。而客体的所有者也有权制定相应的策略来预防客体受到一些非授权的操作,这些策略主要是用来说明谁可以对客体执行操作,可以执行什么操作,以及在什么情况下主体可以执行这些操作等。若主体满足客体所有者所制定的数据访问控制条件,就能够获得授权,在客体上执行相应的操作;否则,将拒绝该主体对客体的访问。

访问控制的核心是授权策略。授权策略是用于确定主体是否能对客体拥有访问能力的一套规则。在统一的授权策略下,得到授权的用户就是合法用户,否则就是非

法用户。访问控制模型定义了主体、客体、访问是如何表达和操作的，它决定了授权策略的表达能力和灵活性。若以授权策略来划分，访问控制模型可分为：传统的访问控制模型、基于角色的访问控制（RBAC）模型、基于任务和工作流的访问控制（TBAC）模型、基于任务和角色的访问控制（T2RBAC）模型等。

授权策略通过明确访问对象进而确定相应授权，主要包括以下 4 个方面。

1. 用户访问管理

为了防范对计算机信息系统的未经授权的访问，建立一套对信息系统和服务的访问权限分配程序是必须的。这些程序应当覆盖用户访问的每一个阶段，从注册到注销。通常，计算机信息系统是多用户的系统，为防止用户对信息系统的非法操作，需要一种正式的用户注册和注销的机制，为用户和用户组赋予一定的权限，体现为用户组被允许访问哪些系统资源，当不再需要对信息系统访问时，又可以注销这些权限。特权访问具有超越一般用户访问的权限，所以特权访问的泛滥极可能造成系统被破坏，故特权分配主要可参照以下 3 个因素：首先是根据实际需求确定分配，其次是要建立在需要与事实的基础上，最后是在系统升级或更新版本后，特权所赋予的限度应重新审核。计算机信息系统是通过用户口令与账号的使用来确定谁正在使用系统，是何时登录使用系统的，也能控制系统使用者在系统中的操作权限，因此，对口令和账号的管理是极其重要的。为了保持对信息和数据的控制，应当定期复查用户的权限。

2. 网络访问控制

与网络服务的不安全连接会影响自身系统的安全性，所以为保护网络服务，系统应控制对内部和外部网络服务的访问，因此需要明确为用户提供哪些网络访问的权限。网络服务使用策略应考虑到网络和网络服务的使用，具体应包括：允许访问的网络与网络服务、谁可获得哪些网络和网络服务的授权、保护对网络连接和网络服务的访问管理措施等。网络的最大特征是资源共享和路径自由选择，而这也为那些未经授权的访问提供了机会，成为信息系统安全的隐患。所以自终端用户到计算机服务器的路径必须受到系统的管控。

3. 应用系统访问控制

应用系统，特别是敏感的或关键的业务应用系统，对一个企业或一个机构来说是一笔财富。为确保应用系统的访问是经过授权的，其应当：控制用户对应用程序的访问，并要求对所制定的业务访问控制策略一致；对超越应用程序限制的任何一个实用程序和操作系统中的部分软件提供保护，防止未经授权访问；不影响有共享信息资源的其他系统的安全；只能向所有权人及其他被指定和经授权者或确定的用户群提供访问权限。为限制未经授权的信息访问，可采用的管理措施有：提供菜单控制访问应用系统的功能；通过对用户文件的适当编辑，限制用户对未经授权访问的信息或应用系统功能的了解；控制用户对应用系统访问的权限，包括读、写、删除及执行等权限；

含有敏感信息的应用系统的输出只包括输出与使用相关的信息，而且只送到得到授权的终端和地点。如果条件允许，敏感系统应使用专用(隔离的)计算环境，而且只同可信任的其他应用系统共享资源。

4. 数据库访问控制

数据库访问控制是对用户数据库各种资源，包括对表、视窗、各种目录以及实用程序等的使用权利(包括创建、撤销、查询、增、删、改、执行等)的控制。这是实现数据安全的基本手段。对数据库进行访问控制时，首先需要识别用户。数据库用户在DBMS(数据库管理系统)注册账号时，会获得一个标识。用户标识是公开的，不能成为鉴别用户身份的凭证。若要鉴别用户身份，一般采用：利用只有用户知道的信息鉴别用户，如广泛使用的口令；利用只有用户知道的物品鉴别用户，如磁卡；利用用户的个人特征鉴别用户，如指纹、声音、签名等。只有对一般数据库用户、具有支配部分数据库资源特权的数据库用户、具有DBA(数据库管理员)特权的数据库用户进行明确的区分，才能确保其合法授权。

8.3.2.3 访问控制的主要功能

访问控制的主要功能包括：保证合法用户对受保护的网络资源的访问，阻止非法的主体进入受保护的网络资源，或阻止合法用户在未获授权的情况下访问受保护的网络资源。访问控制首先是要鉴别用户，然后再使用访问策略对用户的行为进行管理和监控。

8.3.2.4 访问控制的类型

访问控制策略需要一定的机制来执行。访问控制机制可以采用多种方法将访问控制策略应用到客体上。而且访问控制机制的功能可以用多种访问控制逻辑模型来描述。这些逻辑模型提供框架和边界条件集，可以把主体、客体、操作和规则组合起来，生成和执行访问控制决策。每种模型有自己的优点和不足。冲突检测与消解主要解决不同信息系统安全策略不统一的问题。随着计算机通信和网络技术的发展，先后出现了自主访问控制(DAC)模型、强制访问控制(MAC)模型、基于角色的访问控制(RBAC)模型、基于任务的访问控制模型、面向分布式和跨域的访问控制模型、与时空相关的访问控制模型以及基于安全属性的访问控制模型等。其中最主要的模型有自主访问控制、强制访问控制和基于角色的访问控制。

1. 自主访问控制

自主访问控制是一种接入控制服务，根据主体标识或其从属的组别来限制主体对客体访问的手段。用户有权访问自身所创建的文件、数据表等访问对象，并可将访问权授予其他用户或者收回访问权。允许被访问的对象的归属主体制定针对该对象的访问控制策略，通常可通过访问控制列表来限定针对客体可执行的操作。

2. 强制访问控制

强制访问控制(MAC)是系统强制主体服从访问控制策略。这是由系统对用户所创建的对象,按照既定的规则控制用户权限及操作对象的访问。其主要特征是对所有主体及其所控制的进程、文件、段、设备等客体实施强制访问控制。在 MAC 中,每个用户及文件都被赋予一定的安全级别,只有系统管理员才可确定用户和组的访问权限,用户不能改变自身或任何客体的安全级别。系统通过比较用户和访问文件的安全级别来决定用户是否可以访问该文件。此外,MAC 不允许通过进程生成共享文件。MAC 可通过使用敏感标签对所有用户和资源强制执行安全策略,一般采用三种方法:限制访问控制、过程控制和系统限制。MAC 常用于多级安全军事系统,对专用或简单系统较有效,但对通用或大型系统并不太有效。

通常 MAC 与 DAC(自主访问控制)结合使用,并实施一些附加的、更强的访问限制。一个主体只有通过自主与强制性访问限制检查后,才能访问其客体。用户可利用 MAC 来防范其他用户对自己客体的攻击,由于用户不能直接改变更强制访问控制属性,所以强制访问控制提供了一个不可逾越的、更强的安全保护层,防止滥用 DAC。

3. 基于角色的访问控制

基于角色的访问控制(RBAC)在用户集合与权限集合之间建立一个角色集合,使权限与角色关联起来。用户通过成为某个角色的成员而得到其角色的权限,可极大地简化系统的权限管理。为了完成某项工作创建角色,用户可依其责任和资格分配相应的角色,角色可根据新的需求被赋予新权限,而权限也可根据需要从某角色中收回。这样就可以降低授权管理的复杂性与管理开销,提高企业安全策略的灵活性。

RBAC 支持三个著名的安全原则:最小权限原则、责任分离原则和数据抽象原则。第一个原则可将其角色配置成为完成任务所需要的最小权限集。第二个原则可通过调用相互独立互斥的角色共同完成特殊任务,如核对账目等。第三原则可通过权限的抽象控制一些操作,如财务操作可用借款、存款等抽象权限,而不用操作系统提供的典型的读、写和执行权限。这些原则需要通过 RBAC 各部件的具体配置才可实现。

8.3.2.5 访问控制的实现

访问控制矩阵(Access Control Matrix)是最初实现访问控制机制的概念模型,以二维矩阵规定主体和客体之间的访问权限。它的行表示的是主体的访问权限属性,列表示的是客体的访问权限属性,矩阵格表示所在行的主体对所在列的客体的访问授权,空格表示未授权,Y 表示有操作授权,可以确保系统操作按此矩阵授权进行访问。通过引用监控器协调客体对主体的访问,实现认证与访问控制的分离。在实际应用中,当系统比较大时,其访问控制矩阵将变得非常大,其中会有许多空格,造成较大的存储空间浪费,因此,较少利用矩阵方式,主要采用以下两种方法。

1. 访问控制列表

访问控制列表(Access Control List,ACL)是应用在路由器接口的指令列表,用于路由器利用源地址、目的地址、端口号等相关特定指示条件对数据包进行选择,是以文件为中心建立访问权限表,表中记载了该文件的访问用户名和权限隶属关系。利用ACL,容易判断出对特定客体的授权访问,可访问的主体和访问权限等。当将该客体的ACL置为空,可撤销特定客体的授权访问。

基于ACL的访问控制策略简单实用。在查询特定主体访问客体时,虽然需要遍历查询所有客体的ACL,将耗费较多资源,但仍是一种成熟且有效的访问控制方法。许多通用的操作系统都使用ACL来提供该项服务。如Unix和VMS系统利用ACL的简略方式,以少量工作组的形式,不许单个个体出现,极大地缩减列表大小,增加系统效率。

2. 能力关系表

能力关系表(Capabilities List)是以用户为中心建立的访问权限表。与ACL不同的是,表中规定了该用户可访问的文件名及权限,利用此表可以快速查询主体的所有授权。

8.3.2.6 常见的访问控制措施

常见的数据相关的访问控制包括网络隔离、对用户细粒度授权、访问身份验证等。我们对其进行总结并从以下几个方面展开讲解。

1. 网络访问控制

网络访问控制主要通过ACL(访问控制列表)来实现,包括对源地址、目的地址、源端口、目的端口和协议的访问进行控制。

2. 用户访问授权

(1)根据用户等级的不同为其分配不同权限等级的账号,以实现管理用户的权限分离。同时在分配权限时遵循最小权限原则,即仅授予其所需的最小权限。

(2)由授权主体配置访问控制策略,访问控制策略规定主体对客体的访问规则。

(3)通过权限控制来实现文件、数据库表级、记录或字段级的访问控制。

(4)及时删除或停用多余的、过期的账户,避免共享账户的存在。

3. 数据库系统安全保护

(1)在数据库级别进行身份验证。

(2)用户和应用程序应使用不同的账户进行身份验证。

(3)使用固定的数据库角色实现数据库级别安全管理,或者为应用程序创建自定义数据库角色,以向选定的数据库对象授予显式权限。

4. 数据操作安全保护

(1)改写服务器下数据操作命令如 rm,为了防止误操作,不要在任何时候使用 rm -rf * 。

(2)删除命令尽量脚本化,并将执行的脚本命令、需要删除的对象进行描述发给第三者审核通过。

8.3.3 隐私保护系统

隐私保护是保障个人隐私权更深层次的安全要求,其建立在数据安全防护基础之上,指的是利用去标识化、匿名化、密文计算等数据安全防护技术。保障个人数据在平台上处理、流转等各个过程中不泄露个人隐私,保证个人数据的机密性、完整性和可用性。然而在大数据时代,我们也意识到隐私保护不再仅仅局限于保护个人隐私权,更要保障数据主体的个人信息在收集、使用过程中的自决权利。如今个人信息保护已经不再是一个单纯的技术问题,而是一个涵盖产品设计、业务运营、安全防护等多方面的体系化工程。本节将重点放在大数据安全技术上,从隐私保护技术这一研究方向入手,通过技术手段来研究数据主体的个人权益保护。

在大数据环境下,隐私保护是在数据安全技术的基础上,保障个人隐私信息不发生泄露或不被外界知悉,保证数据的机密性、完整性和可用性。目前应用最广泛的是数据脱敏技术,学术界也提出了同态加密、安全多方计算等可用于隐私保护的密码算法,但应用尚不广泛:

(1)数据脱敏技术发展成熟,是目前应用最广泛的隐私保护技术。数据脱敏是指通过脱敏规则对某些敏感信息进行数据的变形,实现对个人数据的隐私保护。目前的脱敏技术主要有以下三种:第一种是加密方法,指使用标准的加密算法,使加密后的数据完全失去业务属性,这种方法属于低层次脱敏,算法开销大,适用于机密性要求高、不需要保持业务属性的场景。第二种是基于数据失真的技术,这种技术最常用的方法是随机干扰、乱序等,是不可逆算法,通过这种算法可以生成"看起来很真实的假数据",以此来达到对个人数据的保护。该方法适用于群体信息统计或(和)需要保持业务属性的场景。第三种是可逆的置换算法,这种方法兼具可逆和保证业务属性的特征,可以通过位置变换、表映射、算法映射等方式实现。其中表映射方法可以解决业务属性保留的问题,应用起来相对比较简单,但是当数据量增大时,相应的映射表数量也随之增大,有一定的应用局限性。算法映射方法不需要使用映射表,而是通过一些基于密码学基本概念自行设计的算法来实现数据的变形,这种方法通常的做法是在公开算法的基础上做一定的变换,适用于需要保持业务属性或(和)需要可逆的场景。数据应用系统在选择脱敏算法时,关键在于保持可用性与隐私保护的平衡,既要考虑最小可用原则,最大限度地保护用户隐私,又要兼顾系统开销,满足业务系统的需求。

(2)匿名化算法将成为未来解决隐私保护问题的有效途径。匿名化算法要解决的问题包括：隐私性和可用性间的平衡问题、执行效率问题、度量和评价标准问题、动态重发布数据的匿名化问题和多维约束匿名问题等。数据匿名化算法可以实现根据具体情况有条件地发布部分数据，或者数据的部分属性内容，包括差分隐私(differential privacy)、K匿名(k-anonymity)、L多样性(l-diversity)、T接近等。匿名化算法既能在数据发布环境下防止用户敏感数据泄露，同时又能保证发布数据的真实性，使得该类算法在大数据安全领域受到广泛关注。随着匿名化相关算法的优势越来越明显，该类算法已经成为数据安全领域的研究热点之一。目前，该领域上已经取得了大量的研究成果，并且投入到实际应用中，后续匿名化算法会在隐私保护方面迎来越来越快的发展。但目前匿名化算法仍然存在很多问题和挑战，算法的成熟度和使用普及程度还有待提高。

当然在隐私保护方面，技术只是其中的一个环节，在大数据飞速发展的背景下，技术的发展明显无法满足当前迫切的隐私保护需求，在大数据应用场景下，个人信息保护问题的解决，需要不断完善法律，需要将经济、技术等多重手段相结合。目前，即使应用最为广泛的数据脱敏技术，也受到多源数据汇聚的严重挑战而可能面临失效，匿名化算法等前沿技术虽然取得了一定突破，但也鲜有实际应用案例，普遍存在运算效率过低、开销过大等诸多问题，仍然需要在算法的优化方面进行持续改进，以满足大数据环境下的隐私保护需求。

8.3.3.1 隐私保护系统实现的安全功能

(1)加密指定程序生成的文档。用户访问加密文档时，需要连接服务器(在线，非脱机状态)，并且具有合适的访问权限。该加密过程完全透明，不影响现有应用和用户习惯。通过共享、离线和外发管理可以实现更多的访问控制。

(2)泄密控制。对打开加密文档的应用程序进行如下控制：打印、内存窃取、拖拽和剪贴板等，用户不能主动或被动地泄露机密数据。

(3)审批管理。对于共享、离线和外发文档等操作，管理员可以按照实际工作需求，决定是否对这些操作进行强制审批。即用户在执行加密文档的共享、离线和外发等操作时，可能需要经过审批管理员审批。

(4)离线文档管理。一般客户端需要连接服务器才能访问加密文档。但是通过本功能制作的离线文档，即使客户端未连接服务器，用户也可以阅读这些离线的文档。根据管理员权限许可，离线文档可能需要经过审批。管理员审批离线申请时，可以控制客户端的离线时间和离线时是否允许打印。

(5)外发文档管理。外部人员无法直接阅读加密文档的内容，只有通过特定客户端才能正常阅读。本功能能制作外发文档，即使在未安装客户端的机器上，也可以阅读这些外发的文档。根据管理员权限许可，外发文档可能需要经过审批管理员审批外发的文档，和内部使用一样，受到加密保护和泄密控制，不会造成文档泄露，同时增加口令和机器码验证，增强外发文档的安全性。

(6)用户/鉴权。集成了统一的用户/鉴权管理,用户统一使用USB-KEY进行身份认证,客户端支持双因子认证。

(7)审计管理。即对加密文档的常规操作,进行详细且有效的审计。控制台提供了基于WEB的管理方式。审计管理员可以很方便地通过浏览器进行系统的审计管理。

(8)自我保护。通过在操作系统的驱动层对系统自身进行自我保护,保障客户端不被非法破坏,并且始终在安全可信状态运行。即使客户端被意外破坏,客户端计算机里的加密文档也不会丢失或泄露。

8.3.3.2　隐私保护系统自身的安全问题

(1)透明加解密技术:提供对涉密或敏感文档的加密保护,达到机密数据资产防盗窃、防丢失的效果,同时不影响用户正常使用。

(2)泄密保护:通过对文档进行读写控制、打印控制、剪切板控制、拖拽、拷屏/截屏控制和内存窃取控制等技术,防止泄露机密数据。

(3)强制访问控制:根据用户的身份和权限以及文档的密级,可对机密文档实施多种访问权限控制,如共享交流、带出或解密等。

(4)双因子认证:系统中所有的用户都使用USB-KEY进行身份认证,保证了业务域内用户身份的安全性和可信性。

(5)文档审计:能够有效地审计出用户对加密文档的常规操作事件。

(6)三权分立:系统借鉴了企业和机关的实际工作流程,采用了分权的管理策略,在管理方法上采用了职权分离模式、审批、执行和监督机制。

(7)安全协议:确保密钥操作和存储的安全,密钥存放地点和主机分离。

8.3.3.3　隐私保护的方法

未来,匿名化算法或将成为解决隐私保护问题的有效途径。数据匿名化算法可以实现根据具体情况有条件地发布部分数据,或者数据的部分属性内容。

隐私保护方面,技术的发展明显无法满足当前迫切的隐私保护需求,大数据应用场景下的个人信息保护问题需要构建法律、技术、经济等多重手段相结合的保障体系。目前,应用广泛的数据脱敏技术受到多源数据汇聚的严重挑战而可能面临失效,匿名化算法等前沿技术目前鲜有实际应用案例,普遍存在运算效率过低、开销过大等问题,还需要在算法的优化方面进行持续改进,以满足大数据环境下的隐私保护需求。

基于大数据时代,人们对隐私的重视程度不断提高,本小节主要介绍k-anonymity、l-diversity和differential privacy。

1. k-anonymity

对于表8.2,我们将其中的公开属性分为以下三类:

(1)Key attributes:表示个体的唯一标示,比如身份证号码等具有唯一标示型的内容,在公开数据的时候需要对这些内容进行删除。

(2)Quasi-identifier：包括邮编、年龄、性别等非唯一，但是可以帮助研究人员对相关数据进行关联的标示。

(3)Sensitive attributes：表示敏感但并不能直接得到用户信息的数据，比如用户购买偏好(如电子产品、护肤品)等，这些数据是研究人员最关心的，但并不能通过其直接得到用户的信息，所以一般都直接公开。

表 8.2 信息表格

身份证号码	姓名	性别	年龄	邮编	购买偏好
123456	小明	男	24	100083	电子产品
654321	小白	男	23	100085	电子产品
765432	小王	女	30	100054	厨具
876543	小红	女	25	100234	护肤品
987654	小李	男	36	100324	电子产品
012345	小黑	男	35	100453	电子产品

K 匿名化方法主要有两种操作策略。第一种是将某些敏感数据对应的数据列删除，用星号(*)代替。而另一种是用概括的方法对信息进行整合，使之无法区分，比如把年龄修改为所在的年龄段。简单来说，K 匿名化的目的是保证公开的数据中包含的个人信息至少不能通过 $k-1$ 条其他个人信息确定出完整的个人信息。

2. L-diversity

L 多样化主要指的是在公开的数据中，对于那些包含相同数据的 quasi-identifier(非唯一性标示)数据，敏感数据必须具有多样化。需要保证相同类型数据中至少有 L 种内容不同的敏感属性，这样才能保证确保用户信息不能通过背景知识或其他方法推断得出。

3. Differential privacy

差分隐私主要用于防止差异攻击。简单来说，差分隐私是一种确保在同一组数据中查询 100 条信息的结果和查询 99 条信息结果相同的方法。因为查询得到的结果相对一致，因此攻击者无法仅仅通过比较差异来进行差异攻击。

8.4 数据安全的管理

8.4.1 数据安全管理现状

数据安全包括技术、管理和法律三个方面。目前的情况是，技术、管理与法律都

滞后于应用。所以应该先从管理入手，再解决技术与法律的问题，实现分级保护，加强对专业的网络安全与数据安全管理人员的培养。随着企业信息系统的建立及规模的不断扩大，存储于系统中的敏感数据和关键数据也越来越多，而这些数据都依赖系统来进行处理、交换、传递。因此，对数据安全的管理尤为重要。

8.4.1.1 传统数据库与区块链

传统数据库使用的架构是客户端—服务器架构。在这样的结构中，用户(或称为客户端)可以修改存储在中央服务器中的数据。其数据结构独立于使用它的应用程序，对数据的增、删、改、查由统一软件进行管理和控制。数据库的控制权保留在获得指定授权的机构处，他们会在用户试图接入数据库前对其身份进行验证。授权机构需要对数据库的管理负责，如果授权机构的安全性受到损害，那么数据将面临被修改，甚至被删除的风险。

区块链数据库由很多分散的节点组成，且不能对数据做修改和删除操作，用户只能在区块上增加数据，也就是说它只有读和写的操作。任一节点都会参与数据管理：所有节点都会验证新加入区块链的内容，并将新数据写入数据库。对于加入区块链的新内容，只有大多数节点都达成一致才能成功写入。这种共识机制保证了网络的安全，让篡改内容变得非常困难。区块链系统能够大幅度降低成本，减少风险和管理成本，提升流动性，增加创新和服务的机会。可以说，和大数据、云计算、人工智能一样，区块链是未来十年中举足轻重的技术。

传统的数据库通常具有私密性，但是区块链数据是公开可验证的，具备完整和透明的特性。用户可以确认自己查阅的区块链数据是完整的，没有被篡改的。而传统数据库就很难保证。由于传统数据库的管理是中心化的，任何有机会进入数据库的人都可以修改甚至是删除数据。而区块链数据库的分布式存储及共识算法机制，保证了它的安全性和不可逆性。

在区块链出现之前，在没有得到信任的前提下，能够实时分享信息几乎是不可能的，而区块链给数据安全管理带来了不一样的便利。

(1)区块链的去中心化结构增强了其所提供的安全性。任何单个用户或组织都无法得到数据库的最高控制权。去中心化的设计就使区块链不会发生单点故障。

(2)区块链可轻松识别恶意或不正确的数据。

(3)通过区块链可以确保隐私，由于其去中心化架构和其设计中使用的加密编码，区块链网络从数学运算角度上看是非常难以入侵的。

(4)存储于区块链之中的数据将始终存在，并且无法以任何方式进行编辑或篡改。新增或更新的数据只能附加于随后的区块链之中。

8.4.1.2 当前数据安全管理主要存在的问题

1.用户安全意识薄弱，缺乏保护隐私的观念

调查结果显示，虽然当前个人信息泄露问题突出，其背后黑色产业链的曝光也引发了社会关注，但是公众对很多场景的信息泄露问题的感知度依然不足，安全意识薄弱，因此加强对这些信息的保护是相关部门的当务之急。大数据的汇集不可避免地加大了公民个人信息和隐私数据信息泄露的风险。在大数据时代，想完全屏蔽外部数据商挖掘个人信息非常困难。

2.数据与信息系统管理员的安全管理问题

(1)很多系统管理员不能及时对系统进行补丁更新；

(2)不能及时发现漏洞，处于被动管理的状态；

(3)不能定期对系统进行安全检测，在问题发生很久之后才发现。

(4)系统使用缺省或者默认的用户名和密码；

(5)安全问题出现之后无人进行跟踪处理。

3.相关法律法规较少

在法律层面上，我们目前迫切需要研究制定与大数据安全相关的法律。现有法律比较宏观，针对性不强，不能解决实际问题。我们需要更加系统地研究和完善对个人信息保护的法律，改变过去多头和分散治理与立法的局面。现在虽然有网络法、个人信息保护的法律条款等，但这些与大数据相关的法律，还不能很好地避免和解决实际问题，目前看实际效果还不明显。因此不管是从管理入手，还是抓立法，都需要进行很深入的研究。

8.4.2 数据安全的管理规范

为加强数据的安全管理，保证数据信息的可靠性、完整性、机密性，特提出了如下五条规范要求。

8.4.2.1 数据安全存储要求

数据信息存储介质包括：纸质文档、语音或录音、输出报告、硬盘、磁带、光存储介质。

(1)包含重要、敏感或关键数据信息的移动式存储介质须专人值守。

(2)删除可重复使用存储介质上的机密及绝密数据时，为了避免在可移动介质上遗留信息，应该对介质进行消磁或彻底的格式化，或者使用专用的工具在存储区域填入无用的信息进行覆盖。

(3)任何存储媒介入库或出库须经过授权，并保留相应记录，方便审计跟踪。

8.4.2.2 数据传输安全要求

在对数据信息进行传输时，应该在风险评估的基础上采用合理的加密技术。选择和应用加密技术时，应符合以下规范：

（1）必须符合国家有关加密技术的法律法规。

（2）根据风险评估确定保护级别，并以此确定加密算法的类型、属性，以及所用密钥的长度。

（3）听取专家的建议，确定合适的保护级别，选择能够提供所需保护的合适的工具。

（4）机密和绝密信息在存储和传输时必须加密。

（5）机密和绝密数据的传输过程中必须使用数字签名以确保信息的不可否认性。使用数字签名时应符合以下规范：

①充分保护私钥的机密性，防止窃取者伪造密钥持有人的签名；

②采取保护公钥完整性的安全措施，如使用公钥证书；

③确定签名算法的类型、属性以及所用密钥长度；

④用于数字签名的密钥应不同于用来加密内容的密钥。

8.4.2.3 数据信息安全等级变更要求

数据信息安全等级经常需要变更。一般来说，数据信息安全等级变更需要由数据资产的所有者进行，然后改变相应的分类并告知信息安全负责人进行备案。数据信息的安全等级，应每年进行评审，只要实际情况允许，就进行数据信息安全等级递减操作，这样可以降低数据防护的成本，降低数据访问的难度。

8.4.2.4 数据安全管理职责

（1）拥有者：拥有数据的所有权；拥有对数据的处置权利；对数据进行分类与分级的权利；指定数据资产的管理者/维护人的权利。

（2）管理者：被授权管理相关数据资产；负责数据的日常维护和管理。

（3）访问者：在授权的范围内访问所需数据；确保访问对象的机密性、完整性、可用性等。

8.4.2.5 数据保密性安全规范

数据信息保密性安全规范用于保障业务平台重要业务数据信息的安全传递与处理应用，确保数据信息能够被安全、方便、透明地使用。采用加密措施实现重要业务数据信息传输、存储，其中加密安全措施主要分为密码安全及密钥安全。

8.5 数据安全的典型实例

在大数据时代，数据安全关系到企业发展的命脉，而这不仅是互联网公司需要重视的问题，更应成为所有企业的生命线。下面以某互联网公司的数据安全管理为例，来分析数据安全管理的必要性和具体做法。

8.5.1 风险管理体系

某互联网公司作为全球领先的移动支付公司，非常重视用户数据的安全性和隐私的保护工作，制定了一系列保障安全可控的数据管理策略。根据《网络安全法》和有关规定，该互联网公司不断完善数据安全顶层治理，建立数据安全内控系统和审计监督机制，重点从数据、人员、产品三个方面进行风险管理体系建设，确保360°、24小时的全方位数据安全运营保障和风险监控，通过大数据平台、人工智能等先进技术，确保用户隐私安全。

通过建立并完善风险管理体系，该公司在成功降低了风险发生率、减少了用户对数据风险的忧虑的同时，也成功节约了经营成本，维持了企业的持续发展以及承担了相应的社会责任。

8.5.2 本地化差分隐私技术

在数据采集场景中，该公司坚持依法合规、用户授权的原则，采用本地化差分隐私技术(Local DP)等大数据隐私保护技术保障用户隐私。

传统的中心化差分隐私需要将所有数据全部集中到单一数据中心，再通过数据中心对用户数据进行加工使其合规，但是这有一个关键前提，即假设数据中心或数据收集者是可信的，不会出现泄露用户隐私的情况。但是，这种假设并不是完全成立的，因为数据收集、传输的途径多种多样，很容易在收集和传输过程中出现问题，这样就会导致数据被非法获取。而本地化差分隐私技术直接在客户端进行数据的隐私化处理，这样就杜绝了数据中心或数据收集者泄露用户隐私的可能。

8.5.3 风控技术的迭代

互联网与AI等技术驱动业务形态变化发展，也促进了该互联网公司风控技术经历3个阶段的迭代。从最初扁平的专家经验风控时代，发展到数据、模型驱动的风控时代，进而发展到如今算法、智能驱动时代。

该公司风控体系在保障互联网的安全和金融方面的安全主要有以下三大核心能力。

(1)数字身份。在互联网中每个用户都有自己的虚拟身份,如何保证识别虚拟身份后面对应的自然人,同时使用数字身份确保交易安全和更流畅交易提升用户体验,是第一个核心的能力。

(2)智能风控。在数字金融时代,智能风控是以数据为桥梁,智能手段为连接器,达到节省成本、提高运营效率和精准度的效果,同时通过数据将场景端与资金端串联,将数据产生方和技术连接,提升智能化程度。区别于传统风控,差异体现在处理数据的方式:以前是结构化数据的处理,现在通过接入大数据包含的非结构化数据,利用智能工具进行处理,替代人的学习,从而得到收益的提升。

(3)数据和隐私保护。数据和隐私保护是指利用大数据和机器学习技术来控制每个阶段的泄露风险,有效保护数据免受内部和外部威胁。

这些均是数字化时代金融机构的必备能力,该公司通过强大的技术实力完美的进行了视线。

8.5.4 数安大脑

为了更好地保护个人隐私数据,提升生态伙伴及整个行业的数据安全管理水平,业界提出了基于数据安全技术沉淀的整体数据安全解决方案——数安大脑,以数据安全风险管理为核心,研发了数据保护伞、数安大脑、智能评估、数安盾等数据安全产品,并陆续向生态伙伴进行输出,保障云上数据安全。安全大脑主要通过账户、设备、位置、习惯、关系行为等多种维度进行综合的判断。值得一提的是,安全大脑过去对风险的判断基本上是基于消费者的操作行为进行判断,用户的账户、设备、位置、关系都是基于密盾、密码验证来验证账户是否为本人。

大数据时代已经到来,以后人们得到的信息将会是多个数据糅合的结果,而这些信息会受到来自多方面的干扰,如隐私政策、安全协议、潜在威胁等。任何小问题都有可能带来大的影响,人们总是想要一劳永逸,防患于未然,但是安全没有捷径,必须稳扎稳打。

思考题

1. 谈谈对数据安全重要性的理解。
2. 谈谈加密技术的重要性。
3. 数据安全技术与管理现状有哪些不足?
4. 访问控制系统有哪几部分构成,各自的特点是什么?
5. 数据安全对今后社会发展的影响有哪些?

9 数据销毁

数据的安全保护技术主要围绕的是数据的机密性、完整性和可用性三个方面。数据的机密性是指只有合法的用户才能访问特定网络的特定资源，其保护技术包括数据加密技术、访问控制技术和完整性验证技术。数据完整性是反映数据是否真实有效的一个重要凭证。完整性验证技术用于保护数据的完整性，比如MAC计算与验证、数字签名等。数据可用性则是指保证数据在由于人员因素、恶意软件、黑客攻击等安全故障造成破坏或丢失时，能够采取一定的技术进行数据恢复。因此，数据销毁的效果将直接影响数据的机密性、完整性和可用性，数据销毁也是数据安全保护的一项重要工作。

9.1 数据销毁的重要性

数据销毁在数据安全中扮演重要的角色，尤其是对于一些特殊的部门，如国防、政府机关等。这些部门对数据安全有着较高的要求：对于一些涉密的文件在使用之后都要进行彻底的销毁并且不能被恢复。

根据某机构的研究，全球每年会有大概1.5亿个硬盘被丢弃，根据调查机构Datoquest的研究若有37%的硬盘可被恢复，试想将会有多少敏感数据会因此而泄露。曾经在IEEE《安全与隐私》期刊上刊登了这样一个报道，两位麻省理工学院的学生做了一个实验，从二手市场购买了158个硬盘，只有12个硬盘做到了完全的数据销毁，其他硬盘都可以通过复原软件还原部分或全部数据。可见，数据销毁是保护个人、企业、政府的高机密隐私不被泄露的重中之重，是数据资源管理的最后一道强有力屏障。

9.2 数据销毁的类型

9.2.1 磁盘销毁

在销毁磁盘数据时，由于磁性存储介质的原理以及读写方法，包括删除文件、低级格式化等普通的数据删除方法都不能彻底地清除磁盘上的数据，因此操作系统和磁盘的隐形操作会产生残留的数据，这些存在于硬盘上的剩磁对于信息安全是很大的威胁。通过使用特殊仪器，可以检测出剩磁，原始数据可以被收回。为了避免上述情况的发生，应该采取以下其他类型的方式对数据进行销毁。

9.2.1.1 覆写法

由于磁带可以被多次重复使用，因此通过覆写的方式可以覆盖之前的数据达到删除数据的目的。尽管通过一些工具能够还原数据，但是随着覆写次数的增加，通过复原非结构性数据，还原数据的难度也随之增大，所需花费的时间也越久。其中，低程度的覆写法就是完全覆写磁带或者磁盘；高程度覆写法比较复杂，需要通过美国国防部 DoD 5220-22-M 的保安认证程序，结合数种清除与覆写程序，使得磁盘的每个空间都被覆写。

9.2.1.2 消磁法

磁带、磁盘等磁性介质的存储设备，都使用了磁性技术，如果受到了外来能量的影响，比如加热、冲击，其中各磁畴的磁矩方向会变得不一致，磁性就会减弱或消失，其磁性结构就会遭到破坏，存储的数据便会销毁。因此消磁法是一种常用的数据销毁方式，一般常用消磁机对磁性存储介质进行消磁。

9.2.1.3 捣碎法/剪碎法

通过物理方法，比如捣碎法、剪碎法破坏存储数据的实体，也是比较有效的数据销毁方式，可以确保数据的机密性和安全性。

9.2.1.4 焚毁法

通过焚毁的方式直接销毁存储介质，也是一种较安全的数据销毁方式。

9.2.2 云端销毁

随着信息技术的高速发展，许多应用程序迁移到了云上，云逐步成为互联网可访问基础架构的常见概念。云计算把计算分布在大量的分布式计算机上，而非本地计算机或远程服务器中，这使得企业和用户能够将资源切换到需要的应用上，根据需求访问计算机和存储系统。紧随云计算、云存储之后，云安全也随之出现。即使用户清理了本地文件，存储在云上的备份数据也可能遭到泄露，带来损失。在云计算环境中，用户可能会要求云产品提供关键功能——数据自毁。例如，用户可以控制存储在远程系统上的数据的生命周期，如 Gmail、Hotmail、Facebook 上的私人消息，GoogleDoc 上的文档或 Flickr 上的私人照片。

一种提供销毁云上数据的方式是，在硬件上借助可信计算技术，在软件上借助虚拟机监控器，来实现可信数据销毁。可信的虚拟机监控器负责保护用户的敏感数据，并按照用户命令对数据进行彻底销毁。即使云服务器的全权管理员也无法绕过保护机制得到受保护的敏感数据。

另一种云端销毁技术是使用云存储环境下生命周期可控的数据销毁模型。首先，通过函数变换处理明文生成密文和元数据，避免复杂的密钥管理；其次，为提高数据销毁的可控性，设计一种基于时间可控的自销毁数据对象，使得过期数据的任何非法访问都会触发数据重写程序对自销毁数据对象进行确定性删除，从而实现生命周期可控的数据销毁功能。分析及实验结果表明，该方案在保护数据安全的同时，能够有效地销毁数据，增强数据销毁的灵活性、可控性，且具有较低的性能开销。

9.3 数据销毁的技术现状

9.3.1 数据销毁技术研究现状

随着越来越多的企业和个人使用计算机来处理数据，数据安全逐渐受到人们的关注。传统的数据保护方法如数据隐藏、数据加密等可以达到保护数据的目的，但是存在局限性，有被破解的风险。为了防止重要的数据被非法获取，最安全的方法是在数据被解析之前将数据进行销毁。数据销毁作为信息安全的一个重要分支，早已引起世界各国的重视。我国在 2000 年《中共中央保密委员会办公室、国家保密局关于国家秘密载体保密管理的规定》第六章第三十四条中明确规定要销毁秘密载体，应当确保秘密信息无法还原。最新的国家保密标准《涉及国家秘密的载体销毁与信息消除安全保密要求》中详细地指出了数据销毁的技术要求。2006 年 3 月下发的《江苏

省涉密存储载体保密管理办法》第二十八条明确提出，销毁涉密存储载体应先清理载体中的信息，再采用物理或化学的方法彻底销毁，确保信息无法还原，国家保密局和军队安全局还要求涉密硬盘磁带信息销毁前不得带离办公区。

目前，国内外数据销毁技术发展差距较大，主要体现在数据安全的观念和数据销毁设备的应用普及方面。国外在2000年前后开始将数据销毁技术实用化，最早应用在军事领域。我国从2004年开始进行数据销毁应用研究，进入到2005年下半年后，国家重要部门对数据销毁技术需求日益增加。早在1985年，美国国防部（DOD）就发布了数据销毁标准（US. DoD. 5200. 28-STD）。在随后的20多年里，美国的数据销毁技术取得惊人的成就，他们研制了多种类型的数据销毁软件/硬件。随着数据销毁技术的发展，为了满足野战环境的需要，美军在网系、网络安全防护建设中，提出了遥毁、自毁概念，并且已经开始在一些系统中进行研发。

9.3.2 数据销毁的实现技术

随着计算机、数码设备的普及，照片、视频等数据的安全问题日益成为人们关注的热点问题。尤其是这几年照片、视频等泄露事件的曝光，使人们更加关注硬盘数据的安全。从专业角度讲，数据安全问题是计算机安全问题的核心。数据加密、访问控制、备份与恢复、隐私保护等方面，都是以数据作为保护的对象。然而，社会上很多用户都希望计算机上的机密文件能够被彻底删除，并且不能被恢复。对于如何正确地销毁数据恐怕很多人不知道，本节提出了如下几种技术。

9.3.2.1 磁盘存储空间清除

要了解如何消除硬盘中的数据，首先应搞清楚硬盘数据存储的基本原理。硬盘的数据结构主要是由固件区、主引导记录、各分区系统引导记录、文件分配表、文件目录区、数据区等区域组成。文件分配表是一个文件寻址系统，目录区用于配合文件分配表准确定位文件，数据区是用于存放数据，它占据了硬盘的大部分空间，硬盘数据销毁、数据擦除都是针对这一部分。硬盘里有一组磁盘片，磁道在盘片上呈同心圆分布，读写磁头在盘片的表面来回移动访问硬盘的各个区域，因此文件可以随机分布在磁盘的各个位置上，同一文件的各个部分不一定会按顺序存放。存放在磁盘上的数据以簇为分配单位，大的文件可能占用多达数千、数万簇。操作系统的文件子系统负责文件各个部分的组织和管理，其基本原理是用一个类似首簇的文件起点入口，再包含一个指向下一个簇地址的指针，从而找到文件的下一簇，直到出现文件的结束标志为止。从以上原理我们可以知道，数据是随机存放在数据区的，只要数据区没有被破坏，数据就没有完全销毁，就存在被恢复的可能。而彻底的硬盘数据销毁需要一些特殊的方法才有可能做到。

此外，硬盘被生产出来时都会在扇区上保留一小部分的存储空间，这部分保留的存储空间被称为替换扇区，由于替换扇区处于隐藏状态，所以操作系统无法访问该区域。而持有固件区密码的厂家却能访问替换扇区的数据。因此，硬盘在出厂时就有可能被留有后门，把硬盘工作过程中的有关数据转存到替换扇区，成为硬盘数据销毁的死角，让很多重要的信息因为不能完全被销毁而泄露。所以硬盘的数据销毁工作，不仅要对标准扇区里的硬盘数据进行销毁，同时还要对替换扇区里的数据进行硬盘数据销毁和数据擦除的完全操作。

硬盘的数据销毁还需要考虑到一个问题，那就是剩磁效应。由于磁介质会不同程度地永久性磁化，所以磁介质上记载的数据会在一定程度上消除不干净。同时，由于每次写入数据时磁场强度并不会完全相同，这种不一致导致了新旧数据之间产生了“层次”差。剩余磁化及“层次”差都可能通过高灵敏度的磁力扫描隧道显微镜探测到，经过分析与计算，对原始数据进行“深层信号还原”，从而恢复原始数据，结果就是，硬盘数据销毁不彻底。尽管普通企业和个人很难得到这种尖端设备，但对于间谍机关来说并非难事，美国军方甚至可以恢复被覆盖 6 次以上数据的能力，足以证明当今科技在硬盘数据销毁恢复方面有卓越的能力。

9.3.2.2 磁盘存储数据销毁

由于我们更多地将信息存放在电子设备产品中，与纸质载体相比，存放在如硬盘、U 盘、磁盘等存储介质中的信息其销毁技术就尤为复杂，而且操作更为烦琐。只有采取正确彻底的清除方法，才能达到完全脱密的目的。

在我们日常生活中存在这样的误区，如果采用删除、硬盘格式化、粉碎文件等方式来进行数据销毁，数据不见了，那不就是销毁了吗？其实不然，事实上，由数据磁盘存储原理可知，在新的数据写入硬盘同一存储空间之前，该数据会一直保留并不会被真正销毁。以下进行详细解释。

采用删除文件进行数据销毁。由于操作系统考虑到操作者的误操作，删除命令仅仅是将文件目录做了一个删除标记，并没有删除数据区的数据。所以一些数据恢复的软件利用这一点，直接绕过文件分配表，直接读取数据区，恢复删除的数据。因此删除文件这种方式并不可取。

采用硬盘格式化。格式化仅仅是为操作系统创建一个全新的空的文件索引，将所有的扇区标记为“未使用”状态，这样操作系统会认为硬盘没有文件，同样没有删除掉数据区的数据，因此，采用数据恢复工具依然可以恢复格式化后的数据区中的数据。

采用文件粉碎软件。为了满足广大用户彻底删除数据的需求，网上出现了一些所谓的文件粉碎软件，不过这些软件大多没有通过专门的机构认证，其可信度与安全性不能保障，用于处理一般数据还可以，处理带密级的数据就很不安全。

综上所述，当我们删除数据时，事实上并没有真正的删除数据，在删除数据所写入的存储空间被占之前，该数据一直保留，所以存在被刻意恢复的风险。那么就需要

下面两种方式进行数据销毁。其一是数据软销毁。软销毁一般是指逻辑销毁，即通过数据覆写的方法进行销毁数据。这是一种最经济、安全的销毁方式，适用于机密程度不是很高的数据。数据覆写的概念就是将非机密的数据写入到敏感信息的硬盘簇中，这里面的信息都是以二进制存储的，多次覆盖就无法得知存储介质上的“1”还是“0”，这样就达到了销毁数据的目的。根据数据覆写时的具体顺序，可将其分为逐位覆写、跳位覆写、随机覆写等模式。根据时间、密级的不同要求，可组合使用上述模式。美国国防部网络与计算机安全标准和北约的多次覆写标准，规定了覆写数据的次数和格式，覆写次数与存储介质相关，有时与敏感性有关，有时因国防部的需求有所不同，在不了解存储器实际编码方式的情况下，为了尽量增强数据覆写的有效性，正确确定覆写次数与覆写数据格式非常重要，这些都是确定一个硬盘数据销毁程度的重要因素，也是确定硬盘数据擦除是否彻底的重要因素，因此在进行数据销毁和数据擦除时要相当注意这些细节部分，可以保证硬盘数据销毁的彻底性，保证机密数据不流失。这里需要注意的是，覆写软件必须保证在硬盘上所有的可寻址部分执行连续写入。如果在写入过程中出现中断，或软件本身遭到非法授权修改时，处理后的硬盘依然有被恢复的可能。因此，这种方法不适合处理高机密数据。其二就是数据硬销毁。其概念就是从根本上破坏掉涉密信息的物理载体，数据硬销毁可分为物理销毁和化学销毁两种方式。物理销毁又可分为消磁、熔炉焚化、借助外力粉碎等方法。消磁是磁介质被擦除的过程。销毁前硬盘盘面上的磁性颗粒沿磁道方向排列，不同的 N/S 极连接方向分别代表数据“0”或“1”，对于硬盘施加瞬间强磁场，磁性颗粒就会沿磁场强方向一致排列，变成清一色的“0”或者“1”，失去数据记录功能。如果整个硬盘上的数据需要不加选择地全部销毁，那么消磁是一种极为有效的方法，不过对于一些经消磁后仍达不到保密要求的磁盘，就需要送到专门的机构进行焚化、粉碎处理。物理销毁方法费时、费力，一般只适用于销毁保密级别高的数据。化学销毁是指采用化学药品进行腐蚀、溶解、活化、剥离磁盘记录表面销毁方法。化学销毁方法只能由专业人员在通风良好的环境中进行。

这里还需要介绍一种较为广泛的存储工具：固态硬盘。近年来，针对硬盘的数据销毁已较为成熟，由于固态硬盘和硬盘有许多不同之处，所以对于固态硬盘的数据擦除我们需要另辟蹊径。主要是以下三类：控制器层、文件系统层和用户应用层的数据销毁技术。

控制器层的数据销毁。传统的数据销毁技术有两种：一是利用内置于闪存设备固件的数据清理机制，但是经过试验发现，通过这一机制清理的数据，如果直接绕开固件对闪存芯片进行读取，还是可以发现数据完好地保留在内存上。二是用户将机密文件以加密的方式存储，如果需要删除数据，则直接删除密钥。但是这种方法也存在问题，首先，如果通过对闪存芯片的侧信道攻击，可以允许攻击者恢复出密钥的相关数据，其次，如果密钥管理不善，则会存在泄露的可能。

结合以上两种数据销毁技术，可以采用一个较为高效的数据销毁方法：SAFE

(Scramble and Finally Erase)。该方法只需两步，首先 SAFE 将密钥数据进行销毁，然后在对 NAND 的每个物理页进行垃圾数据覆盖，通过执行 SAFE 对 NAND 的检查，SAFE 确实可以安全地销毁指定数据。

文件系统层的数据销毁。闪存的读写单位为页，但是操作系统读写数据是按照 HDD(Hard Disk Drive)的扇区尺寸进行的。并且闪存数据写入需要进行擦除动作，而擦除是以块为单位。这些与 HDD 明显的差异使得操作系统对闪存设备的管理必须采取不同的方法。一种是闪存设备通过自身的固件程序实现一个功能层，将闪存设备虚拟成一个类似于 HDD 的块设备，将文件系统对扇区的操作转变成对闪存的操作。另一种是设计出一个专门用于闪存的文件系统，在专门的文件系统中已经设计了通过软件实现的功能层，因此操作系统也可以直接将 SSD 视为 HDD，对 SSD 进行扇区操作。

用户应用程序层的数据销毁。用户应用程序层可以很容易地删除特定数据对象，但不能保证数据不可恢复。现有的数据删除方法，一般是通过块擦除、零覆写或随机数据覆盖的方法实现的。

9.3.2.3 数据库销毁

数据还有一种存储方式是通过数据库存储。数据库是长期存储在计算机内、有组织、可共享的数据集合。销毁数据库中的敏感数据分为三个层次，分别为物理硬件销毁、数据文件销毁、数据库层面的销毁，粒度依次越来越细。物理硬件的销毁和数据文件的销毁可以使用之前介绍的方法。数据库层面敏感数据的销毁方法通常采用软件销毁法，即通过对数据的覆写，达到数据销毁的目的。

9.3.3 数据销毁的常见工具

Darik 公司的"boot and nuke"软件，是一个免费的开源代码软件。在 Windows 环境下运行，提供六种不同的方式进行覆写，包括美国国防部(DoD 5220.22-M)标准程序，同时该软件也有提供名叫 PRNG 的方法，该方法可以让使用者定义要用的乱数字符。该程序可用两种形式执行，一个是刻录的 CD 开机版本，另一个是磁片版本。电脑使用装有该程序的 CD 或磁片开机后，就会载入 DBAN 的选单。(要执行这个磁盘清除软件，可能需要调整该电脑在 BIOS 设定中的开机顺序)

HDShredder 是德国的一款专业数据销毁工具。它可以提供可靠的数据销毁服务，可以在物理层安全地销毁硬盘或者其他大容量存储介质上的内容。它还可以按照国际安全数据销毁标准销毁硬盘上单独分区的内容。这是一款快速、高效、通用的工具，使用它可以安全地销毁硬盘、固态硬盘、U 盘、闪存卡等各种存储介质的内容，支持在 PE、Linux 和 Windows 系统下使用。

硬盘消磁机是一款能够快速彻底销毁硬盘、磁带、软盘和磁卡等载体上所有信息

的设备，被清除数据的硬盘、磁带外观完好，除硬盘外均可以再次使用，硬盘可安全地用于保修服务或丢弃处理。消磁机的原理是运用瞬间引发的强大磁场，将硬盘、磁带中的资料进行销毁。

数据擦除设备是一种专门针对硬盘、服务器等存储载体进行数据销毁的专业设备，以DataCopyKing、SAS/SCSI数据擦除一体机为典型代表，可以通过特殊指令对机密数据进行底层物理擦除，无任何恢复数据的可能。同时，设备本身无后门、无存储、无木马病毒，操作过程对硬盘、服务器本身也没有任何物理损坏，经其处理过的硬盘、服务器，还可以再投入正常使用，被誉为当下最"绿色"的一种数据销毁方法，在全球120多个国家和地区的保密系统中广泛应用。

对于一些有特殊保密需求的用户，市面上还提供了一些更为专业的数据销毁设备——高温焚化炉，该焚化炉可以将各种存储介质通过焚烧进行销毁，但一般来说，该设备体积较大，能耗较高，需要配置相应的烟尘处理设备，不适合在办公区内使用。而且，这种方式投资非常大，还会造成严重的环境污染，对保密系统来说，推广度不高。

9.4　数据销毁的典型实例

9.4.1　中小企业数据销毁案例

由于当地法律条例等原因，在某地经营企业，企业内部的文件需要保存七年以上。在到达保存期限时往往会堆积很多文件，直接扔掉文件是一种对企业及客户都非常不负责任的行为。企业的内部资料包括了企业自身和来往客户的机密信息，如果信息被泄露，有可能对企业自身及其客户造成无法估量的损失。负责的企业会选择将纸质文件安全销毁。一般企业会通过采购碎纸机对文件进行销毁，这种方式成本较低，而且方便快捷。但是，如果需要销毁大量文件，这种方式便不再适合。另一种方式是将机密文件交送给废纸回收商处理，这是最节省成本的方式，但安全性最差。试想文件存放在一个开放的空间，得不到任何的管控与监督，人人都可以随手阅读，保密性无法保证。目前最流行的方法是将机密文件委托给专业的文件销毁服务公司处理。这类公司会提供较为专业严密的销毁流程。除了确保场地及人员管控外，销毁过程全程监控，销毁完成后还能提供图片、视频等信息给客户存档，能满足大部分企业对文件销毁的需求。

9.4.2　大型企业数据销毁案例

某互联网企业每年都会产生大量的数据，这些数据分散在全球各个不同的数据中心。为了避免存储介质泄露对公司造成影响，每年需要销毁数十万片退役的存储介质。然而该公司服务器运营场景复杂，涉及的数据存储介质多样，服务器量级巨大，如何销毁这些数据成为该企业的一大难题。如果使用传统的数据销毁方法，无论是成本、效率、质量还是安全性都无法满足需求。为此，该企业根据自身的特点，设计了一套三层存储介质销毁模式。第一层：建立三个大型数据存储介质销毁工厂，以区域为面覆盖全国所有的IDC，由工厂提供解决销毁方案，集中销毁各个数据中心的存储介质；第二层：建立数十个IDC存储介质销毁中心，负责快速、安全地闭环处理需要在IDC内完成数据销毁工作的存储介质；第三层：通过使用自动化工具，采用数据低格的方式，对数百万个服务器节点的数据进行销毁。这套方案在保证数据销毁的前提下，还能保证整个过程的可回溯。该企业通过这种高效的销毁方式为全球数百万服务器的存储介质提供数据销毁服务，保障着十亿级用户信息和公司运营数据的安全。

参考文献

[1] 魏成巍，刘力维，王南，等. 数据销毁技术的应用与研究[J]. 计算机与现代化，2010(10).

[2] 张逢喆，陈进，陈海波，等. 云计算中的数据隐私性保护与自我销毁[J]. 计算机研究与发展，2011(7).

[3] 曹景源，李立新，李全良，等. 云存储环境下生命周期可控的数据销毁模型[J]. 计算机应用，2017(5).

[4] 张鹏，秦飞舟. 数据销毁技术综述. 电脑知识与技术[J]. 2015m，11(28).

[5]聂元铭，吴晓明，贾磊雷. 重要信息系统数据销毁/恢复技术及其安全措施研究[J]. 信息网络安全，2011(1)：12-14.

[6] 邓宗永，张鹏，固态硬盘数据销毁技术综述[J]. 电脑知识与技术，2018. 14(28). 239-240.

思考题

1. 为什么要进行数据销毁？
2. 不同数据销毁方式有哪些优点和缺点？
3. 有哪些数据销毁的技术和工具？
4. 如何高效地进行数据销毁？
5. 从硬盘存储原理分析，为什么说格式化硬盘不能将数据销毁？

10 应 用

运转的世界如同一个庞大的数据制造和加工工厂，数据量的日益增多，促使数据资源管理的技术在众多领域中实施，目前已有很多出色的应用案例，如政务管理、交通、城管、医疗、旅游、民生、房产等领域的示范实例。本章将结合管理环节，将技术落地，介绍数据资源管理在典型领域中的应用。

10.1 政务数据共享交换平台

华东地区某省的“最多跑一次”改革通过“一窗受理、集成服务、一次办结”的服务模式创新，让企业和群众到政府办事实现“最多跑一次”的行政目标。在业务改革过程中，充分调动了数据的能动性，减轻百姓负担，提升了政务服务水平和办事效率，创造了一系列可借鉴的工作经验，对人民和社会都是重大利好。

10.1.1 背景介绍

为进一步推进“互联网＋政务服务”建设，加快构建全国一体化网上政务服务体系，某省按照“最多跑一次”改革的总体思路，根据《“最多跑一次”改革四大重点领域数据共享工作方案》要求，着力打通政务数据归集共享的瓶颈。以数据“无条件归集，有条件共享”为原则，政府重点开展了四大领域数据归集共享攻坚战以及“1363”数据共享体系建设，促进“最多跑一次”改革向纵深推进，真正做到“百姓少跑腿，数据多跑路”。

为推进“最多跑一次”改革纵深发展，持续提升市民办事的满意度和获得感，政府结合 A 市“最多跑一次”建设实际，搭建政务数据共享交换平台，支撑和扩展“最多跑一次”数据共享范围，加强数据管理，支持全市资源交换部门信息共享全覆盖，进一步提高市级信息资源共享水平。在“互联网＋政务服务”建设实施过程中，通过数据的交换、共享、开放，服务水平得到了显著提升。

10.1.2 架构设计

政务数据共享交换平台的设计架构如图10.1所示，系统平台采用主流的J2EE+MVC+SOA体系结构以及分布式计算技术，支持跨平台、跨数据库应用。平台兼容MySQL等关系型数据库与非关系型数据库，支持Linux、Windows等多种操作系统平台，应用BEA Weblogic、IBM Websphere、Tomcat等成熟中间件产品进行系统设计，利用XML作为系统接口的数据交换标准，进行信息资源整合，形成了先进、可行、合理和成熟的技术路线。

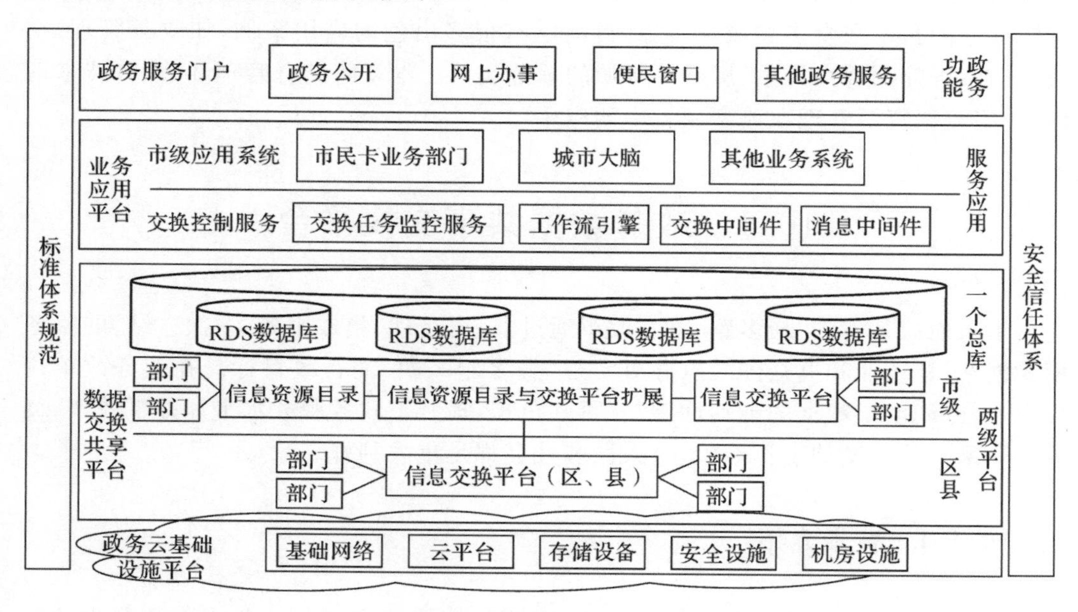

图10.1 政务数据共享交换平台总体架构

总体架构包含四个层次，分别是政务云基础设施平台、数据交换共享平台、业务应用平台、政府服务门户。政务云基础设施平台包含云平台和政务服务网专网，为各地、各部门提供统一的软硬件基础设施和网络服务；数据交换共享平台依据市县两级平台模式，提供数据交换共享服务；业务应用平台包含数据所支撑的业务平台；政务服务门户提供统一的对外服务窗口，实现外网办事服务功能。

10.1.3 核心目标

10.1.3.1 建设市级公共数据共享工作平台

基于政务服务网建设和“最多跑一次”改革要求，部门公共数据共享需求越发旺盛，为方便市级部门和区(县、市)通过线上查看共享目录以及数据共享申请与审批，建设市级公共数据共享工作平台。

10.1.3.2 建设公共数据共享综合查询平台

将部门间共享需求较多、较大的证明类共享需求统一通过该平台向需求部门开放，提供综合查询入口。

10.1.3.3 部门数据交换

通过接入各部门的数据交换平台，部署统一数据交换网络，实现部门间的数据交换共享。数据交换扩展了全市资源交换部门信息覆盖度，进一步加强了部门间数据的交流和合作力度。

10.1.3.4 数据共享

依据“最多跑一次”目标要求，归集涉及部门的共享需求数据，统一封装数据服务接口，通过市政务服务共享平台统一发布共享服务接口信息，满足市审管办、市统计局、市民政局、市城管委、市规划局、市发改委、市林水局、市卫生局、市环保局、市市民卡公司、市市场监管局、市经信委、市安监局、市建委、市质监局等部门的数据共享需求。

10.1.4 数据管理流程简介

10.1.4.1 数据说明

平台中接入的数据源自市公安局、市交通运输局、市公积金中心、市住保房管局、市国土资源局、市残联、市市场监管局、市卫生计生委、市人力社保局、市市民卡公司、市城管委等全市政务数据和公共数据资源所属机构。

数据内容包括不动产登记业务数据、市民卡医保信息数据、智慧城市基础数据、“信用A市”平台数据、惠民征信信用分数据等多种数据，既包含存储于Oracle、MySQL、SQLServer的结构化数据，也包含文件等非结构化数据。

10.1.4.2 数据处理过程

直接汇集的数据通常无法满足应用需求，需要进行预处理，检查和修复不符合要求的数据。处理过程中主要涉及以下两个方面。

1. 数据清洗

数据清洗的任务是过滤掉不符合要求的数据，主要包括不完整的数据、错误的数据、重复的数据。清洗后将过滤掉的结果交给业务主管部门，确认是否剔除或由业务单位修正之后再进行抽取。在数据清洗过程中，处理人员对于每个过滤规则都需认真验证，并要用户确认。

(1)不完整的数据

这类数据存在信息缺失的问题，如自然人的姓名、户口地点、身份证信息缺失、主表与明细表不能匹配等。在数据处理环节中，这类不完整数据被筛选出来，并按照缺失的内容分别写入不同文件(Excel格式)向客户提交，要求在规定的时间内补全，补全后才可写入数据仓库。

(2)错误的数据

这类错误产生的原因是业务系统不够健全，在接收输入后没有进行判断直接写入后台数据库。常见错误有：数值数据输成全角数字字符、字符串数据后面有一个回车操作、日期格式不正确、日期越界等。对于类似于全角字符、数据前后有不可见字符、日期格式不正确或者日期越界这一类错误需要在业务系统数据库中使用SQL查询来定位，查找结果交给业务主管部门要求限期修正，修正之后再抽取。

(3)重复的数据

这类数据(特别是维表中的错误情况)需要导出重复数据记录的所有字段，由客户确认并整理。

数据清洗是一个反复的过程，不可能在几天内完成，只能不断发现问题，解决问题。对于是否过滤、是否修正一般要求客户确认。对于过滤掉的数据，写入Excel文件或者将过滤数据写入数据表，在ETL开发的初期可以定时向业务单位发送过滤数据的邮件，促使其尽快修正错误，同时也可以作为将来验证数据的依据。

2. 数据转换

数据转换的内容包括不一致数据转换、数据粒度的转换以及一些数据规则的计算。

(1)不一致数据转换

这个过程是一个整合的过程，将不同业务系统的相同类型的数据进行统一，比如同一个身份证号码在公安系统的编码是15位，而在公积金系统的编码是18位，在抽取过来之后需要统一转换成一个编码。

(2)数据粒度的转换

业务系统一般存储非常明细的数据，而数据仓库中数据主要用于分析，不需要数据粒度达到很细的标准。一般情况下，数据处理人员会将业务系统数据按照数据仓库粒度进行聚合。

(3)数据规则的计算

不同的部门有不同的业务规则、不同的数据指标。通常这些指标并非通过简单地加减操作就可以达到要求，因此需要在ETL中将这些数据指标计算完成之后存储在数据仓库中，以供分析使用。

3.公安交警数据转换案例

(1)去重处理。如以公民身份证号码为主键,判别、筛选重复值并去重。

(2)空值处理。如出生日期为空值则截取身份证号中第 7 至 14 位填充:SUBSTR(33000419541106××××,7,8)。

(3)主键索引添加。如常住人口基本信息表添加唯一主键。

(4)身份证转换。如常住人口基本信息表中的身份证字段(330××25610×××××)转换为标准值(330××2195610××××××)。

(5)地区编码。如行政区划代码(330122)转换为行政区划名称(浙江省桐庐县)。

(6)性别转换。如"1"转换成"男";"2"转换成"女"。

10.1.4.3 数据存储方式

根据数据类型和存储目标,平台数据库选型包括 Oracle、MySQL、SQLServer 等。在不同子系统中,根据经济和效率需求,选取合适的数据库,以支持数据的存储、计算、查询等操作。

10.1.4.4 数据交换方式

计算机网络搭建交换平台,使用交换中间件 TongIntegrator 整合两个或更多的异构系统(如不同的数据库、消息中间件等)之间的资源,使若干个应用子系统进行信息/数据的传输及共享,提高了信息资源的利用率,保证了分布异构系统之间互联互通、数据共享、业务流程协调统一。数据交换平台还具有集成协议转换、加密、压缩、交换过程监控等多种功能。此外,通过调整交换平台的应用可以实现功能的调整,减少平台对数据源系统和数据目标系统的影响。

交换平台基于 TI-ETL 来提供数据集成处理能力。用户可以从不同结构的数据源中抽取数据,对数据进行复杂的加工处理,最后将数据加载到各种存储结构中。例如,实现从多个异构的数据源(不同数据库、结构化文件等)抽取数据,并加工成统一的数据格式,最后加载到数据仓库中,供不同应用使用。

数据交换平台不仅整合了分散建设的若干应用信息系统,而且将客户接入端软件部署在每个应用系统的前置机上,实现数据交换平台和各应用信息系统的有机结合。客户接入端可实现数据的自动提取与转换,同时支持手工录入与数据审核。该交换机制为不同数据库、不同数据格式之间,提供了数据交换的服务环境,解决了企业、政府机构在不同信息库间信息数据无法自由转换的问题。

10.1.4.5 数据安全保障措施

政务数据共享安全管理采取主动防御、综合防范方针,坚持保障政务数据安全、促进应用发展相协调、管理与技术并重的原则,实行统一协调、分工负责、分级管理的制度。政务数据共享安全要求包括通用安全要求以及数据归集、数据传输、数据存储、数据处理、数据共享和数据销毁等流程环节安全要求。政务数据共享的平台基础设施和网络符合国家等级保护和关键信息基础设施保护的相关法规和标准。各参与方同步规划、建设、运行数据安全和信息化工作，根据自身角色和责任遵照执行。具体的安全保障措施将在数据共享应用服务介绍中体现。

10.1.4.6 数据销毁策略

平台建设过程中制定了数据销毁规范，提出各类数据销毁场景应采用的销毁手段，明确销毁方式和销毁要求，建立数据销毁的审批和记录流程，并设置数据销毁监督机制，监督数据销毁操作过程。

10.1.5 数据共享应用服务介绍

10.1.5.1 市民卡业务数据共享

A市通过向市民发放市民卡，建立市民卡的服务和应用体系，实现政府各个共建部门业务系统之间有关市民个人身份基础数据、个人业务基础数据、卡片管理数据等数据的交换共享需求支撑。

由于每个部门业务系统都是自建系统，交换各方相互之间均不直接访问对方的数据库系统。依据“先交易、后交换”的原则，交换事务通过各部门的前置机交换实现，实现各个部门之间业务系统的松散耦合。各部门在业务处理时如涉及共享数据项的变更，一般在业务处理完成的同时发起一个即时交换事务，将变更数据项通过交换平台发送给有关各方。业务数据交换流程如图10.2所示。

市民卡全流程数据均存储于Oracle数据库，各数据库之间采用触发器机制以ETL工具实现数据秒级交换。交换过程需注意把市民卡各类数据按照卡号分类，分发到对应区市县前置机；而各区市县数据先汇总于数据中心，再交换到市民卡。数据交换全程在政务云上进行，各部门通过前置机隔离内部业务系统和数据中心，保障内部数据安全。在交换过程中，数据库通过账号权限控制，保障交换过程中的数据安全。

10.1.5.2 智慧城市数据应用案例

随着智慧城市建设的深入发展，利用城市数据资源有效调配公共资源，是目前A市政府完善社会治理和推动城市可持续发展的方针政策。智慧城市相当于智慧城市应用的中枢系统，实现了对各个业务部门和业务系统的界面集成、数据集成、服务集成、流程集成，以及在此基础上实现了城市全面数据综合分析呈现、多部门职能业务协同和城市管理综合职能分析，为城市管理者提供决策支撑。

智慧城市数据依靠多个部门的数据支撑进行运转，其中涵盖了交警、交通、公安、

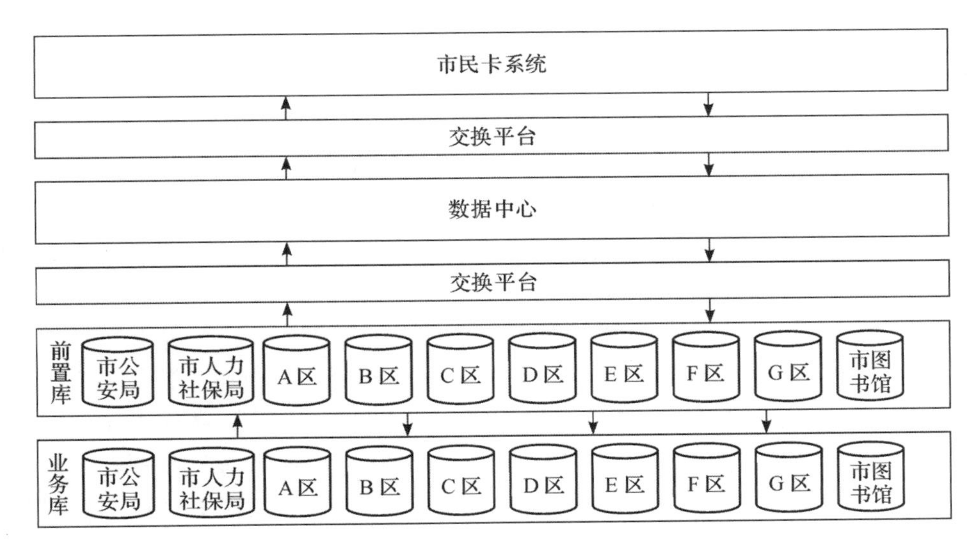

图 10.2 市民卡业务数据共享流程

气象、教育、卫计、市民卡、城管委以及企业数据(如高德)等。通过集成多方面数据,智慧城市可实现智慧医疗、智慧停车等智慧应用。

各部门数据存放在各自的数据库中,既包含结构化数据,也包含非结构化数据。结构化数据可通过数据同步工具,实时或定时地交换到智慧城市数据库中,也可通过开发 API 接口的形式同步到数据库中。非结构化数据(如 Excel 文件)可通过工具定期同步到数据库中。

目前智慧城市已归集了如下 7 种数据:

(1)市交警的微波数据和卡口数据,主要包括车辆信息、卡口点位信息、车辆告警信息以及抓拍车辆和道路信息。

(2)高德数据,主要包括路况地理信息、断面实时报警情况、地面道路区域报警阈值、地面区域实时报警情况以及实时速度。

(3)气象局的天气数据,主要包括统计站点点位信息、温度、湿度、气压、能见度、降水量、风速以及风向等气象信息。

(4)城管委的道路停车泊位和停车数据。

(5)教育局的学校教职工和学生统计数据,主要包括所属区域、学校名称以及师生人数等信息。

(6)市民卡的公交车刷卡数据。

(7)卫计委的门诊数据。

在对数据进行交换的过程中,技术人员对数据进行日志监控,保障数据的来去安全,并对数据交换流程进行监控,避免数据流程的间断情况。

数据取之于民,用之于民,以智慧城市为核心的智慧主题正在不断成长。为解决停车难题,城管委带头研发了智慧停车系统,以数据为支撑,分析了全市资源占用情况、停车资源类型、停车难易程度、停车盲点、停车周转利用等指标。5G时代悄然将至,“5G+智慧医疗”将会是一个崭新的主题。与此同时,“先看病后付钱”的理念也逐渐进入社会的惯常思维,通过数据的管控运用和技术的科学手段,智慧应用将会越来越成熟。

10.1.5.3 区县纵横交换案例

为做好省政府数字化转型的数据共享工作,为省统一执法监管平台、统一信用信息平台等提供数据支撑,提升政务服务网用户体验,适应国家政务服务平台信息汇集、国家行政许可和行政处罚双公示要求,华东某省积极建设行政处罚运行系统。该系统根据国家、相关地区法律法规、相关技术标准、规范,利用信息技术建立了覆盖省、市、县三级政务信息的上报业务和数据的支撑平台,加强了对省政务信息的动态监管,实现了为全省政府行政审批等服务管理事项的“一站式”网上“政务超市”提供基础数据服务,目前该系统已全面启用。

各级单位的行政处罚办案过程在行政处罚运行系统中进行,采用政务服务网统一开发、各地部署的行政处罚网上办理系统,或各业务线自建的按相关要求改造的行政处罚网上办理系统。

行政处罚运行系统交换的数据内容包含行政许可、行政强制、行政征收、行政给付、行政裁决、行政确认、行政奖励、其他行政权力、审核转报、公共服务事项等的全流程业务信息。办件信息状态包括草稿、收件、预受理、预受理退回、受理、补齐补正、不予受理、在办、挂起、办结、转报办结、作废办结、退件等。

由各个系统将相关的处罚信息或办件信息,按照统一规范数据格式要求,实时推送到与各个系统对应的前置机上。数据交换流程如图10.3所示,以MySQL作为数据库支撑,采用前置机的方式进行交换,实现实时交换。各地各部门通过全省统一部

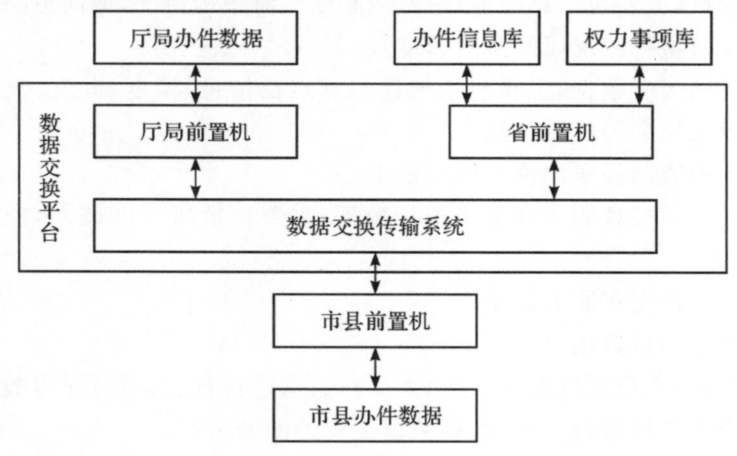

图10.3 区县纵横交换流程

署到省级部门和市县的数据交换节点实现各业务系统之间数据的单向或者双向交换。在办事申请提交时，即第一次推送相关信息表，后续每一个办事环节，均实时推送后续办理信息表，确保信息实时交换至政务服务网办件信息库，避免出现未按照业务实际发生顺序推送相应表数据的情况（如受理数据推送之前，先推送办结表数据）。

交换平台实现了对政务信息资源的交换与数据处理，由交换桥接系统、交换传输系统和交换管理监控系统组成，如图 10.4 所示。

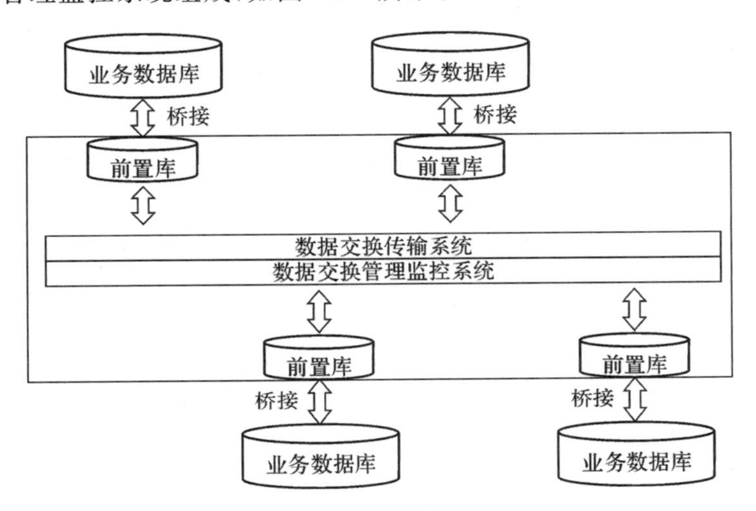

图 10.4 平台交换架构

在交换桥接系统中，前置库由各个业务部门自行开发完成，负责完成交换前置与原有业务系统之间的桥接问题，通过交换桥接系统，业务系统将需要交换共享的数据读取/写入前置库。在交换传输系统中，交换共享数据会传输到连接节点的交换前置库上，以保证安全可靠的数据传输过程，同时按照业务进行传输情况监控，了解某类业务的传输频度情况、故障情况等信息。在交换监控系统中，实现对交换平台用户、权限的统一管理，以及对交换系统的业务交换数量监控、逻辑主机巡检等。在交换平台的管理中，对各个服务器节点的运行状态进行监控，实时监控各个服务器的报警信息及运行日志，以便及时处理系统异常。通过一系列安全保障措施使得交换平台平稳运行。

10.2 智慧城市交通信号配时中心

城市智能交通系统是国际公认缓解城市道路拥堵、保障行车安全和提高运输效率的重要手段之一。从城市智能交通系统的建设历程看，目前已完成了智能交通基础设备的集成，打通了“物理通道”，并基本实现了软件系统方面的集成应用，但如何使交通管控更加智能化，让城市血管更加畅通，为城市发展输入更多的养分，仍是城市管理者和研究者们探索的热点。

10.2.1 背景介绍

以中国东部城市A市为例，自1998年就开始进行交通事故处理、交通信息采集和交通控制等业务的智能化改造，其ITS(智慧交通系统)建设成果可以概括为“一个中心、三个系统”，即交通指挥中心、交通管理信息系统、交通控制系统和交通工程类信息系统。截至2017年6月，A市区范围内交通信号灯控路口1763个，交通视频监控点约3500个，智能卡口系统已在市区建成441个方向的高清卡口点，每天通过车辆最高达800万车次。同时，市交警支队还实行了集中调度指挥和交通信息预报制度，在市区主干路、主要交叉路口实行分级预警和干预机制，重点解决早晚高峰、节假日重要时段的路面交通问题。

大数据时代下，新一轮平台及业务应用升级，城市智能交通系统的发展已从建设“物理通道”转向打通“数据通道”“服务通道”。尤其在近两年各大IT巨头纷纷启动城市“交通大脑”计划，分别在杭州、北京、深圳进行试点应用，“交通大脑”加速推动了新型城市智能交通系统建设的步伐。但是，各“交通大脑”尚处于平台架构升级搭建阶段，各类数据汇聚处理及试点应用尚在探索之中。城市交通管控，仍有许多的迫切问题需要解决，可概括为以下几点。

(1)多年传统ITS系统的建设以及互联网企业近几年的运营积累，现有的多种数据源已能够从不同角度对城市道路交通运行特性进行片面刻画，但如何汇聚现有多源数据，对整个城市交通运行进行全局刻画亟待突破。

(2)城市交通流运行规律已涌现出较强的区域化和网络化特征，城市交通管控也日益追求精细化和全局化，急需掌控全局交通运行状态的分析工具和管控策略，优化目前以经验、点线为主的管控模式。

(3)路网局部饱和情况下，需通过信号配时调控整个路网的时空资源。然而，目前城市路网信息被多家信控企业割据，各系统彼此不兼容，难以从全局出发实施有效的信号控制。

(4)传统的智能交通系统已无法满足新的需求，新兴的“交通大脑”尚处于试水阶段，平台架构的升级能否真正带动业务升级和效果提升还有待于长期验证。因此，对一、二线城市交通管控而言，急需在现有系统和设备资源基础上，研发一套强汇聚(能汇聚不同数据源)、高兼容(兼容不同信号控制产品)、全局化(对全路网交通运行进行动态分析预测，进而能够掌握路网交通运行态势，从全路网管控效率出发，对城市道路进行分层、分级、有序控制)的新型城市智能交通产品及解决方案。

10.2.2 架构设计

交通超能信号优化服务平台基于交通模型与理论,应用先进的大数据技术与AI技术,融合使用传统交通数据、互联网数据与专家经验等多元数据,贴合信号优化实际业务场景,实现了交通信号优化业务流闭环。平台融合应用了传统交通数据、互联网数据和专家经验,应用AI技术,实现了个性化路口报警与评价算法。除此之外,平台设计了规范与成熟的信号优化业务流程,采用智能辅助与人工决策相融合(HI&AI)的策略进行业务处理,并且贴合信号优化了实际业务场景。

平台采用业务平台—数据平台的架构(见图10.5),数据层通过外部接口层与外部系统对接,实现数据统一接入,数据层之上有数据平台负责统一数据加工,之后通过统一数据协议层,服务于业务系统。

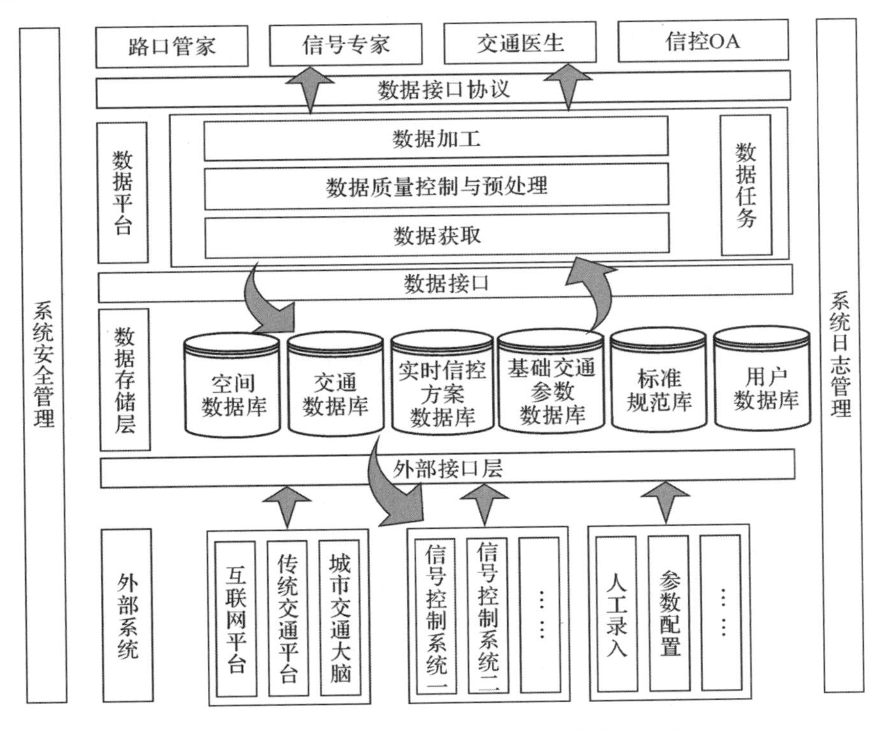

图10.5 交通超能信号优化服务平台总体架构

数据存储层主要包括空间数据库、交通数据库、实时信控方案数据库、基础交通参数数据库、标准规范库、用户数据库等。业务逻辑层包括路口管家、信号专家、交通医生、信控OA四个业务功能模块。客户层则采用浏览器作为客户端,结合GIS技术进行数据的可视化展示,完成业务逻辑页面跳转。从数据到应用到服务的支撑有效引导了数据作用的主动发挥,为交通管控的智能化发展添砖加瓦。

10.2.3 核心目标

10.2.3.1 实时感知交通

实时感知交通态势，展示信号优化状态、报警灯关键信息及结果追踪。

10.2.3.2 电子化控制信号

信号控制工作管理，对交通信号优化工作进行分类，并实现规范化、电子化管理，提升工作效率和管理效率。

10.2.3.3 交通信息联通管理

对交通信号基础信息进行管理，配置、更新与维护交通信号控制相关的路口渠化、道路、设备设施以及信号配时信息，同时实现与信号控制系统的联通。

10.2.3.4 实时监测

实现闭环信号优化，形成实时状态监测—实时拥堵报警—智能方案推荐—优化效果跟踪的闭环链路，同时实现与信号控制系统的联通与联控。

10.2.3.5 辅助离线优化

提供辅助离线优化，在数据资源有限的情况下实现快速的有限精度的离线优化。

10.2.4 数据管理流程简介

10.2.4.1 数据说明

平台应用的数据包括地磁车辆检测器、交通信号控制系统、卡式电警、微波检测器、视频监控、高德等互联网公司数据，以及智慧城市所提供的基于视频检测与高德轨迹数据的交通态势感知报警数据以及路网渠化等基础档案。

目前数据类型多为结构化数据，少部分属于非结构化数据。信号控制系统所属的车辆检测数据是典型的结构化数据之一，该数据包括每个信号周期内，各相位的运行时间以及各相位内通过相应车道的车辆数与车道的饱和度。非结构化数据包括监控视频和以图纸档案形式保存的路口渠化等静态信息。

10.2.4.2 数据传输场景

在交通智能管控的过程中需要数据的实时传输，以下是典型实时传输场景——

信号控制实例的介绍。

车辆检测器检测到车辆驶过，将脉冲数据传输至信号控制系统，信号控制系统统计绿灯相位内通过的所有车辆和占有时间（车辆压在检测器上的时间占比），最后汇总为流量与饱和度数据；信号优化服务平台调取历史流量数据，结合实时接收的当前流量数据，进行交通规律分析与实时交通状态判断，对路口的交通信号配时进行离线和在线优化，并将优化方案下发送至信号控制系统，实现信号控制闭环。

10.2.4.3 数据处理过程

针对海量交通信号控制设备自动采集的数据，主要的数据处理过程包括数据的归集和解析。

数据归集算法通过数据接口请求数据，以固定的时间间隔循环运行，采用多线程并发的模式来保证数据的实时性。路口交通数据包括路口基础信息、战略运行记录和绿信比方案信息等，对不同类型的数据进行归集，具体包含内容如表 10.1 所示。

表 10.1 交通数据具体内容

信息类别	具体内容
路口基础信息	包括路口的区域、名称、编号，对应的子系统编号，检测器编号，相位，通道号
定时采集流量数据	包括路口的编号、检测器编号、数据产生时间、数据采集粒度及流量数值
绿信比配时方案	包括路口编号，绿信比方案编号，相位时长、顺序、个数，以及各个方案的相位绿信比
周期数据	包括最大周期、最小周期、可变最小周期、主周期和饱和度等信息
原始战略运行记录	原始战略运行记录分为运行周期信息和相位运行信息两个部分； 运行周期信息包括路口的区域、编号、子系统编号，方案编号，数据产生时间，周期与绿信比大小，预测的下一个周期； 相位运行信息包括每个车道对应的饱和度、实际流量、预测流量，以及通道号和相位的名称与时长
路口战略输入数据	包括路口编号，通道号，相位，车道数量，车道编号及其分别与检测器的对应关系，车流方向与编号

设备自动采集的数据仅包含设备自身的识别码，因此首先需要与设备状态、地理位置、渠化、控制方案等进行关联，涉及不同维度（设施、设备）的数据进行交叉融合的计算与解析。

平台对若干接口线程进行统筹管理和调度，获取上千个交叉口的实时交通数据，数据解析算法程序将动态数据与设备信息相匹配，得到不同设备对应的交通数据，并将原始数据与解析数据存入数据库，为后续交通数据分析打下基础。

10.2.4.4 数据存储方式

为提高数据存储、查询效率，平台采用 Oracle 数据库与 PostgreSQL 数据库，针对不同数量级和业务属性的数据进行分级管理。

由于 Oracle 数据库针对大数据设计了许多自动化的管理方案，因此 Oracle 数据库主要负责管理信号控制系统交通数据、机器学习算法数据等数量庞大的数据对象。其中，交通数据主要包括城市中所有车道感应线圈的流量、饱和度，各路口信号机的控制方案等信息。算法数据主要涉及路网交通态势、控制方案推荐、检测器质量诊断等 AI 算法的计算结果。

PostgreSQL 数据库负责管理平台业务相关数据和页面可视化数据等，主要包括路网地理信息、路口渠化信息、操作记录等数据。

Oracle 数据库的日新增数据量超过千万条，因此平台采用表分区、本地分区索引等策略来管理数据增长速度较快的数据表，以提高 SQL 语句的查询效率。通过定时脚本，在数据库空闲时对历史数据进行自动定期备份和清理，保证数据库长久稳定运行。而 PostgreSQL 数据库的日新增数据量相对较小，因此采用人工方式对数据进行定期备份。

同时，针对交通数据中可能出现的数据缺失、异常等现象，平台设计了多种数据自我修复触发逻辑和函数，使得数据在存储的时候，同步完成数据修补工作，有效提高了交通数据的可用性。

目前系统平台已经应用于 A 市交通信号配时中心，并支持信号配时服务团队已达半年以上。通过系统平台的帮助，相关部门建立了市区范围内 1000 多个路口的信号控制详细档案，配时团队日均处理报警 600 次左右，将城市交通拥堵控制在可控的范围之内，存放管理了数百条工作任务记录和大量的任务工作文件，记录了每周工作人员的岗位排班信息。在交通信号配时业务中，平台应用了包括智慧城市报警数据、信号系统运行方案数据、路口检测器数据、调控方案历史数据、配置的交通信号基础档案数据，综合多方数据资源，并进行了相应的数据资源管理工作。

10.2.4.5 数据安全保障措施

A 市智慧城市通过多重措施来保障交通数据的安全，主要表现在以下五个方面。

1. 专有网络

数据大脑交通部分的所有数据源、服务器和数据存储设备等，都接入到与外部公共网络相隔绝的专有网络，从网络连接层面保障数据无法流出。

2. 私有云

组建数据大脑交通部分的私有云，数据存储和服务器等设备和存放设备的设施都归属交警管理部门所有，由专业公司负责日常运维，具有符合业界规范的权限管理、容灾备份等措施，从物理上保障数据安全。

3. 网闸数据接入

数据大脑交通部分的一部分原始数据来自于外部公共网络，因此在网络连接架构中设立了单向网闸，保证这部分互联网数据只能单向接入互联网，没有其他的数据能够流出，同时也不会有该数据之外的其他可疑信息通过这个接口流入。

4. DataHub 流式数据订阅

数据大脑交通数据具有较强的实时性，大量的业务应用需要对实时的流式数据进行读取和消费。智慧城市采用了阿里云 DataHub 技术来管理流式数据的订阅，即每一种数据只能被经过授权的业务应用订阅和消费，保障业务应用和数据源之间建立一对一的关系，并且 DataHub 可以对所有的订阅进行独立管理。

5. ODPS 数据归档

为了保证历史数据的可用性，数据大脑的实时数据每天进行归档，存储到阿里云 ODPS 大数据仓库平台中。ODPS 大数据仓库采用分布式的文件系统进行底层数据存储，在数据的安全性和扩展的灵活性上具有一定的技术优势。

10.2.5 数据应用服务介绍

10.2.5.1 交通信号基础档案建立

高信息化水平的应用控制系统首先需要有良好的数据内容支持，基础档案就解决了以往路口信息管理杂乱无序、可用性差的问题。

首先建立一个基础实际业务的交通数据模型，获取模型下相应的数据内容并进行维护。档案数据获取的手段包括：信号控制系统中接口的传输、从互联网上爬取、人工手动采集、历史台账格式转换等。

档案主要包括两大部分内容：路网结构和路口的详细信息档案，为信号控制提供了详尽可靠的相关基础数据支持。路网结构如图 10.6 所示，包括路口空间信息、路段空间信息等。路口的详细档案如图 10.7 所示，包括路口信号系统基础设置、路口车道检测器信息、路口灯组信息、路口相位信息、路口绿冲突和间隔信息、方案信息、渠化信息等。

10.2.5.2 路口交通状态实时检测与报警

路口问题自动化检测流程旨在减轻用户实时监测的相关工作量，并能够解决人工监视范围有限、时效性差等问题。该流程属于后台的数据处理业务，是在修补后的高质量数据基础上，进行各项内容的评价，并基于设定阈值将报警信息推送至用户界面（见图 10.8）。

10.2.5.3 路口调控方案推荐及效果跟踪

在处理路口问题阶段，设计了相应的业务流程，帮助用户快速地解决路口问题，

图 10.6　路网结构模型录入

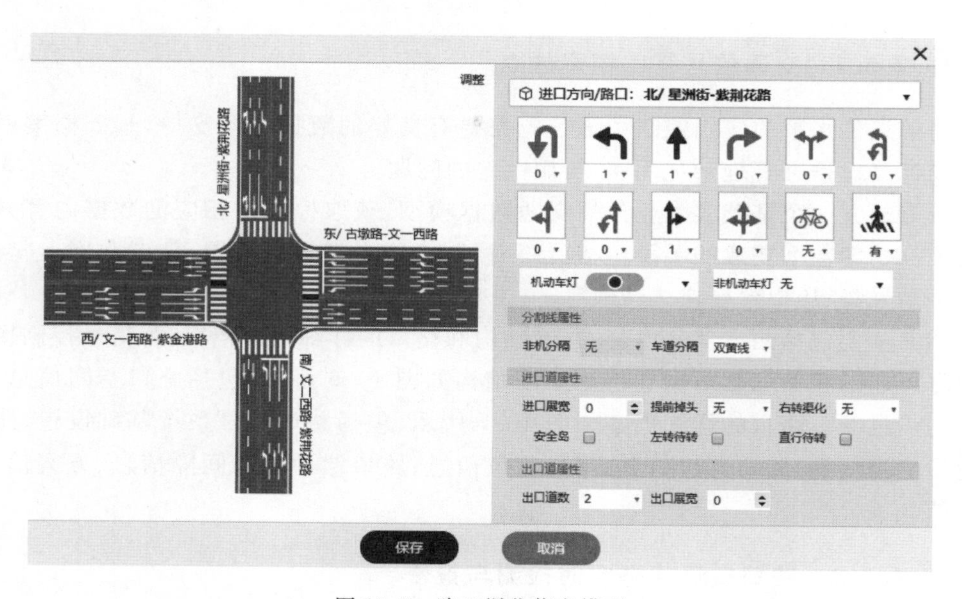

图 10.7　路口渠化信息模型

并能有效感知处置效果。

在制定方案阶段，提供了实时控制方案的推荐，此实时控制方案基于实时的交通数据，并结合大量的用户经验数据，保证了方案的可靠性，用户可直接使用此推荐方案实现方案的快速制定下发(见图 10.9)。在方案下发过后，则自动对调控效果进行跟踪，其跟踪的结果会在方案下发若干个周期后自动推送给用户，以此帮助用户是否对该路口继续调控进行决策。

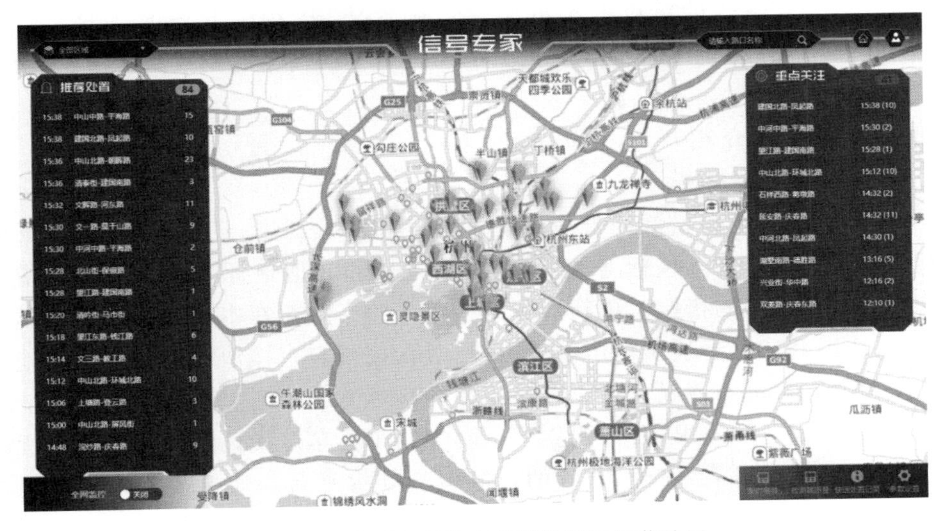

图 10.8 实时交通状态报警及路口推荐处置

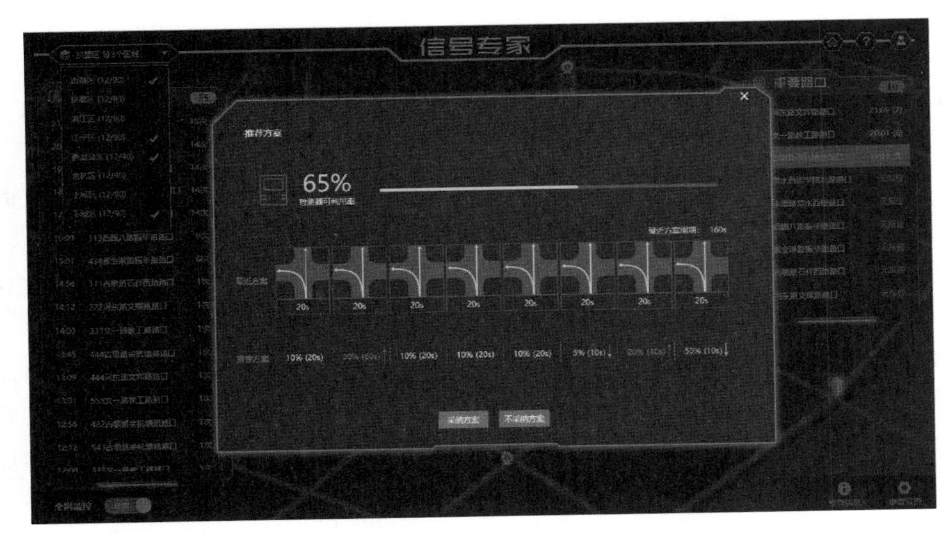

图 10.9 AI 推荐方案自动下发

10.3 小客车调控管理信息系统

为治理大气污染，改善空气环境质量，控制小客车数量合理、有序增长，缓解交通拥堵，根据《中华人民共和国大气污染防治法》、《国务院关于印发大气污染防治行动计划的通知》(国发〔2013〕37 号)、《浙江省机动车排气污染防治条例》、《A 市人民代表大会常务委员会关于市政府治理城市交通拥堵改善空气环境质量实施小客车总量调控管理工作情况报告的决议》，A 市结合实际情况，于 2014 年 5 月 1 日正式实施《小客车总量调控管理规定》，并建立相关平台实现车辆指标的调控和管理。

10.3.1 背景介绍

根据《A 市小客车总量调控管理规定》，单位和个人新增、更新小客车，应当申请小客车指标。小客车指标包括增量指标、更新指标和其他指标。增量指标是指通过摇号或竞价方式获得的指标。更新指标是指单位和个人对在本市登记的小客车办理转移登记、注销登记或者迁出本市的变更登记后，按规定直接取得的指标。其他指标是指单位和个人在特定情况下可以直接申领的指标。

通过先进、成熟的技术，A 市建立了一套切合小客车总量调控管理业务流程的应用系统，同时设计了可靠、安全、高效的业务运行支撑平台。通过小客车总量调控管理信息系统项目的实施，落实了《A 市小客车总量调控管理规定》的相关内容，缓解了市区交通拥堵，改善了环境质量，减少了机动车增长带来的能源消耗和环境污染，实现了城市交通的可持续发展。

10.3.2 架构设计

参照 Sun Tone AM 架构方法论的横切面层（Layer）进行架构设计（见图 10.10），通过分层明确系统架构各个部分实现的功能和范围以及在整个系统中扮演的角色。系统架构主要分为基础设施层、数据层、支撑层、应用层、接入层五个横切面层和一个基础平台。

在总体框架图中，从下到上，数据、功能、服务和应用逐渐层叠。下层作为功能或者数据的提供者，上层功能或者数据作为使用者，下一层的资源和功能对上一层是透明的。用户不需要关注功能或者资源的具体位置、表现，只关注如何完成相应的任务即可。

接入层主要完成系统与终端用户的交互，用户通过接入层对系统进行功能操作，系统通过接入层实现对用户的认证和权限管理，并且返回用户需要的信息。接入层主要表现为小客车指标调控管理信息系统的官方网站、竞价系统和申请系统的集成。

应用层界定了系统的实现范围，主要实现小客车指标审核管理、摇号管理、统一发布、接口管理等。

基础平台介于应用层和支持层之间，为数据交换、短信、登录等提供平台，在总体架构中起到承载作用。

支撑层主要通过部署产品和开发专用的服务来实现，同时将系统中具有通用性质的业务或者系统需求抽取出来。

数据层主要完成系统的数据管理和维护，对指标申请、审核、管理业务涉及的相

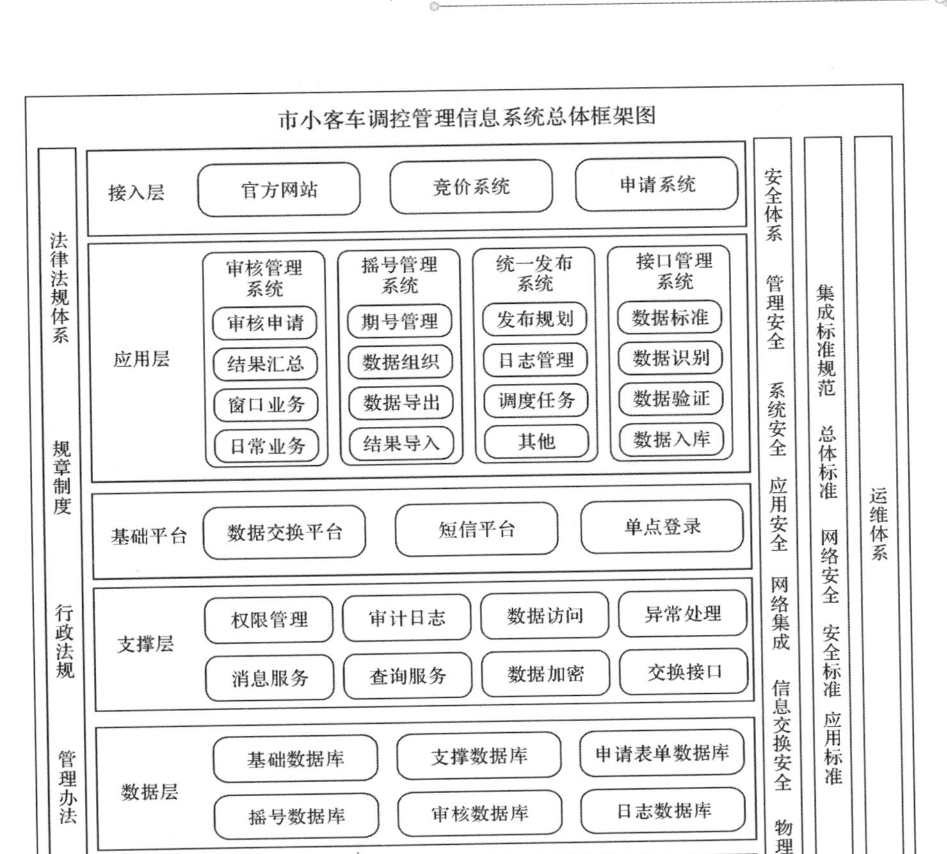

图 10.10 小客车调控管理信息系统总体框架

关数据进行界定，通过统一的数据标准，实现对数据的统一管理。

基础设施层提供了系统的运行环境，包括硬件和软件两个部分，硬件主要包括主机、存储、网络、安全、备份五个部分。

10.3.3 核心目标

10.3.3.1 申报、查询

对于有购车需求的企业单位、机关和社会公众，可通过互联网访问系统，如实填写申请信息，查询相关政策法规以及申报指标，查询审核及摇号的结果。

10.3.3.2 收集表单、汇总审核

市调控办可利用本系统进行申请表单的收集、汇总审核，进行摇号，并公布摇号结果，也可查询或统计用户申请、业务员审核和摇号结果等数据。市其他相关委办局

可通过数据交换平台获取申请表单的相关数据，进行材料的审核，并将审核结果反馈给市机动车指标管理机构。

10.3.4 数据管理流程简介

10.3.4.1 数据说明

小客车调控管理信息系统以指标申请单为线索，统一管理申报表单的相关信息，数据系统包括表单数据、法规数据、日志数据以及管理过程中产生的数据信息。

数据内容包括公安人口的户籍数据、出入境数据、公安交管的车辆和驾照数据、税务的税收数据、市场监管局的营业数据、人力资源和社会保障局的数据以及质量技术监督局的数据。

数据类型多采用结构化数据，遵循一定的数据格式与长度规范。以系统用户操作日志为例（见图 10.11），日志表中包含 ID、INFO、IP、LOG_TYPE、OPTIME、USER_ID 字段，并声明了字段类型、长度和可否为空，记录操作用户的系统 ID、操作信息、网络 IP、日志类型、操作时间、操作用户 ID 等内容。

	COLUMN_NAME	DATA_TYPE	NULLABLE	DATA_DEFAULT	COLU...	COMMENTS
1	ID	VARCHAR2(32 BYTE)	No	(null)	1	id
2	INFO	VARCHAR2(300 BYTE)	No	(null)	2	信息
3	IP	VARCHAR2(50 BYTE)	No	(null)	3	ip
4	LOG_TYPE	VARCHAR2(10 BYTE)	No	(null)	4	日志类型
5	OPTIME	DATE	No	(null)	5	操作时间
6	USER_ID	VARCHAR2(32 BYTE)	No	(null)	6	操作用户id

图 10.11 日志表字段结构

10.3.4.2 数据传输过程

在小客车指标申请的过程中，申请数据和材料按照申请流程的不同状态进行传输流转，数据传输过程示意图（见图 10.12）描述了基于业务流向的完整的数据传输过程。

以摇号业务为例，在用户提交申请表单后，数据从网页端提交入表单数据库，系统每日将表单数据库中的数据汇总入摇号数据库。摇号数据库的数据通过传输接口上传至交通局前置机，经由数据交换平台和各委、办、局前置机的交换进入委、办、局数据库，审核结果传回交通局前置机，最终返回到摇号数据库中。一系列的数据传输，综合了多部门的数据和信息，完成互联网用户申请指标的事务。

10.3.4.3 数据存储方式

根据数据的结构化特性，选用 Oracle 11g（含 RAC）作为系统的后台数据库。Oracle 11g 具有高可用性、可支持多平台、支持所有的关系数据类型以及多个数据库

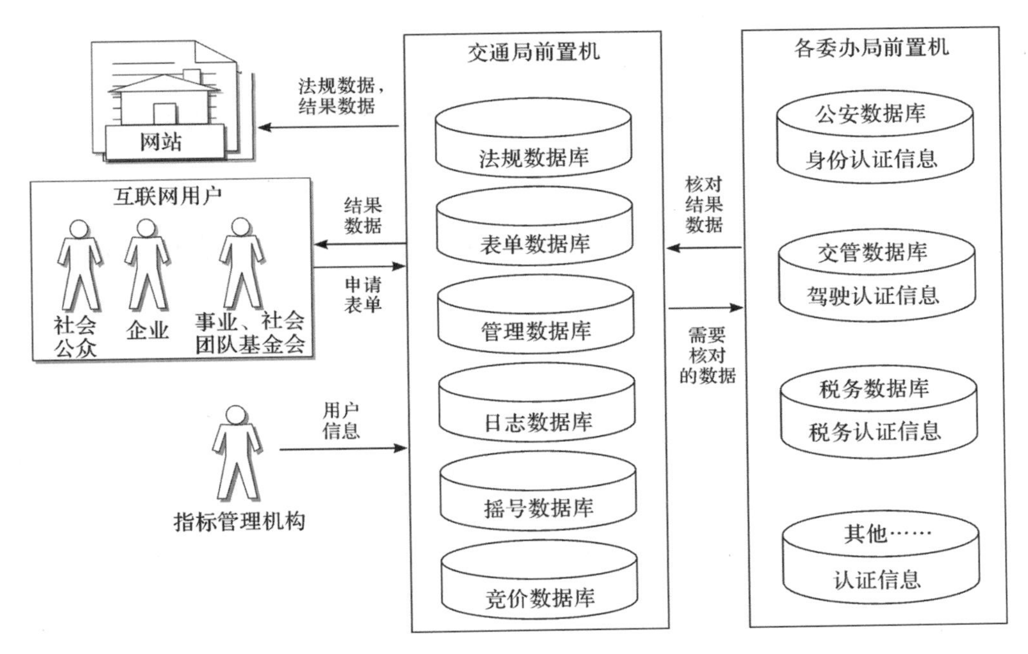

图 10.12 数据传输过程示意

间的分布式查询事务，能够满足小客车调控信息管理的存储需求，并能支持基于 Web 的管理界面，使操作员可以从系统中的任何地方执行数据库管理任务。

10.3.4.4 数据交换方式

通过统一的电子政务外网和交换协议，实现跨地区、跨部门应用系统之间的数据交换。数据交换平台作为中心交换节点，各前置交换系统作为端交换节点。各委办局业务系统通过交换接口实现与前置交换系统互联，接入交换平台。根据交换数据的要求，通过交换平台为车辆限购业务提供数据交换服务，业务应用系统通过前置机实现与交换平台的对接。以下内容介绍了公安、税务、市场监管、人社、质监等政府相关部门与小客车指标管理信息系统的数据接口设计方案，确保满足小客车总量调控的专项信息共享要求。

1. 接入方

市公安局（人口、出入境、交管）、人社局、税务局、质监局、市场监管局等。

2. 总体交换流程

系统通过数据交换平台与各委办局间进行数据（审核数据、指标数据等）交换。交换方式暂定使用文件方式，具体分为 5 个步骤。

(1)小客车指标调控管理信息系统接口子系统将待审核数据推送至交通局前置机中。

(2)交通局前置机中待审核数据将被推送至各委办局前置机中。

(3)各委办局须研发审核程序,定时检测前置机中待审核数据,并且进行审核处理,处理完成后将审核结果返回到前置机中。

(4)数据交换平台将各委办局前置机数据库中的审核结果数据推送到交通局前置机中。

(5)小客车指标调控管理信息系统接口子系统定时检测交通局前置机上各委办局的审核结果数据,将审核结果写入申报审核数据库表中,完成数据交换的过程。

10.3.4.5 数据安全保障措施

1. 网络安全设计

网站人人皆可访问使用,因此受到攻击的概率和风险很高,为保证网站的正常运营需要建立一套完善的网络安全管理系统。安全管理系统分别从网络、主机、网络应用、防病毒、安全管理等几个层面进行防护,同时进行网络安全的集中管理,实施专业的网络安全服务,从而构建一个全面的网络安全体系,抵御来自各方面的攻击。在安全技术部署上,系统选用网络隔离技术、入侵检测技术、防病毒技术、漏洞扫描技术、网络检测技术、防 DOS/DDOS 攻击技术、网页防篡改技术以及其他可行的、先进的技术等,构成一个完整的防御体系。

网站总体安全架构包括网络信息安全、网络运营安全、安全管理和物理安全等方面。

(1)网络信息安全

网络信息安全是网站安全的重点。系统采取纵深防御战略,以内部防护和外部防护为整体方针,从局部计算环境的主机、骨干网络与局部计算环境的连接边界区域等方面设计网站信息安全防护功能。通过防火墙系统、网络入侵检测、网络脆弱性扫描系统等手段保障网站网络设施及网络边界、服务器、数据和应用系统的安全。

(2)网络运营安全

网络运营安全通过数据备份与故障恢复、网络防病毒系统、安全评估、应急响应等措施确保网络设施和数据的可用性,保障系统安全运行。

(3)安全管理

网站建设过程中设置安全管理机构,并制定严格的安全管理制度,采用适当的安全管理技术集成多种安全产品,并加强对有关人员的管理。

(4)物理安全

保证计算机信息系统各种设备的物理安全是保证整个计算机信息系统安全的前提。物理安全是保护计算机网络设备、设施以及其他媒体免遭地震、水灾、火灾等环境事故以及人为操作失误或错误及各种计算机犯罪行为导致的破坏过程。网站物理安全主要包括环境安全、设备安全和介质安全。

环境安全是指对系统所在环境的安全保护,包括机房环境监控系统。设备安全包括设备的防盗、防毁、防电磁信息辐射泄露、防止线路截获、抗电磁干扰及电源保护

等，如机房保安系统，机房防雷接地系统等。介质安全包括介质数据的安全及介质本身的安全，管理人员需妥善保管存放系统相关数据的介质（磁盘、磁带等）。

2. 应用系统及数据安全设计

应用系统和数据访问、处理过程中的保障主要分为信息安全、访问安全、物理安全、制度保障和传输安全五大部分。

(1)信息安全

系统严格划分信息安全区域，可使对公众开放的信息及应用系统在互联网平台上运行；内部信息在内部网络平台中运行；确需交换的信息可在严格的控制下采用国家认可的技术手段实施安全交换。首先，针对系统中所要保护的敏感信息内容，根据《计算机信息系统安全保护等级划分准则(GB 17859—1999)》，确定其信息系统的安全等级。其次，根据《计算机信息系统安全等级保护网络技术要求(GA/T 387—2002)》，即网络安全等级、安全要素与各层的相互关系，采取相应的安全体系结构和技术措施，设计和实现具有所需安全等级的网络安全系统。此外，在数据的存储过程中可以采用可靠的设备、存储备份和管理手段保证信息的安全。

(2)访问安全

企业单位和社会公众用户可采用手机验证的方式进行安全登录。系统内部用户，需经过严格安全认证和资源访问授权，才能进行访问。

(3)物理安全

为确保系统不会因自然灾害、环境事故、设备老化以及人为操作失误或错误及各种计算机犯罪行为而发生崩溃或数据错误，对环境、设备和介质安全进行管控，管控方法与网络安全设计中的物理安全相同。

(4)制度保障

制定完善合理的安全管理制度，如系统维护和数据备份制度、机房管理制度等。

(5)传输安全

与各委办局系统的数据交换设置合理的安全策略以保证数据传输过程中的安全。

10.3.4.6 数据销毁策略

系统数据采用数据归档制，有效数据定期备份存档，应系统业务追溯和查询需求，系统数据采用数据归档制，有效数据定期备份存档，不做灭火处理。

10.3.5 数据应用服务介绍

针对系统涉及的主要业务流程进行描述和说明，包括申请流程、审核流程和摇号流程。

企业、社会团体及其他社会单位和个人在申请小客车指标时，需先了解相关政策法规，准备申请材料。申请流程如图 10.13 所示，申请人进入申请网站，根据申请类型填写对应的申请表单。申请表单填报提交后，数据和材料被汇总入业务数据库，等待审核处理。

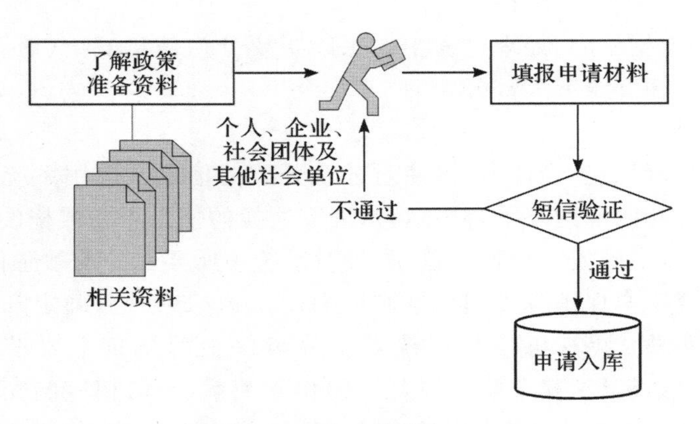

图 10.13　表单申请流程

业务数据库中的申请表单等待相关委、办、局进行审核，流程如图 10.14 所示。首先系统汇总申请数据，将数据以标准的格式传输到数据交换平台，经由数据交换平台将标准交换数据包分别发送给相关审核单位，如公安、税务部门等。系统获得各单位的审核结果数据后对各单位的审核结果进行识别汇总，得到表单的最终审核结果。

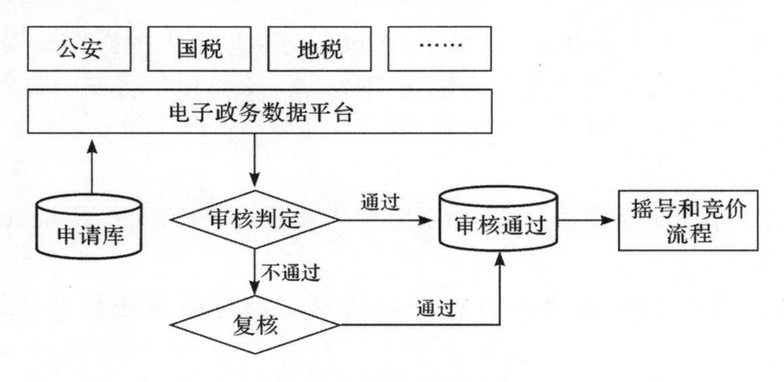

图 10.14　数据审核流程

数据审核完成后，工作人员根据审核结果和上期摇号结果生成本期摇号数据库，在公证机构的监督下组织开展公开摇号。摇号结果在网站上公布，未摇中的号码自动转入下期摇号数据库，等待再次摇号。用户通过访问网站来获取审核和摇号信息。

10.4　企业信用联动监管平台

为进一步规范企业市场，某市市场监管局推动企业信用信息的交换和共享，进行

企业信用联动监管。与企业相关的信用信息一次收集、多次使用、互联共享的模式开创了企业信用信息管理的新天地。

10.4.1 背景介绍

2013 年,《国务院机构改革和职能转变方案》对商事制度改革进行了明确阐述,自此,商事制度改革被列入国家战略层面的重大改革事项。2014 年 2 月 7 日,国务院批准发布《注册资本登记制度改革方案》,并于当年 6 月启动工商登记“先照后证”制度。至今,各项改革一直在依法有序推进。改革的实施,在放松准入管制、优化营商环境、激发市场活力、释放改革红利等方面取得了显著成效。

在落实“宽进”各项制度举措的同时,积极稳步推进“严管”工作成为当务之急。2014 年 8 月 23 日,国务院批准发布《企业信息公示暂行条例》(国务院令第 654 号),并于同年 10 月 1 日起正式实施。《企业信息公示暂行条例》是商事制度改革的一项重要基础性制度建设,是建立企业信息公示制度的必要法律依据,其核心思想是突出“信用”在市场监管中的基础性作用。实施企业信息公示制度,从主要依靠行政审批来监管企业,转向更多地依靠透明诚信的市场秩序来规范企业,是创新政府事中事后监管的重要改革举措,有利于进一步转变政府职能,推进简政放权、放管结合,营造公平竞争的市场环境,真正让“信用”成为市场经济体系的“基础桩”,构建起“企业自治、行业自律、社会监督、政府监管”的全社会共治格局。

2015 年 1 月 14 日,《某省人民政府办公厅关于实施企业信息公示工作的意见》颁布实施,以强化信用约束、强化纵横联动、强化企业责任、强化社会共治为原则,对贯彻实施《企业信息公示条例》所涉及的重大问题做出了明确规定,对推进企业信用信息公示、实现事中事后监管等方面提出了明确任务。鉴于此,市市场监管局根据市领导的指示精神,紧紧围绕国务院和省市关于实施“宽进严管”和推进企业信用体系建设的部署要求,坚持运用信息公示、信息共享和信用约束等手段推动企业自律自治,强化社会监督和部门协同监管,促进市场经济健康发展。我国东部地区 A 市依据政策法规,着力打造新型企业信用联动监管平台,服务于企业市场的健康发展和良好管理。

10.4.2 架构设计

企业信用联动监管平台系统总体框架设计采用多层技术架构,由基础设施层、数据资源层、应用支撑层、业务应用层、应用门户层、安全管理体系和信息化标准体系等组成(见图 10.15)。

基础设施层充分利用电子政务外网已有的网络基础设施、业务专网和互联网访问端口,结合系统对网络、系统软件、硬件设备和机房设施的需求,添置必要的软硬件

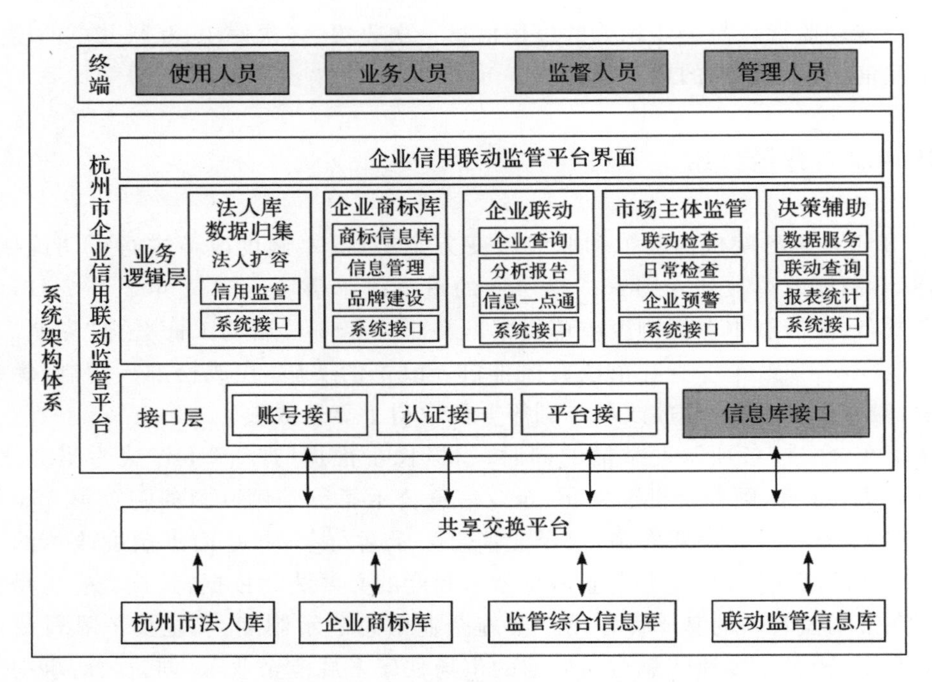

图 10.15 政务数据共享交换平台总体架构

设备，整合构建企业信用信息公示系统政务外网、业务专网及互联网基础设施。

数资源层基于市场监管综合信息库，由结构化、非结构化、半结构化的企业基本信息、经营信息、处罚警示信息及资源目录数据共同构建形成市场监管资源体系。

应用支撑层包括统一接口服务、信息库、认证服务、全文检索、数据引擎等支撑业务应用的实现。

业务应用层包括综合分类查询、先照后证应用、联动检查、市场主体分析、分析报告，以市场监管综合信息库为核心，通过数据交换系统互相协作。

应用门户层由市场监管内部门户、移动门户、公共服务门户、协同门户等组成，基于各类业务应用为社会公众及政府部门提供多渠道的数据应用和展现。

安全管理和运行维护体系包括业务专网、政务外网及互联网三类网络的安全防护、认证授权、安全管理、系统运行监控等。通过建立健全的管理制度，专业化的技术服务队伍，严格的技术监控，保障企业信用信息系统的稳定安全运行。

标准体系由总体标准、应用标准、应用支撑标准、基础设施标准、信息安全标准、管理标准等六大类标准规范组成。通过规范的业务流程和标准化的数据定义，促进跨部门、跨地区企业信用信息的互联互通、交换共享，确保整个平台的规范性、通用性和可扩展性。

10.4.3 核心目标

企业信用联动监管平台,以A市市场监管综合信息库为核心,与企业信用信息公示系统、市场监管局日常监管平台进行互动,按照统一高效、统筹规划、积极稳妥的原则,建设归集市法人库、企业商标库;通过大数据、云计算、融合通信等新技术,继续深化企业信用联动监管平台扩展应用,进一步完善平台功能,进一步加强部门协调,加强数据互联互通和协同监管。通过对监管流程、监管方式、监管机制的重新再造,建设以企业信用联动监管为核心的新型市场监管体系,为经济社会发展提供强有力支撑。

10.4.4 数据管理流程简介

10.4.4.1 数据说明

A市本级行政管理部门为企业信用联动监管平台数据接入主体。平台数据来源包括工商、食药的业务数据、其他部门数据、舆情数据,其中工商数据包括企业登记数据、行政许可数据、监管数据、行政执法数据等,食药数据包括食药产品登记备案数据、企业登记备案数据、人员登记备案数据、监管数据、行政执法数据等,由省级政务服务网A市平台统一向联动监管平台共享。

10.4.4.2 数据处理过程

平台对数据源进行统一的数据抽取、数据格式转换、数据脱敏等操作。通过对各类业务数据的解析、清洗、重构,对数据资源进行管理及整合,统一数据标准,完善市场监督管理局信息库。

10.4.4.3 数据存储方式

由于数据的结构化特征,平台选用ORACLE数据库管理系统来存储和管理数据。在平台数据库设计阶段,遵循属性的原子性约束、记录的唯一性约束和字段的冗余性约束等原则,充分收集数据使用需求并进行合理的分组及拆分,设计表内结构,构建表间关联,生成实体表用于存储和处理数据。

数据存储主要服务于两种数据,分别是基础类数据和业务类数据。基础类数据包含字典数据和区域数据,方便和规范用户的输入,提高查询、处理速度。业务类数据通常体量较大,为防止数据量过大造成对系统的负担,在存储过程中对数据库进行了水平切割,以提高增删改查的速度。

10.4.4.4 数据交换方式

通过已有的数据交换平台，实现A市法人库、企业商标库、市场监管综合信息库、联动监管信息库的共享，从而实现信息互联互通（见图10.16）。

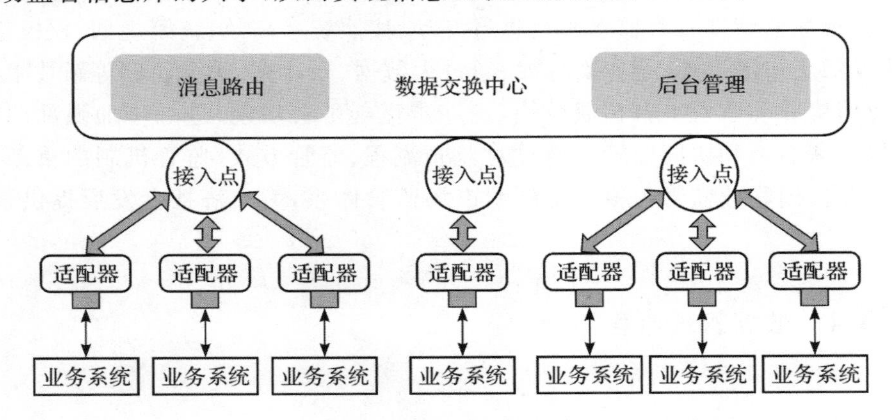

图10.16 数据交换平台

1. 数据交换方式

数据交换采用部署前置库的方式实现，按照数据包结构规范将数据交换至市数据管理局前置库，市场监管局通过数据交换平台将数据同步至企业信用联动监管数据库。

2. 数据交换时间

各部门定期（一天一次）完成当天业务数据到前置数据库的数据交换，并检查同步异常信息表，处理同步失败的历史数据。

3. 市场监管局数据抽取

市场监管局在次日的01:00开始抽取存在异常且已修改的历史数据和当天的数据。

10.4.4.5 数据安全保障措施

市场监管局企业信用联动监管平台项目搭建在市级核心数据库服务器上，相关应用部署在市级政务云平台。为加强信息系统安全，可在网络边界部署防火墙。

10.4.4.6 数据销毁策略

过期数据或无效数据经过预处理、写入、删除三个步骤进行销毁。

1. 预处理

在销毁期间需要创建销毁日志或创建块的归档对象。在预处理阶段，执行数据销毁的准备步骤，但不会从数据库中删除任何数据。

2. 写入

预处理发生后，系统会为预处理过程中生成的运行标识创建一个临时归档文件。如果未发生预处理，系统会选择数据，执行必要的检查，然后创建临时归档文件。在写入阶段，不会从数据库中删除任何数据。

3. 删除

删除阶段的前提条件是已正确运行写入程序和预处理程序(如果需要的话)。删除阶段将从数据库表和归档文件中删除数据。从数据保密的角度来看，这将成功地销毁数据。

10.4.5 数据应用服务介绍

根据政府相关部门的审核要求和相关附件，通过企业信用监管平台进行查询，形成审核反馈资料，辅助审核工作的开展。

通过查询企业或个人的不良信用信息，如是否被列入异常名录、受过行政处罚等，查询结果作为审核材料反馈至相关部门，辅助决策。

具体应用实例包括协助市政府质量奖评审委员会对申报市政府质量奖企业进行审查、辅助共青团市委开展省青年企业家协会会员候选资格审查、审查市文明办对市级文明单位的联评工作和辅助市企业社会责任建设暨发展和谐劳动关系工作领导小组评估市企业社会责任评级、法规政策履行情况和重大事件事故发生情况等。

10.5 房地产监测分析系统

为掌握房产市场运行情况，细化研究房产大数据，分析产业发展状况和趋势，中国东部城市 A 市房地产监测分析系统致力于数据管理、监控和分析，通过数据来辅助政策的制定和推行。

10.5.1 背景介绍

党中央、国务院针对房地产新情况新问题做出决策部署，推行房地产平稳健康发展城市主体责任制，要求各地构建房地产市场平稳健康发展长效机制，A 市是第一批 10 个试点城市之一。韩正副总理两次召开会议部署工作要求，住房城乡建设部会同国家有关部委提出了具体的政策措施，其中明确提出要求各城市建立房地产市场监测预警机制，构建房地产市场监测平台，充实人员和机构，加强部门间信息共享，确保数据全面真实可靠。为贯彻落实党中央和国务院的决策部署，A 市积极开展相关工作，根据住房城乡建设部要求构建房地产市场监测分析平台。

房地产市场监测分析平台建设以新建商品住宅价格、二手住宅价格、住房租赁价格、住宅用地价格为核心指标，综合土地、信贷、住房供应销售等参考指标，对房地产市场运行情况实施日常监测，加强房地产市场分析和评价。通过对房地产市场大数据的细化监测和研究分析，加强对我市房地产业发展的系统性和前瞻性研究，进一步提高调控政策的预见性和科学性。

10.5.2 架构设计

系统采用云计算构架，以云服务模式设计平台体系架构（见图10.17），体系架构逻辑上表现为"四层架构、两大保障"。四层架构包括支撑层、数据层、运算层和应用层；两大保障包括标准规范体系和安全保障体系。

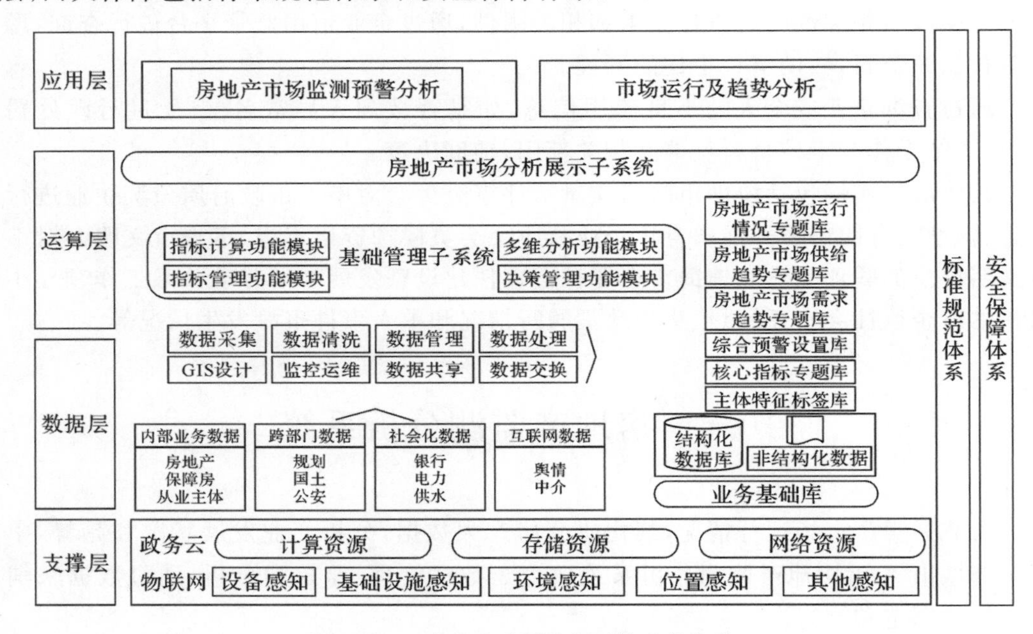

图10.17 房地产监测分析系统总体架构

支撑层包括基础设施支撑和政务云的计算资源、存储资源、网络资源等内容。

数据层包括内部业务数据、跨部门数据、互联网数据和其他社会化数据等形成的业务数据库和共享数据库。

运算层为数据的计算和分析提供环境支持，通过可视化界面展现结果。

应用层包括房地产市场监测预警分析、市场运行及趋势分析等服务，将数据进行应用和包装，通过数据本身和分析结果解答政府和民众关心的问题。

10.5.3 核心目标

10.5.3.1 建设基于“顶层设计”的监管分析数据库

根据房地产市场大数据细化监测和研究分析的需要，建立基于房屋全生命周期的房地产市场监测分析数据指标体系。贯彻顶层设计建设理念，在参照现有国家标准和规范的基础上，以监测分析数据指标体系为依据，利用大数据治理、数据共享、信息融合和大数据分析等手段，充分利用已有资源设施，打通信息壁垒，建立基础业务库、专题指标库，支撑房地产市场监测预警、市场运行及趋势分析，为A市房地产发展的系统性和前瞻性研究提供数据基础，为科学决策提供手段。通过数据交换、业务关联、信息融合等方式，建立监管分析数据库与业务管理系统数据动态更新机制，确保监管分析数据库的完整性和实效性。

10.5.3.2 建设基础管理子系统

在内部业务数据的基础上，归集统计局、税务、电力、建委、人行、规划和自然资源局等多源外部共享数据，通过建设高效、易用的数据处理、加工系统，对各种来源丰富且数据类型多样的原始数据进行分析、整理、计算、编辑等加工和处理，最终实现基础业务库到专题指标库的转化。大数据时代下，数据来源非常丰富且数据类型多样，存储和分析挖掘的数据量庞大，对数据展现的要求较高，并且很看重数据处理的高效性和可用性，传统的数据处理方法已经不能适应大数据的需求，大数据平台需要通过不同的数据处理方式实现对不同类型数据的处理，需能够进行批量处理计算，满足多种应用场景在不同阶段的数据计算要求，并且能够对计算实施直观、可视、动态灵活、客户易用的管理、调整、查询。

10.5.3.3 建设房地产市场分析展示子系统

通过构建科学的数据关联专区及对基础管理子系统中指标运算模块的处理，整合宏观经济、土地、房屋、交易、信贷等数据，建设基于房屋全生命周期的房地产市场监测分析数据指标体系，对房地产市场主体、客体相关决策指标进行综合监测，实现从点到面的研判分析，以把握市场运行情况，预测未来市场运行趋势，以丰富灵活的地理分析、图表分析以及多元数据的交互分析等形式综合输出展示，打造房地产全息视图。

10.5.4 数据管理流程简介

10.5.4.1 数据说明

房地产监测分析系统中的数据主要来自市住保房管局信息系统，属于结构化数据。数据内容包括各类住宅成交价格、价格指数、楼盘备案总面积、各类住宅预售面积、计划预售信息、各类用房成交套数、网签申请量、信访数量、红黑名单、检查数量、各类用房购房人数、各类用房租金和销售量等。

10.5.4.2 数据处理过程

由于平台需要从多个数据来源获取数据，这些数据来源中的业务系统没有经过顶层设计和统筹规划，数据必然存在不标准、不完整、重复、错误、不一致的问题。为解决上述数据问题，需要进行相应的数据清洗融合处理，为相关上层应用提供信息资源保障。

1. 空值处理

在源数据中，有部分业务数据存在“空字符串”、“null”、“NULL”等空值情况，为保证后续数据处理及数据应用的准确高效运行，将该部分数据统一转化为 NULL，从而保证后续数据的完整性与一致性。

2. 无效值处理

在源数据中，有部分业务数据存在无效情况，譬如日期类型的字段为 NULL 或空字符串等情况，为保证后续数据处理及数据应用的准确高效运行，将该部分数据统一转化为固定日期，从而保证后续的数据的完整性与一致性。

3. 数据标准化处理

在源数据中，存在大量的码值信息，即代码与描述同时存在。针对上述情况，系统将统一处理，全部转化为标准统一的码值，从而保证后续的数据应用的完整性与一致性。

10.5.4.3 数据存储方式

对于不同数据来源，需要更加善于开发相关的技术和工具，支撑数据管理、数据分析及数据可视化。数据管理需具有指标管理功能、分组管理、计量单位管理、数据导入审核管理、数据历史查询管理、数据发布管理、数据采集预警管理、指标数据展示及多指标展现等基础功能，同时可以提供不同的数据接口，以满足大数据专题调取的需求。

平台考虑到以上管理需求，在存储策略上，使用政务云数据库用于基础数据、共享数据的存储及使用，并基于 MPP（大规模并行处理）数据库建立分析表，通过将数据指标化管理、清洗及处理后再进行入库，用于大数据专题分析。

10.5.4.4 数据交换

使用 A 市数据资源管理局现有的共享平台，可以实现各数据部门之间的数据共享，具体共享交换的数据内容如下。

1. 统计局数据交换

数据内容包含房地产开发投资额、固定资产投资额、住宅投资额、房屋新开工面积、住宅新开工面积、房屋施工面积、住宅施工面积、竣工面积、商品住宅竣工面积、房地产贷款余额、房地产开发贷款余额、购房贷款余额、房地产开发企业资金来源合计、国内贷款量、利用外资量、自筹资金量、定金及预收款量、个人按揭贷款量、土地出让收入、地方财政收入、常住人口、户籍人口、就职人数、在校人数、建成区人口密度、居民消费价格指数、商品住宅销售均价、城镇居民人均可支配收入、GDP、GDP 增长率、新建商品住宅销售价格指数、二手住宅销售价格指数、住房租赁价格指数等。

2. 建委数据交换

数据内容包含商品住宅已拿地未开工面积、商品住宅预售面积、商品住宅已开工未预售面积。

3. 规划和自然资源局数据交换

数据内容包含商品住宅销售均价、土地成交均价、土地成交量（金额、宗数、面积）、土地平均价溢价率、涉宅地出让可建面积、土地出让总可建面积、商业用地出让可建面积、涉宅地可建面积（出让宗数、板块地价）、涉宅地楼面均价、涉宅地平均溢价率、商地楼面均价、涉宅地块达到地价上限且含部分自持比例宗数（面积）、涉宅地块自持面积比例、城市住宅地价动态监测指数、各地实际成交价格的自然资源部住宅用地异常交易备案数据。

4. 中国人民银行 A 市中心支行数据交换

数据内容包含住户部门贷款余额、住户部门贷款余额平均贷款期限、住户部门贷款余额平均利率、住户部门存款、个人住房按揭贷款投放量、房地产贷款余额、金融机构人民币各项贷款余额、个人住房贷款余额、新增个人住房贷款、个人住房贷款平均利率、新建商品住宅成交金额、二手住宅成交金额。

5. 税务局数据交换

数据内容包含房地产入库税收、地方公共财政预算收入。

6. 公安局数据交换

数据内容包含城市人口流入量、城市人口流出量、流动人口租房数、总流动人口数。

10.5.4.5 数据安全保障措施

数据管理安全主要通过使用一些可靠的数据库字段进行数据加密和校验算法来提供一套完整的解决方案，消除内部隐患。对十分重要的数据进行加密，同时为这些数据增加系统校验字段。这种设计对数据库管理员而言具有两层防护：一层是数据的加密算法和加密密钥对数据管理员是透明的；二层是系统校验字段的信息和存放位置对数据管理员是透明的；但是字段校验算法是由程序设计人员设计，对数据管理员并不透明。这样即使数据管理员破解了系统的加密算法，如果不通过应用程序而直接非法修改数据库相应信息，也会破坏系统的重要数据一致性。当应用系统启动时，会自动进行重要数据的一致性检查，如果不能通过则表明数据库管理员曾经使用非正常途径篡改过应用系统数据库。

数据日常管理上通过日志、审计等步骤，对日常的操作行为进行监控，在数据查询、关联分析上进行数据项的范围监控。

从数据使用角度来看，平台不涉及直接输出数据以供外部使用，如需要输出数据，系统提供数据发布管理的功能，并且对数据权限、用户权限、数据范围进行验证，有效解决数据的使用安全。

10.5.5 数据应用服务介绍

10.5.5.1 房地产大数据监测分析可视化

在整合宏观经济、土地、房屋、交易、信贷等数据的基础上，开展大数据综合监测、市场分析预警及趋势研究，以丰富灵活的地理分析、图表分析以及多元数据的交互分析等形式综合输出展示，打造房地产全息视图。

首页：房地产市场监测分析平台

设计目标是房地产市场监测分析展示（见图 10.18），整合宏观经济数据、土地数据、房屋数据、交易数据、客户数据等，从时间、空间两大维度系统评价房地产市场供求关系、房价等相关特征，并利用地图点聚合技术，以上卷、下钻、切块、切片形成直观展示，实现细化监测。监测分析分成监测预警、房地产金融、宏观经济与人口、财政与房地产税收、商品房供给、商品房交易、土地供应、开发建设、网签日报九大模块。

专题页：房地产市场监测分析平台的细分专题

例如土地供应再细分成涉宅用地成交宗数、涉宅用地成交土地面积、涉宅用地成交规划建筑面积、涉宅用地成交金额、涉交用地成交平均楼面地价、涉宅用地流拍宗数、涉宅用地流拍建设用地面积、商业用地成交宗数、商业用地成交土地面积、商业用地成交规划建筑面积、商业用地成交金额、商业用地成交平均楼面地价等指标模块（见图 10.19）。

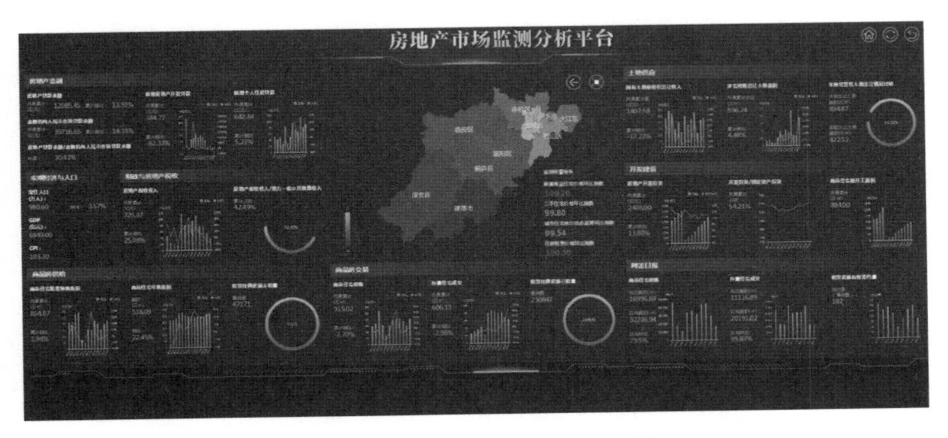

图 10.18　房地产市场监测分析平台

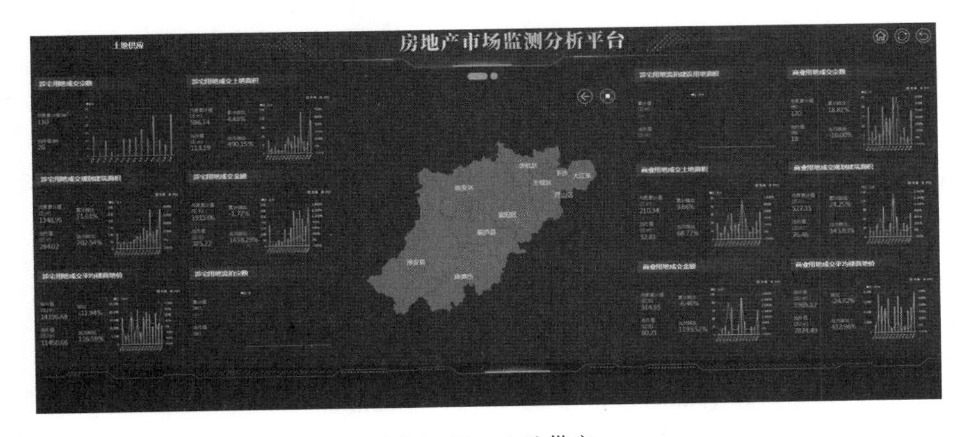

图 10.19　土地供应

10.2.5.2　房地产市场监测分析统计及报告生成

除了打造房地产市场大数据全息视图外，平台亦能实现以下功能：常规研究报告自动化生成(见图 10.20)，包括土地报告、新房报告、二手房报告等；自定义和常规结构统计查询，包括土地中心、新房中心、二手房中心、租赁中心等。

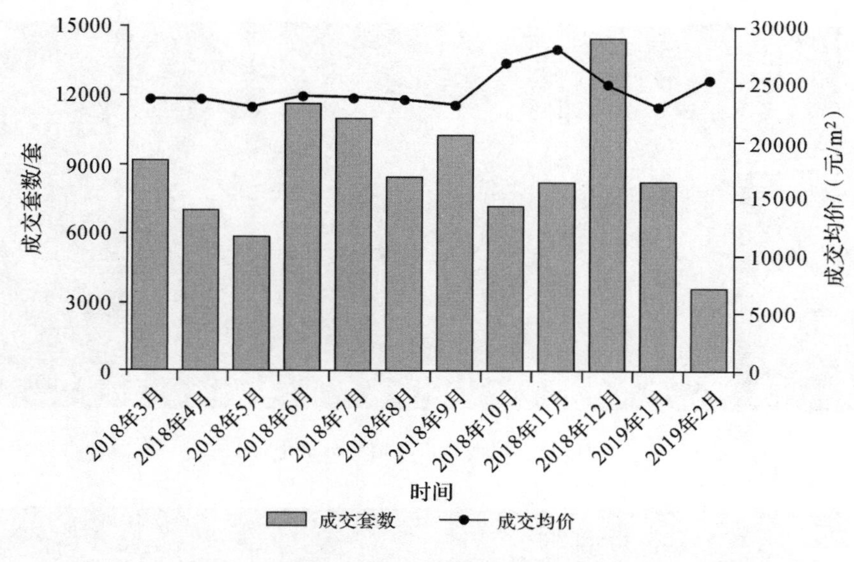

图 10.20 分析报告(部分)

思考题

1. 数据共享在"互联网+政务服务"建设中发挥了什么作用?
2. 为什么要建立房地产市场监测分析平台?
3. 数据应用有哪些方式,各有什么优势?
4. 未来数据应用将会有哪些创新/突破?